普通高等院校电子信息与电气工程类专业教材

电工测量与电路电子实验

吉培荣　程　杉　吉博文　编　著

华中科技大学出版社
中国·武汉

内 容 简 介

本书结合电工测量技术的发展并参照《高等学校电工电子基础课程教学基本要求》编写而成，内容包括：绪论，实验基础知识，测量技术与电工仪表的基本知识，磁电系与整流系仪表，电磁系与静电系仪表，电动系与感应系仪表，电流、电压与功率和电能的测量，电路元件参数的测量，数字式与智能式仪表，常用电子仪表，电路实验，电子实验，附录，前十章中含有习题。书中的实验分为验证性、设计性和仿真性三种，共38个，其中电路实验20个，电子实验18个。

本书适合高等院校各相关专业使用，既可作为电工测量理论课教材，也可作为"电路""模拟电子技术""数字电子技术""电工学"等课程的实验教材，还可供从事电气测量工作的工程技术人员参考。

图书在版编目(CIP)数据

电工测量与电路电子实验/吉培荣，程杉，吉博文编著. —武汉：华中科技大学出版社，2022.5
ISBN 978-7-5680-8251-8

Ⅰ. ①电… Ⅱ. ①吉… ②程… ③吉… Ⅲ. ①电气测量 ②电子电路-实验 Ⅳ. ①TM93 ②TN710-33

中国版本图书馆 CIP 数据核字(2022)第 083999 号

电工测量与电路电子实验 吉培荣 程 杉 吉博文 编著
Diangong Celiang yu Dianlu Dianzi Shiyan

策划编辑：谢燕群
责任编辑：余 涛
封面设计：原色设计
责任监印：周治超
出版发行：华中科技大学出版社（中国·武汉） 电话：(027)81321913
武汉市东湖新技术开发区华工科技园 邮编：430223
录 排：华中科技大学惠友文印中心
印 刷：武汉市籍缘印刷厂
开 本：787mm×1092mm 1/16
印 张：16
字 数：385 千字
版 次：2022 年 5 月第 1 版第 1 次印刷
定 价：42.80 元

前　言

本书结合电工测量技术的发展并参照教育部高等学校电工电子基础课程教学指导分委员会制定的《高等学校电工电子基础课程教学基本要求》编写而成。全书由电工测量和电路电子实验两部分内容构成。电工测量内容可供“电工测量”理论课教学使用，电路电子实验内容可供“电路”“模拟电子技术”“数字电子技术”“电工学”等课程的实践性环节使用。学生通过学习和实践，可掌握电工测量的基本理论，并在电工仪表的使用、电路测试、电路设计等方面得到相应训练。本书还可供从事电气测量工作的工程技术人员参考。

全书共12章和1个附录，分别是：第1章绪论，第2章实验基础知识，第3章测量技术与电工仪表的基本知识，第4章磁电系与整流系仪表，第5章电磁系与静电系仪表，第6章电动系与感应系仪表，第7章电流、电压与功率和电能的测量，第8章电路元件参数的测量，第9章数字式与智能式仪表，第10章常用电子仪表，第11章电路实验，第12章电子实验，附录Multisim和Matlab在电路仿真分析中的应用。书中第1章到第10章配有习题，第11章包含20个电路实验，第12章包含18个电子实验，这些实验可分为验证性、设计性和仿真性三类。

本书由三峡大学电气与新能源学院的教师和宜昌供电公司的工程技术人员合作完成。吉培荣编写第1、2、3、4、5、6章，参加第11、12章的编写，并对全书进行统稿；程杉编写附录，参加第11、12章的编写；吉博文编写第7、8、9、10章。作者在编写本书时，参考了书后的参考文献和其他一些文献的相关内容，在此对这些文献作者表示衷心感谢！

限于作者水平，书中难免存在一些不足之处，敬请使用本书的老师、同学和其他读者批评指正，需要相关教学课件的人员也可与作者联系，联系邮箱为：jipeirong@163.com。

编　著

2022年1月

目　　录

第1章 绪　论

内容提要：实验是人类认识自然的基本手段，而实验必须建立在测量工作基础之上。本章对实验与测量的相关概念加以介绍，具体内容为实验和测量的概念、测量的单位、电工测量的内容与特点。

1.1 实验和测量的概念

科学技术发展中的重要问题之一是科学实验，在科学实验中需要进行大量的测量工作。除此之外，工农业生产、商品贸易和日常生活中都离不开测量。通过测量可以定量地认识客观事物，从而达到逐步深入地掌握事物的本质和揭示自然规律的目的。

测量是为确定被测对象的量值而进行的实验过程。这个过程借助专门的设备，把被测对象直接或间接地与同类已知单位进行比较，取得用数值和单位共同表示的测量结果。广义地说，任何实验科学的结论都是对实验数据推断的结果，而数据的取得就要依靠测量。近代自然科学是在有了实验科学之后才真正形成的。许多重大科学成果的获得，首先是因为有了新的实验手段。在科学发展史上，重要的实验数据可以把假说上升为理论，成为验证理论的客观标准。同时，很多实验数据还成为发现新问题、提出新理论的线索和依据。著名科学家门捷列夫用一句话概括了测量对科学的作用，即“没有测量，就没有科学”。

在工农业生产中，为保证产品质量和人身、设备的安全，需要大量的仪器、仪表对生产过程实行在线、实时或定期的检测和监督，以保证生产能够安全、可靠地进行。生产过程中的机械化和自动化程度越高，对测量的准确度、测量速度以及仪器、仪表的可靠性要求也就越高。

可靠、准确的测量手段和统一的单位也是国际贸易和国际科学技术交流的共同语言，日常生活中也处处与测量发生联系。

可以说，测量已经在科学研究、国民经济的各个部门和日常生活中占有重要地位。世界上每个科学技术和工业生产发达的国家，都在测量技术的研究、仪器仪表的制造、保证计量单位的统一和可靠等方面做了大量的工作，并且以法律的形式给予了必要的保证。

完成一项测量任务的过程通常包括：

(1) 根据测量的目的和允许的误差要求选取适当的测量方式与方法；

(2) 合理选用仪表、标准量具，制定测量步骤，考虑并实施各种预防干扰、消除或减小误差的措施；

(3) 精心测量，以获取可靠的数据；

(4) 进行数据处理，包括运用误差分析技术明确测量结果的误差范围。

1.2 测量的单位

正确的测量结果应该包括两部分:一部分是数字;另一部分是被测量的单位。例如,测量某电流 $I=25$ A,某长度 $L=500$ m,其中,25 和 500 是数字,A 和 m 是单位。一般地,测量结果可表示成 $x=A_x x_0$,其中,x 是被测量,A_x 是数字值,x_0 是测量单位。x_0 是非常重要的一个参数,它不仅能反映被测量的性质,而且对同一个被测量来说,还会因为所选取单位大小不同而使测量结果的数字大小不同。

在生产、科研、商品贸易及日常生活中,需要测量的物理量非常广泛,因此,确定和统一这些物理量的单位是十分重要的。由于历史的原因,世界各国和地区,甚至一个国家的不同地区都有自己采用的单位,如长度单位有公里、米、尺、丈、英里、英寸等。为了解决这一问题,国际上成立了国际计量委员会,并制定了国际计量单位。具体包括以下几方面内容。

1. 国际单位制的基本单位

长度单位:米(m);

质量单位:千克(kg);

时间单位:秒(s);

电流单位:安[培](A);

热力学温度单位:开[尔文](K);

发光强度单位:坎[德拉](cd);

物质的量单位:摩[尔](mol)。

2. 国际单位制的辅助单位

平面角单位:弧度(rad);

立体角单位:球面度(sr)。

3. 国际单位制中具有专门名称的导出单位

利用基本单位,经过计算、推理、仪器测定等辅助手段,可以推出许多其他不同的物理量单位。例如,

频率:赫[兹](Hz),在 1 秒时间间隔内发生一个周期过程的频率,即 $1\ \text{Hz}=1\ \text{s}^{-1}$;

力(重力):牛[顿](N),使 1 千克质量的物体产生 1 米每二次方秒加速度的力,即 $1\ \text{N}=1\ \text{kg}\cdot\text{m/s}^2$;

压力(压强):帕[斯卡](Pa),等于 1 牛顿每平方米,即 $1\ \text{Pa}=1\ \text{N/m}^2$;

能量(功、热):焦[耳](J),1 牛顿力的作用点在力的方向上移动 1 米距离所做的功,即 $1\ \text{J}=1\ \text{N}\cdot\text{m}$;

电荷量:库[仑](C),1 安培电流在 1 秒时间间隔内所运送的电荷量,即 $1\ \text{C}=1\ \text{A}\cdot\text{s}$;

电位(电压、电动势):伏[特](V),流过 1 安培恒定电流的导线内,当两点之间所消耗的功率为 1 瓦特时,这两点之间的电位差为 1 伏特,即 $1\ \text{V}=1\ \text{W/A}$;

电容:法[拉](F),当电容器充 1 库仑电荷量时,它的两极板之间出现 1 伏特的电位差,即 $1\ \text{F}=1\ \text{C/V}$。

4. 国家选定的非国际单位制单位

1986 年 7 月 1 日，我国颁布的《中华人民共和国计量法》中规定，我国的法定计量单位是国际单位制。但考虑到现实的具体情况，现在还允许使用一些非国际单位制的单位。例如，

时间单位：天（日）(d)、[小]时(h)、分(min)；

平面角单位：度(°)、[角]分(′)、[角]秒(″)；

体积单位：升(L)；

质量单位：吨(t)。

1.3 电工测量的内容与特点

电在现代社会中发挥着重要的作用。在电能的生产、传输、分配和使用等各个环节中，在电气设备的安装、调试、试验、运行、维修中，在对电气产品检验、测试和鉴定中都离不开电工测量。所以，从事电气工作的技术人员必须掌握电工测量技术。

狭义的电工测量通常包含以下几方面的内容：

(1) 电参量的测量，即电压、电流、电功率、电能量等的测量；

(2) 元件参数的测量，如电阻、电容、电感、电子器件（电子管、晶体管、场效应管）、集成电路等的测量；

(3) 电路参数的测量，如电路频率响应、通频带宽度、相位移、衰减和增益的测量；

(4) 信号的特征及所受干扰的测量，如信号的波形和失真度、频率、相位、信号频谱、信噪比等的测量；

(5) 磁测量，如磁通、磁场强度、磁导率、铁损等的测量。

广义的电工测量是指利用电工技术、电子技术进行的测量。

当今世界中，到处都有电工测量技术解决测量问题的例子。电工测量技术已经深深扎根到国民经济和科学技术的各个领域中，而测量实践又迅速地推动着电工测量技术不断发展。

电工测量技术的特点主要有：

(1) 准确度高。目前电工测量的误差可以达到 10^{-7}～10^{-6} 数量级，测量速度快。

(2) 范围广。不但所有的电量、磁量和电路参数、磁参数能用电工测量技术测量，而且很多非电量，如湿度、压力、振动、速度、位移、水位、人的血压、物体的长度、质量、地震波、飞行高度、潜水深度等，也都可以先变成与其成函数关系的电磁量或电路参数后再用电工测量的方法进行测量。

(3) 测量数值的覆盖面宽。例如，可测量的电阻从 10^{-7} Ω 一直到 10^{10} Ω，甚至在更广的范围内也可用电工测量的方法进行测量；电工测量的灵敏度高，例如，即使小到 10^{-15} A 的电流也可以用电工测量的方法检测。

(4) 能比较方便地与计算机配合，以实现数据的自动测量、自动控制和自动处理。

电工测量技术主要包括测量方法、测量仪表设备、测量量的转化与传递三个方面，最能体现电工测量技术发展的是测量仪表设备的发展。20 世纪初期，重要的经典电磁测量仪器、仪表已商品化，其测量结果的数据指示多用指针或光标的偏传来实现，这类仪表又称模

拟式仪表。20 世纪 60 年代逐步发展以数字方式显示测量结果的数字式仪表。与经典的仪器、仪表相比，近年来发展起来的数字化、微机化测量仪器、仪表在显示方式和工作原理等方面都有了很大变化，但就测量理论和方法而言，数字化测量仍然是以经典测量为基础的。模拟式和数字式仪表都还在继续发展中，但后者已呈现出取代前者的趋势。

习　　题

1-1　测量的定义是什么？

1-2　电工测量包含哪些内容？

1-3　完成测量任务的过程通常有哪些步骤？

1-4　电工测量技术的特点是什么？

第 2 章　实验基础知识

内容提要：本章对实验基础知识加以介绍，具体内容包括：实验的一般过程、设备和元件的选择与使用、电路的正确连接、实验故障及故障查寻、实验安全知识。

2.1　实验的一般过程

实验过程包含一系列环节，为了达到预期的效果，要认真完成各个阶段的任务。

2.1.1　预习

要高质量地完成实验，很重要的一个环节就是在实验前认真预习准备。要求经过预习，做到心中有数，即要明确“进实验室做什么，如何做，按理论分析预期有怎样的结果”。

实验一般分为给定指导书的实验项目和给定任务书的实验项目两类，两类实验的预习要求有所不同。

1. 给定指导书的实验项目

这类实验需在教师指导下进行。完整的实验指导书已给定，学生认真地按指导书的要求去做，就能顺利地完成实验，达到预期效果。实验前应完成以下工作。

(1) 认真阅读指导书，明确实验的目的、要求、要测量的电量，阅读有关资料，复习实验原理涉及的相关理论。

(2) 熟悉实验线路、方法、步骤，准备好数据原始记录表格。

(3) 认真思考、分析有关问题，按理论分析预估实验结果。

(4) 记住实验中应注意的事项。

2. 给定任务书的实验项目

这类实验是在给定条件下，学生自己组织实施的实验项目，旨在培养学生应用基本理论解决实际问题及独立工作的能力。因此，任务书通常只给出实验目的、任务要求。预习这类实验时要完成以下工作。

(1) 根据实验项目的要求、任务，查阅相关资料，拟定出实验电路、实验方法及步骤。

(2) 根据有关理论，估算并选定实验电路中各元器件的参数。

(3) 根据实验的要求以及实验的条件，选择仪表、仪器。

(4) 慎重考虑在实验过程中可能出现的问题，如是否会出现过电流、过电压；特别要考虑实验过程中如何保证人身、设备的安全。

(5) 设计数据的记录表格，准备好原始的实验结果记录表格。

(6) 综合上述各项工作，给出该实验项目完整的实验任务书。

2.1.2 基本操作程序

做实验时，一般应遵循下列程序进行。

1. 熟悉设备

了解所使用的仪器、仪表和各种元器件的使用方法，将它们的编号、型号、规格及满标分度登记在记录表格上，熟悉电源的操作方式，以便在发生事故时能及时切断电源。

2. 连接线路

参照实验电路原理图上仪器、仪表和设备的分布位置，将实际的仪器、仪表、设备初步放好。再按以下原则进行调整：

(1) 仪表放置的位置应便于观测读数；

(2) 需要调节的设备，其把手、旋钮要顺手放置，以便于操作；

(3) 连接导线要尽量少交叉，以使布线合理并保证实验的顺利进行。

仪器、仪表、设备放置好后，按照实验电路图，先接主要的串联电路，一般可从电源的一端开始，顺序连接，回到电源的另外一端，然后再连接分支电路。

接线时连接导线都应接于仪器、仪表、设备的接线端钮上，而且一个端钮上连接的导线要尽可能不超过 3 根，以保证连接可靠，不易脱落。接线时，不允许不通过接线端钮而将几根导线缠绕在一起。电路中的调压器、电位器，其调节手柄均应置于起始位置或规定位置。

3. 检查调整

接好线路后，务必认真查线，确认接线无误后全面检查或调整仪器、设备或实验线路参数。合上电源后因参数不当造成事故的情况屡见不鲜。因此，要认真检查电路参数是否已调整到实验所需值，分压器、调压器是否放在安全位置或起始位置，仪表是否已机械调零，尤其一些可调电阻器或电路中限流限压的装置是否已放在正确位置？切不可误认为它们在零位就是正确的，因其起始设定值太小而造成电源接通后即烧毁或损坏元器件、设备的现象时有发生。

检查调整，确认无误后，遵照规定，请实验指导教师复查同意后方可接通电源。

4. 操作记录

操作时应手合电源，眼观全局，先看现象，再读数据。严禁实验合闸时打闹说笑。合上电源后，应仔细观察现象，例如，负载是否正常工作，电路有无异常现象等，如果一切正常，则应迅速开始读取数据。读取数据时，对于常用指针式仪表要做到“眼、针、影连成一线”，姿势要正确，要认真、仔细、如实地将数据记入事前准备好的记录表格内。对于需要经换算才能得出测量值的数据，一般应先记录实测数据的实际偏转格数，然后记录下所用仪器的满偏格数和量程，做完实验后再换算出测量值。要根据所选用仪表量程和刻度盘的实际情况，合理取舍读数的有效位数，不可盲目增多和删除有效位数。操作或读取数据时，切不可使人体部位碰撞或接触电路带电部位，读取多个数据又共用一块多量程仪表时，一般应先停电（断开电源）再切换量程，特别是在电流较大时，更不可带电切换开关或换接多量程仪表的挡位插销。读取数据的多少视实验要求而定，如要求将数据绘成曲线，其数据量必须满足能描绘出一条光滑曲线的要求，并且在曲率大的部分要多取几点。读数时，应随时分析数据是否合

理，发现异常要及时查找原因，加以纠正。

5. 核对检查

完成全部实验后，应检查实验数据是否完整合理，经指导教师审核认可后才能拆除线路。拆完后应将仪器、仪表、设备、导线等放置整齐。

6. 注意事项

根据实验要求，需要改变接线时，应切断电源再改接，不论电压高低都不允许带电操作。闭合电源前要告之同组人员，在得到同组人员许可后，方可送电，以确保人身、设备的安全，并养成良好习惯。

2.1.3　实验报告的编写

实验报告是实验成果的书面总结，编写实验报告是一项重要的基本训练，必须认真完成。

实验报告的要求如下：文理通顺、简明扼要、字迹端正、图表清晰、结论正确、分析合理。实验报告应力求格式正规化、标准化，选用学校规定的实验报告用纸，曲线必须注明坐标、量纲、比例。

实验报告一般应包括以下主要内容：

(1) 实验目的及任务。

(2) 实验电路及使用的设备，实验原理及方法。

(3) 实验数据。

(4) 数据处理，包括整理数据、估算误差、通过计算得到的结果、绘制出表示实验结果的实验曲线等。

(5) 结论与分析讨论，包括通过实验得出的结论，对实验中发生的现象、问题、事故等的分析讨论，实验的收获体会，对改进实验的建议等。

以上第(4)、(5)两项是实验报告的重点内容。编写实验报告是培养分析和解决实际问题以及独立工作能力的重要手段，应尽最大努力，认真独立地对待。

2.2　设备和元器件的选择与使用

2.2.1　正确选择

正确选择实验设备和实验元器件是顺利完成实验任务的保证。选择元器件和设备的依据是实验的目的、原理、电路及测量要求。根据用途，设备和元器件的选择可分为电源选择，仪器、仪表选择，负载元器件选择等。

1. 电源

根据实验要求选择电源的类别，如是直流、正弦还是方波，是电压源还是电流源，选择输出方式是可调还是不可调，输出电压、电流的范围等。

2. 仪器、仪表

根据实验使用的电源是直流电源还是交流电源，选择相应的仪器、仪表。若是交流电源，还应考虑频率范围，是低频、中频还是高频，所选择的仪器、仪表的使用频率范围需满足要求。如测量工频电压可选用电动系或电磁系交流电压表，而测量音频电压应选择晶体管电压表。测量电量不同，使用的测量仪表也不同，如测电流需用电流表。选择仪表时还要考虑仪表的量程，应根据有关理论及给定的实验电路对待测量进行估算，从而选择量程相近或稍大的仪表。如果无法估算出待测电量的大小，为了仪表安全，宜选用量程较大的仪表。在实测中，如仪表量程过大，可重新选择量程合适的仪表，为提高测量的准确度，被测量应为仪表量程的 1/2 或 1/3 以上。此外，在选择仪表时，还应考虑仪表的准确度、功耗、内阻等。如电压表类内阻越大越好，电流表类内阻越小越好。

3. 负载元器件

（1）电阻　对于额定功率（瓦数）、阻值、误差百分数，一般成品电阻都是给出的，可根据需要进行选择，但电阻两端能加多大的电压却需要计算得出，计算公式为 $U=(PR)^{1/2}$，式中，P 为电阻标称功率，R 为阻值。使用时，如给出的条件是电阻两端电压和通过电阻的电流，这时要经过计算进行电阻阻值与标称功率的选择，阻值 $R=U/I$，而电阻标称功率 $P=UI$（或者 U^2/R、I^2R）。电阻标称功率值（瓦数）的选择要比计算值大些，这样才安全。

（2）电容　选择电容除了要考虑电容器的标称值、误差百分数外，还要考虑电容类别是有极性的还是无极性的。电解电容只能用在直流电路中，使用时要注意＋、－极性不能接错。交流电路只能用无极性电容，即应选择标有 AC 电压标称值或没标＋、－极性的电容。选择电容时，要考虑其电容值，电容值根据容抗值的大小进行计算，公式为 $C=1/(\omega X_C)$，也可以根据电容值计算容抗值，公式为 $X_C=1/(\omega C)$。

（3）电感　选择电感时，主要应考虑电感量的大小和电感导线允许通过的电流值。电感量可根据感抗值计算得出，公式为 $L=X_L/\omega$。注意，电感线圈、变压器等不能用在直流电路中，如果用在直流电路中，则整个线圈相当于一个近似短路的电阻。使用时，流过电感的电流不允许超过允许值，否则会因电流过大而烧坏。

2.2.2　正确操作与使用

（1）设备的说明书、表盘符号、铭牌等都是正确使用的依据或它们的自我介绍，对于没有使用过的仪器设备一定要先看说明书和仪器、仪表铭牌，或听老师的介绍，按要求进行操作和使用。

（2）对于连接在同一电路中需同时使用的电源、设备、仪器、仪表、负载元器件、电路元器件、连接件、插接件、开关等，使用前要认真核算各自额定值、允许值、量程等是否能配套。如果额定值彼此有差别，且没有重新选择的条件，这时要就高不就低，以避免额定值低的元器件因过载而烧毁，量程低的仪表因过量程而把表针打坏。

（3）各仪器或仪表的起始位置、量程选择位置要正确。一般情况下，凡是可调的输出类设备（电源等），其指针开始要放在“0”位置或低输出位置；凡是用来接收信号或测量用的仪器、表针应先放在比估算值偏大的位置或量程处，以防烧毁。还要注意各表针调零装置的使用，注意机械调零、欧姆调整和电气调零，调零后再进行测量。

(4) 连接、测试时，各端子、旋钮的连接及放置位置均不能出错。如功率表的电压线圈、电流线圈、同名端不允许接错，调压器、变压器的输入端、输出端也不允许接错，各旋钮使用时，切忌用力过猛，以防止脱位，造成位置对不准。测量时，接线方式、表笔测试位置等不能错，该串联的应串联，该并联的应并联。直流测量时还要保证表的+、−极性与电源的对应关系一致。

(5) 带有工作电源的仪器、仪表使用后应将电源断开，调压器等用毕后应及时退回到“0”输出位置，多量程电表和万用表用毕应将量程放在交、直流电压最大量程处。凡装有保险管的仪表、设备，若保险管烧断，更换时一定要注意换上的保险管容量应与原保险管的容量一样大。

(6) 合电源时一定要做到眼观全局，观察各表指示是否正常，是否与估算值接近，是否有过量程、反转现象，是否有冒烟、异味、声响、发热、放炮、烧保险等现象出现。如果有异常，则必须立刻断开电源，检查并排除故障后再进行操作。

(7) 实验时切记不能只埋头于操作和读数，还应随时观察，注意是否有异常现象出现，尤其是电阻类，时间长了可能出现过热或烧毁现象。

仪表、设备、元器件的正确选择和使用是一个综合性的问题，也是确保仪表、设备安全的关键，要彻底掌握并非易事，但一定要向这个方向努力，养成良好习惯。

2.3 电路的正确连接

电路连接的准确无误，是做好实验的前提与保证，也是实验基本功的具体体现。电路连接和接线是每个实验都必须做和最容易做的，也是不容易做好和引发事故最多的环节。如短路事故，会造成烧毁仪器、仪表、设备、器件的后果。如何保证电路连接正确，关键是思想上要重视，方法上要得当，并要注意以下几点。

(1) 做好准备工作　电路连接和接线前，一定要做好连接的准备工作，首先在实验台上摆放好实验所用的电源、表计、实验板等，从左到右或从右到左摆放成一排或两排。摆放时要注意顺序合理，把随时需要读取数据和观看规律现象的仪器、仪表、设备放在易读易看处，把需要随时调节的放在顺手处。易发热和危险端钮，如 220 V/380 V 端钮、调压器的进出线端子、易损器件放在不易碰着的位置，或转个合理的角度，使之离手较远。摆放是否合理要以是否能保证连接顺序和操作方便，使连线既不相互交叉干扰，又便于数据读取和保证操作调试的安全为标准。

(2) 电路连接时要做到心中有“图”；即把电路图“画”在脑子里，也就是说，电路连接最好依“图”进行。连接的顺序是：先主回路，后辅助回路。主回路就是与电流表、负载串联的回路，或者说是通过同一电流的回路。所以在连接电路时，可按路径(电流流动方向)进出依次连接检查无误后再接并联的辅助回路，最后再接电压表。

(3) 连接要牢固，即各连接线两端的连接处一定要拧紧、插紧。对于插接件，要看清其结构，并且对正后插到位。开关通断、旋钮与转换开关位置等都要准确到位。操作时，不能过于用力，以免造成连接处损坏、转轴等。另外还要注意，在同一接线端子上的接线不宜多于3根。

(4) 检查调整。接好线后，务必认真查线，确认接线无误后应全面检查或调整仪表、设备或实验线路参数。接线无误后，方可合上电源。要认真检查电路参数是否已调到电路实验所需值，分压器、调压器是否放在安全位置或起始位置，仪表机械调零是否已经完成，可调电阻是否放在正确位置。切不可误认为它们都在零位就是正确的，往往因为它们起始设定值太小导致电流过大而造成接通电源后即烧毁或损坏元器件、设备。

(5) 应及时把用剩的导线、导电物品等拿开。

(6) 线路全部连好后，经自查、同组人员互查无误，再请老师检查，经允许后方可接通电源。

(7) 切记不能带电拆改接线。实验中若需要对电路接线进行改变，一定要断电后方能进行，否则容易发生触电事故。

2.4 实验故障及故障查寻

故障是实验当中常见的事情，能否快速、准确地查出故障点和故障原因并及时排除，是素质和能力的体现。快速、准确地排除故障需要有较深的理论基础，能对故障现象做出准确的分析和判断，又需要有丰富的实践经验和熟练的操作技能。排除故障的能力需要通过不断学习、总结和提高才能培养出来。下面对电工实验中可能会遇到的常见故障现象，及其原因和排除方法做简要介绍。

2.4.1 实验故障及故障产生的原因

1. 开路故障

故障现象一般为无电压、电流，也无任何声响与异常，但仪表不偏转，示波器不显示波形等。开路故障产生的原因是电路没有形成通路。具体原因有：保险丝熔断，导线断离，元器件有断处，接线端、插接件连接不好或没接触上，接线端松动，焊片脱离，开关内部断开，通断位置不对应等。

2. 短路故障

短路故障属破坏性故障，一定要防止。故障现象一般为电流急剧增大，打弯表针或烧坏电源保险，元器件损坏或元器件发热厉害，有冒烟、烤焦、异味等现象。

短路故障产生的原因多为接线和使用错误。具体原因有电压源输出端被短路；调压器或变压器接反，把输出侧当作输入侧接到220 V电源上；电路参数选择错误，把小阻值负载当成大阻值负载使用；可调电阻的可调输出端误放在很小(初始值一般应该放到较大位置)或接近0的位置；把内阻很小的电流表并接在电压源或大电阻的两端，这种情况下，实际上是用电流表去测电压，造成测量错误；电路复杂，有多余连线把电源短接；电感元件直接被接到直流电压源上；接在电路中的电容元件被击穿等。

3. 其他故障

故障可能有多种表现，如测试时数据时大时小，发生较大变化；测试的数据与预先估算值相差较远;表针指示突然变得较大;某器件过热;电容放炮。

以上故障大多是由接触不良或选择不当引起的。例如,接线端叉接触松动,线路焊接不牢固或虚焊,导线似断非断,开关、刀闸本身接触不好;调压器炭刷接触不好,某位置没输出,或某位置突然有输出并超过需要值;测试仪表与电路参数不搭配,如电路总阻抗很小,而测量时串联电流表阻值偏大,或被测器件阻值很大,并联电压表内阻偏小;仪表使用不当,如表的量程选择不当,或测试方法错误,用万用表电流挡或欧姆挡测电压;元器件参数选择不当,通过元件的电流超过允许值,元器件工作时间过长、过热造成特性变化;电容极性用反,或有极性电容用于交流电路,或电容电压小于使用电压。

2.4.2 故障查寻的原则和步骤

(1) 出现故障应立即切断电源,避免故障扩大。

(2) 根据故障现象,判断故障性质。破坏性故障可使仪器、设备、元器件等造成损坏,其现象常常是产生烟、味、声、热等。非破坏性故障的现象是无电流、无电压,电流、电压的数值不正常,波形不正常等。

(3) 根据故障性质,确定故障的检查方法。对于破坏性故障,不能采用通电检查的方法,应先切断电源,然后用欧姆表检查电路的通断,判断有无短路、断路或阻值不正常现象。对于非破坏性故障,可采用断电检查,也可以采用通电检查,或采取两者相结合的方法。通电检查主要是用电压表检查电路有关部分电压是否正常。也可用电流表检查可疑之处的电流值是否正常。

(4) 进行检查时,首先应对电路各部分在正常情况下的电压、电流、电阻等量值心中有数,然后才可用仪表进行检查,逐步缩小可能产生故障的区域,直到找到故障所在的部位。

2.4.3 故障查寻和判断的方法

1. 欧姆表检查故障

欧姆表(或万用表欧姆挡)可以用来测量电阻,因此,可用欧姆表检查电路是否畅通,元器件、设备的电阻是否正常。若电路中的导线或连接处有断开的情况,则测量值为无穷大;若畅通,则测量值为零。要注意,用欧姆表测量时必须断开所有的电源,测量某个元器件或设备的电阻时,要将该元器件或设备与电路断开,这样可避免其他元器件提供与被测元器件并联的通路。

一般从电源的一端逐步查向另一端,先查寻主电路,再查寻分电路;先查线路是否接通,再查元器件的电阻参数是否正常。

2. 电压-电流表检查故障

电压-电流表检查故障是一种通电检查故障的方法。由于绝大多数电路故障都会引起电流和电压的变化,如短路故障,电流急剧上升且短路处电压为零,所以通过逐级检查各支路或元器件的电压、电流可查寻出故障。

查寻方法是根据电路的基本定律(如基尔霍夫定律)、基本公式(如分压、分流公式或元器件电流与电压的基本关系等)以及技术资料给出的或以前实验记录的各处电流、电压值,或者初步估计某些支路的电压和电流的正常值，再用电压表、电流表测量相应支路或元器件的电压或电流，将测量值与理论值相比较，可判断故障的类别及故障点。

例如，电路如图 2-1 所示，根据基本定律，计算可得各支路电压、电流值分别为：$U_1=8/3$ V，$U_2=8$ V，$I_1=2/3$ A，$I_2=2$ A，$I_3=8/3$ A。如果测得电压源支路电流为 2 A，电流源支路电流为 2 A，支路 bd 电流为 0，则说明两电源支路正常，而支路有开路故障。为了进一步确定故障点，再用电压表检查，如测得 $U_1=0$，$U_2=16$ V，则说明 2 Ω 电阻的端电压等于支路 bd 的开路电压，所以 2 Ω 电阻有开路故障。

利用电压-电流表法确定故障类型和故障点，有时可采用部分隔离法，如图 2-2 所示电路，如果 $U_5=0$，则故障可能是阻抗 Z_5 短路造成的，也可能是阻抗 Z_2 开路造成的，而 Z_3 与 Z_6 同时发生短路故障的可能性不大，为了判断故障点，可将 Z_5 与电路隔离，即将 Z_5 支路与电路断开，再测断开处的电压，若电压仍为零，则是 Z_2 开路故障；若电压不为零，则是 Z_5 短路故障。这种将个别元件或部分电路从整体电路中分离开的办法比较容易判断故障类别及故障点。

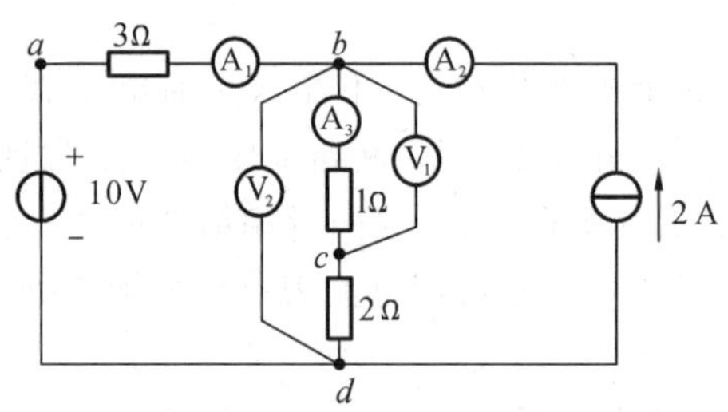

图 2-1　电压-电流表检查故障

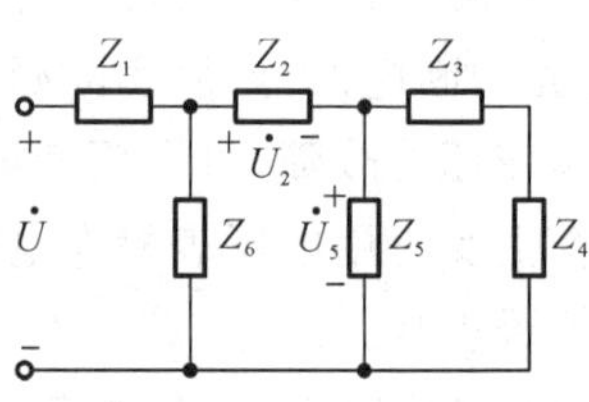

图 2-2　部分隔离法查故障

此外还可以用另一个相同参数的元件代替可疑元件，若电压（或电流）恢复正常，则说明原元件有故障，这种方法称为代替法。显然对于复杂电路，在无法预估正常状态值的情况下用隔离法和代替法较为方便。

电压-电流表法主要用于判断开路、短路故障，此外由于电流表测量电流时，需要将电路断开，很不方便，故多用电压表测量，而根据元件参数及其端电压估算相应支路的电流值。

3. 激励-响应法

在电路某点输入某种激励（如电压），在另外某点测量其响应，再根据响应的大小和变化情况，确定故障性质及故障点，这种方法称为激励-响应法。激励-响应法常用的激励源是各种信号发生器，测量响应的仪器是电子示波器。

对于复杂程度较高的电路的故障诊断，如电视机电路、计算机电路等，还需要从电路的设计、元件的选择、装配工艺及使用维修等方面进行一系列可靠性分析后才能发现和排除故障。

4. 故障元件或设备的判断

欧姆表法和电压-电流表法对于查寻短路、开路故障及故障点都较为方便，但当设备、元件丧失部分功能时，却不易查寻。为此，可在通电情况下逐级检查电路功能，以缩小故障范围。首先要了解各元件在电路中的作用，以及各段或各级的正常输出电压值，再用电压表或

示波器逐级观测，看其输出是否符合正常情况，从而判断出故障及故障类型。

2.5 实验安全知识

为确保实验正常进行，必须高度重视实验安全，加强安全教育。严格执行有关规定，养成良好的操作习惯，这是避免和预防触电事故的重要措施之一。

2.5.1 电对人体的影响

在工作和日常生活中，人们经常要接触各式各样的电气设备，特别是进行实验时，人们要用仪器、仪表对被测试的元器件、设备及线路进行测试。电是无形的。这些元器件、设备及线路是否带电？其电压或电位的高低无法单凭眼睛看出。如果实验人员粗心大意，不慎触及裸露的带电体而与人体构成电流通路时，电流通过人体就可能使人受到伤害。当带电体或加于人体的电压较低时，人还有可能摆脱带电体，只是感到难受或在触及部位有烧伤的斑痕，对人的损伤不大；当触及的带电体电压较高，又不能及时脱离带电体时，则会造成肌体的严重损伤，甚至死亡。

触电造成人体损伤的程度，取决于通过人体电流的大小、时间长短、途径、电流的频率及触电者身体的健康状况。根据实验，工频电流通过健康成年人体时，人能忍受的极限值一般为 5～30 mA，而触电者能自主摆脱带电体的能力，男性约为 16 mA，女性约为 10.5 mA。人体对直流电流的抵抗能力较交流电的高，能自动摆脱直流电的能力，男性约为 76 mA，女性约为 51 mA。据此，规定安全电流工频为 10 mA，安全直流电流为 50 mA。当通过人体的工频电流达 30～50 mA 时，人就会出现呼吸麻痹、心脏震颤，有生命危险。

触电时，通过人体的电流大小，在低压时取决于人体的外部电阻、内部电阻以及人体所承受电压的大小。

人体电阻可分为皮肤的电阻和内部组织的电阻两部分。皮肤的电阻主要取决于具有一定绝缘性能的皮肤角质外层，角质外层厚，则电阻较大，反之较小，故不同部位皮肤的电阻不同。此外，皮肤电阻还与是否干燥，接触部位汗腺、血管的数量，外加电压大小、电流通过时间的长短以及接触面积大小等有关。人体内部组织的电阻，其数值因人而异且不稳定，但阻值与外加电压的大小基本无关。人体电阻平均约为 1000 Ω。

根据实验，人的双手在湿润状态下，握住两个电极，当电压加到 40 V(此时通过人体的电流约等于 40 mA)时，已感到麻木、疼痛，且很难自主摆脱电极。再考虑到环境条件以及第二次灾害的危险因素，如摔倒等，安全电压不应超过 40 V。安全电压是指人体接触带电体时，对人体各部分组织(皮肤、心脏、呼吸器官和神经系统)不会造成任何损害的电压值。

对安全电压值的规定，各国有所不同。美国为 40 V；法国交流电为 24 V，直流电为 50 V；我国根据不同的环境条件和使用方法，规定安全电压等级分别为 36 V、12 V、6 V(工频有效值)。详见国家标准 GB/T 3805—2008。

2.5.2 实验安全注意事项

实验中经常要接触 220 V/380 V 的交流电压，如果忽视安全用电规则，粗心大意，就很容易触电，例如，由于疏忽，未将电源闸刀拉开就接线或拆线。又如，实验中，若某人正在接线，而另一人不打招呼就去接通电源；或者操作过程中手摸了一头已连在电源或电路端子上，而另一头空着的线头；或者摸了外壳带电的仪器等。实验安全需要每人从思想上重视，为确保自身和他人的安全，实验中应做到以下几点。

(1) 遵守接线基本规则，先把设备、仪表、电路之间的线接好，经自查和互查无误后，再接电源线，经老师检查合格后再合闸。拆线顺序为：先切断电源，再拆电源线，最后拆其他接线。

(2) 绝对不能把一头已接在电源上的导线的另一头空甩着。电路其他部分也不能有空甩线头的现象。线路接好后，多余的、暂时不用的导线都要拿开，整齐叠放在合适地方。

(3) 实验中要多加小心，手和身体绝对不摸、不碰任何金属部分(包括仪器外壳)，养成实验时手始终只拿绝缘部分的好习惯，同时要克服手习惯性地摸这摸那的坏习惯，杜绝将整个手都放在测试点上的不良情况发生。

(4) 测量时要防止因短路所产生的电弧灼伤，防止被大功率散热片、电阻性元件发热烫伤，被接在电源上的变压器、感应电感元件的感应电压击伤这类事故的发生。

(5) 万一遇到触电事故，不要慌乱，应迅速断开电源，拉下闸刀，使触电者尽快脱离电源，然后抓紧时间送医院或请医护人员前来诊治。

2.5.3 触电的急救

发生人员触电，应尽快送医院或请医护人员前来诊治。但是，如果触电者出现呼吸非常困难并伴有痉挛现象，或者出现呼吸停止、脉搏及心脏停止跳动等现象，则应立即就地实行心脏复苏抢救，其方法是口对口呼吸及人工胸外心脏按压，步骤如下。

(1) 打开气道。此时应迅速将触电者口腔中的食物、假牙、血块、黏液等设法清除，并将头部后仰、下颌上推，下颌角与耳垂连线与地面垂直，让其嘴张开并设法将舌头拉出，以免妨碍呼吸，保持气道通畅。如图 2-3 所示。若触电者牙关紧闭，抢救者可用四指托在其下颌骨处，大拇指放在下颌边缘上，用力慢慢向前移动，使下牙移到上牙前方，促使触电者把口张开。也可用小木片从触电者口角经臼齿、门齿牙缝插入，强迫触电者张口。

(2) 口对口呼吸。先紧急向口内吹气 4 次，观察触电者胸部是否起伏，并捏住触电者鼻翼，每口气约 2 s，用力程度以见触电者的胸部像正常人呼吸时那样起伏为度。吹气一次后，立即松开鼻翼，让触电者自行呼气约 3 s，每分钟吹气 12～16 次，如此反复进行，直到触电者有自主呼吸时为止(对儿童，不必捏紧鼻子，注意不能让儿童胸部过分膨胀，防止吹破肺泡，吹气频率较成人的要高，每分钟吹气 18～24 次)，如图 2-4 所示。如果气道未打开，吹气将进入胃部，此时可发现触电者胃部膨胀，则应用手轻轻加压于上腹部，使胃内气体排出。

(3) 胸外心脏按压。按压点应在剑突上两指，抢救者手掌根垂直向下，按压深度为 40～50 mm，按压速度(频率)为每分钟 80～100 次，按压时间与松弛时间比为 1∶1。如果抢救者仅一人，则以每分钟 100 次的按压频率，每按压胸部 15 次，做 2 次口对口呼吸，反复进行，此时按压时间与松弛时间比为 15∶2。若抢救者为双人，其中一人以每分钟 80 次的按压频率做心脏按压，另一人在每按压 5 次后迅速配合做一次口对口呼吸，此时按压时间与松弛时间比为 5∶1，如图 2-5、图 2-6、图 2-7 所示。

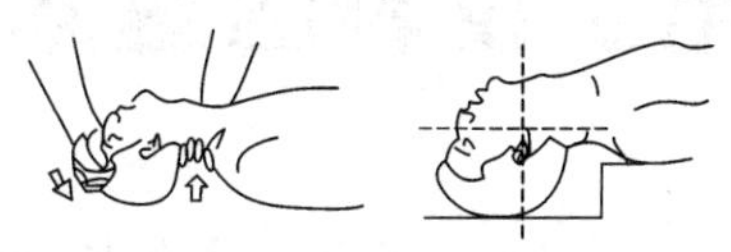

图 2-3 打开气道的正确姿势

图 2-4 口对口呼吸

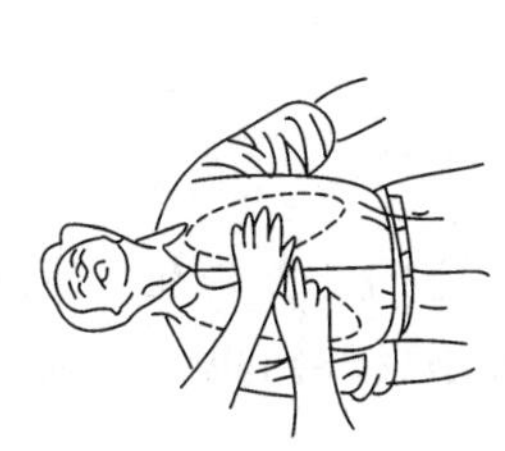

图 2-5 胸外心脏按压点

图 2-6 胸外心脏按压姿势

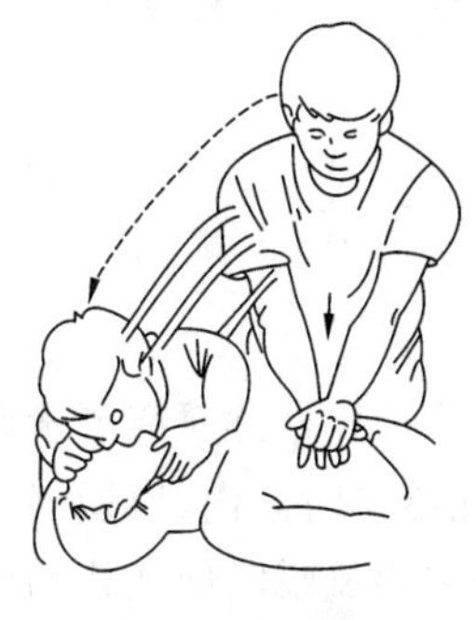

图 2-7 双人抢救法

抢救触电者可能需要很长时间，资料表明，有时要进行 4～6 h 以上，必须连续进行，不得间断。进行人工呼吸时，应在触电者身下垫些东西，身上盖些衣物，使其暖和一些。

习 题

2-1 实验的基本操作程序是什么？

2-2 实验报告一般应包括哪些内容？

2-3 实验过程中，对仪器或仪表的起始位置、量程选择有什么要求？

2-4 电路正确连接的注意事项有哪些？

2-5 电路故障查询的原则和步骤是什么？

2-6 电路故障的查询方法有哪些？

2-7 实验安全的注意事项有哪些？

第 3 章　测量技术与电工仪表的基本知识

内容提要：本章介绍测量技术与电工仪表的基本知识，具体内容包括：测量方法及测量设备，仪表的误差、准确度及修正值，测量误差及消除方法，测量误差的估计，测量数据的处理，电工仪表的组成和基本原理，电工仪表的主要技术性能，电工仪表的分类、标志和型号。

3.1　测量方法及测量设备

测量技术是研究测量原理、方法和仪器等方面内容的一门科学，它的任务是在一定条件下，在给定时间内，以适当的准确度求得被测量的量值（包括数值大小、符号、单位），或者是求得被测量瞬时值变化的过程曲线。

电测技术是测量技术的重要组成部分之一，它包括：利用电磁技术进行测量的电工测量（电磁测量），利用电子技术进行测量的电子测量，以及通过传感器变换技术将非电量转换为电信号再进行测量的非电量测量技术。

电测量技术包括：各种电测量的方法，各种测量方法所应配备的仪表、仪器、设备；仪表、仪器、设备的原理与结构；测量时的操作技术，以及如何根据测出数据进行数据处理，以便求出测量结果和测量误差等。下面简单介绍测量方法与测量设备。

3.1.1　测量方法

测量方法是指将被测量与所采用的参考量进行比较的方法。由于客观事物和现象是多种多样的，因此进行测量的方法也各不相同。用科学归纳的方法可将电测量方法按以下方式进行分类。

1. 按测量数据得到的方式分

（1）直接测量法　直接以被测量为对象进行测量，其数值可直接由测量的数据得到，如用电压表测电压。

（2）间接测量法　测量结果要利用直接测量得到的数据与被测量之间的函数关系，通过计算得到。如通过直接测量电阻元件的电压 U 及电流 I，可以计算出该元件的电阻 $R=U/I$。

（3）组合测量法　测量结果是在一系列直接测量结果总和的基础上通过一系列方程式而获得。例如，要确定电阻的温度系数，根据公式

$$R_t = R_{20}[1+\alpha(t-20)+\beta(t-20)^2]$$

求得。其中，R_{20}是温度为 20 ℃时的阻值。

改变电阻的温度，分别在三个温度之下，测量该电阻的阻值，可得到三个方程，联立求

解，即可求出该电阻的温度系数 α 和 β 以及 R_{20}。

2. 按标准量是否直接参与测量过程分

(1) 直接测量法　直接从仪器、仪表读出测量结果。这是应用最广泛的测量方法，它的准确度取决于所用仪器、仪表的准确度。作为计量标准的实物不参与测量，所以准确度并不高。

(2) 比较测量法　在测量过程中，被测量与标准量直接进行比较，从而获得测量结果。例如，用电桥测量电阻，测量过程中，电桥中的标准电阻参与了测量。比较测量法是高准确度的测量方法。

3. 按测量仪器仪表指示值的有与无分

(1) 偏转法　被测量靠指示仪器、仪表的指针偏转示值，直接或间接得到测量结果。

(2) 零值法　在被测量与标准量比较的过程中，通过补偿或平衡原理，并通过参数的指零仪表来检查是否达到平衡，从而获得测量结果。

测量方法还可以按其他方式分类，如按被测量与时间的关系可分为静态测量法、动态测量法和换算测量法，按被测量有源还是无源可分为电量参数(电流、电压、功率、频率、相位和能量等)测量法和电路参数(电阻、电感、电容、互感和介质损耗角等)测量法，按测量过程进行的方式可分为自动测量法、非自动测量法等。

3.1.2　测量设备

测量设备是在进行测量时所使用的技术工具的总称，包括以下两种基本形式。

1. 度量器

度量器是测量单位的实物样品，测量时以度量器为标准，通过将被测量与度量器比较而获得测量结果。度量器分为标准器和有限准确度的标准度量器。标准器是测量单位的范型度量器，它保存在国际上特许的实验室或国家法定机构的实验室中。有限准确度的度量器，其准确度比标准器的低，是常用的范型量具及范型测量仪表，广泛用于实验中，如标准电阻、标准电容、标准电感等。

2. 测量仪器、仪表

测量仪器、仪表是用某种方法进行测量但准确度较度量器低的设备，被广泛应用于实验室和工程测试中。电气测量中所用的仪器、仪表统称为电工仪表，电工仪表基本上可分为电测量指示仪表和比较类仪表两类。

电测量指示仪表又称为直接式仪表。应用这类仪表进行测量时，测量结果可直接由仪表的指示(读数)机构读出，测量迅速，使用方便，是电气测量中用得最多的仪表，如电压表、电流表、万用表(多用表、繁用表)、功率表、电度表、数字频率计、电子示波器等。

应用比较类仪表进行测量时，将被测量与标准的测量单位(即标准量)进行直接比较而测出其数值。电桥、电位差计等均属比较类仪表。用比较类仪表测量要比用直读式仪表测量复杂些，比较花费时间，且其价格也较贵，但准确度高，因而常用于精确测量。

3.2 仪表的误差、准确度及修正值

3.2.1 仪表误差的分类

无论仪表的制造工艺如何完善,仪表的误差总是存在的。仪表的误差是指仪表的指示值与被测量实际值之间的差异。根据仪表误差产生的原因,仪表误差分为基本误差和附加误差两类。

1. 基本误差

基本误差是指仪表在规定的工作条件下,即在规定的温度、湿度、放置方式,没有外界电场和磁场的干扰等条件下,由于制造工艺的限制和本身结构不够完善而产生的误差。例如,摩擦误差、标尺刻度不准、轴承和轴尖间隙造成的倾斜误差等都属于基本误差。

2. 附加误差

附加误差是指仪表离开规定的工作条件而产生的误差。例如,温度过高、波形非正弦、受外电场和外磁场的影响等所引起的误差都属于附加误差。

3.2.2 仪表误差的表示

仪表误差的大小通常用以下三种方式表示。

1. 绝对误差

仪表的指示值 A_X 与被测量的真值 A_0 之间的差值,称为绝对误差。绝对误差用 Δ 表示,即

$$\Delta = A_X - A_0 \tag{3-1}$$

由式(3-1)可以看出,Δ 是有大小、正负、单位的数值。其大小和正负表示测量值偏离真值的程度和方向。

真值 A_0 是一个理想的数值,因不能保证测量绝对没有误差,因此真值是难以测量确定的。在实际工作中,通常用准确度等级高的标准表所测量的数值代替真值,或以通过理论计算得出的数值作为真值。为了区别起见,将标准仪表给出的值称为实际值,用 A 表示。因此,绝对误差通常表示为

$$\Delta = A_X - A \tag{3-2}$$

即绝对误差为仪表指示值与被测量的实际值的代数差值。

2. 相对误差

绝对误差与被测量的真值 A_0 的比值,称为相对真误差。相对真误差用分数 r_0 表示,即

$$r_0 = \Delta / A_0 \times 100\% \tag{3-3}$$

式中:r_0 有大小、正负,而无单位。

由于真值无法得到,通常用实际值 A 代替真值,所得的相对误差称为实际相对误差 r_A,一般简称为相对误差,即

$$r_A = \Delta/A \times 100\% \tag{3-4}$$

实际值需要用准确度很高的标准仪表测得，在一般情况下也不易得到，因此在工程测量要求不太高的情况下，也可用仪表的指示值 A_X 代替实际值，所得相对误差称为示值相对误差 r_X，即

$$r_X = \Delta/A_X \times 100\% \tag{3-5}$$

相对误差可以表征测量的准确程度。

3. 引用误差

绝对误差与规定的基准值的比值，用百分数表示，称为引用误差 r_m，又称为满偏相对误差、额定误差。对于标度尺不同的仪表，其基准值不同。

(1) 对于大量使用的单向标度尺仪表，基准值为量程，引用误差为绝对误差 Δ 与仪表上量限 A_m（满分度值）的百分数，即

$$r_m = \Delta/A_m \times 100\% \tag{3-6}$$

(2) 若是双向标度尺的仪表，其基准值仍是量程，引用误差是绝对误差与正、负两个量限绝对值之和的百分数，即

$$r_m = \Delta/(|+A_m| + |-A_m|) \times 100\% \tag{3-7}$$

(3) 若是无零位标度尺的仪表，引用误差为绝对误差与上、下量限差值的百分数，即

$$r_m = \Delta/(A_{1m} - A_{2m}) \times 100\% \tag{3-8}$$

(4) 若标度尺是对数、双曲线或指数为 3 及以上的仪表，或标度尺上量限为无穷大（如万用表的欧姆挡）的仪表，引用误差以用长度表示的绝对误差 Δ_l 与标度尺工作部分长度 l_m 的百分数表示，即

$$r_m = \Delta_l/l_m \times 100\% \tag{3-9}$$

3.2.3 仪表的准确度

在电测量指示仪表中，为了表示仪表的准确度，往往用引用误差来表示仪表在正常工作情况下仪表准确度的等级，即

$$K\% = |\Delta_m| / A_m \times 100\% \tag{3-10}$$

式中：K 是仪表的准确度等级（指数）；Δ_m 是仪表所有指示值中的最大绝对误差；A_m 是仪表的满度值（满量程值）。

仪表的准确度等级越高，则其误差越小。例如，准确度为 0.1 级的仪表，其基本误差的极限（即允许的最大引用误差）为±0.1%。

我国对不同的电测仪表和可互换附件，规定了不同的准确度等级。在国标 GB /T 7676—2017 中，电流表和电压表准确度等级分为：0.05、0.1、0.2、0.3、0.5、1、1.5、2、2.5、3、5 十一级；功率表和无功功率表分为：0.05、0.1、0.2、0.3、0.5、1、1.5、2、2.5、3、5 十一级；频率表分为：0.05、0.1、0.15、0.2、0.3、0.5、1、1.5、2、2.5、5 十一级；相位表、功率因数表和同步指示器分为 0.1、0.2、0.5、1、1.5、2、2.5、5 八级；电阻表、阻抗表和电导表分为 0.05、0.1、0.2、0.5、1、1.5、2、2.5、3、5、10、20 十二级；可互换附件和有限可互换附件分为 0.02、0.05、0.1、0.2、0.3、0.5、1、2、5、10 十级。通常将 0.05、0.1、0.2 级仪表用作标准表，用以检查准确

度等级较低的仪表;0.5、1、1.5级仪表主要用于实验室;准确度更低的仪表主要用于工作现场,如监视生产过程的仪表及配电盘用表一般为1.0～2.5级的仪表。

由仪表的准确度等级可以算出该仪表允许的绝对误差。举例如下。

(1) 0.5级,上量限为30 A,单向标度尺的电流表,其允许绝对误差为±0.5×30/100 A＝±0.15 A。

(2) 1.5级,下量限、上限量同为30 W的双向标尺功率表,其允许绝对误差为±1.5×(30＋30)/100 W＝±0.9 W。

(3) 1.0级,量程为45～55 Hz的指针式频率表,其允许绝对误差为±1.0×(55－45)/100 Hz＝±0.1 Hz。

(4) 万用表欧姆挡,准确度为2.5级,工作标度尺长70 mm,其中长度表示的允许绝对误差为±2.5×70/100 mm＝±1.75 mm。

数字万用表的准确度有以下两种表示方法。

(1) 第一种表示方法为

$$准确度=\pm(\alpha\%读数值+\beta\%满度值)$$

式中:$\alpha\%$读数值表示综合误差;$\beta\%$满度值表示由于数字化处理而带来的误差。

对于某块数字仪表而言,β值是固定的,α值则与所选择的测量种类及量程有关。测量准确度是测量结果中系统误差和偶然误差的综合,它表示测量值与真值的一致程度,也反映了测量误差的大小。也就是说,数字万用表的测量准确度表示了测量的绝对误差。例如,SK-6221型数字万用表直流2 V挡的准确度为±(0.8%读数值＋0.2%满度值),则测量0.1 V电压时的绝对误差为±(0.8%×0.1 V＋0.2%×2 V),即绝对误差为0.0048 V。

(2) 第二种表示方法为

$$准确度=\pm(\alpha\%读数值+n个字)$$

式中:n是由于数字化处理引起的误差反映在末位数字上的变化量。若把n个字所对应的误差折合成满量程的百分数,即为第一种表示方法中的式子,因此,两种表示方法是等价的。

【例3-1】 D1830型数字万用表直流2 V挡的准确度(23 ℃±5 ℃)为±(0.5%读数值＋2个字),问用该表2 V挡测量1.997 V和0.1 V电压的误差分别为多少?

解 (1) 测1.997 V电压时,

$$准确度=\pm(0.5\%读数值+2个字)=\pm(0.5\%\times1997+2个字)\approx\pm12个字$$

所以,测1.997 V电压时的绝对误差为

$$\Delta=\pm12个字$$

相对误差为

$$\gamma=\Delta/1997\approx0.6\%$$

(2) 测0.1 V电压时的绝对误差为

$$\Delta=\pm(0.5\%\times100+2个字)\approx\pm3个字$$

相对误差为

$$\gamma=\Delta/100=\pm3.0\%$$

由例3-1可见,用读数的百分比来表示数字表的误差,读出的数越小,误差越大。因此,一般情况下,除最低一挡量程外,当读数小于本挡量程的十分之一时,就应改低一挡量程测量,使所选量程与被测值接近,以减小测量误差。

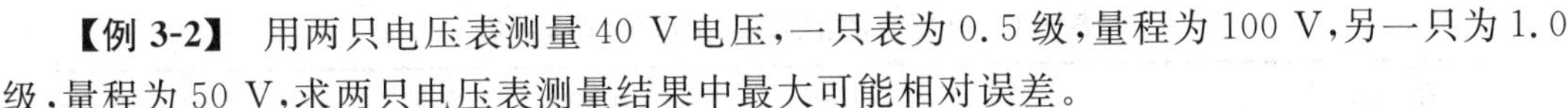

【例 3-2】 用两只电压表测量 40 V 电压，一只表为 0.5 级，量程为 100 V，另一只为 1.0 级，量程为 50 V，求两只电压表测量结果中最大可能相对误差。

解 用 0.5 级、量程为 100 V 的电压表测量时，可能产生的最大绝对误差为

$$\Delta_{1m}=K\%\times A_{1m}=0.5\%\times 100\ \text{V}=0.5\ \text{V}$$

故用此表测 40 V 电压时最大可能相对误差为

$$r_1=\Delta_{1m}/A\times 100\%=0.5/40\times 100\%=1.25\%$$

用 1.0 级、量程为 50 V 的电压表测量时，可能产生的最大绝对误差为

$$\Delta_{2m}=K\%\times A_{2m}=1.0\%\times 50\ \text{V}=0.5\ \text{V}$$

故用此表测 40 V 电压时最大可能相对误差

$$r_2=\Delta_{2m}/A\times 100\%=0.5/40\times 100\%=1.25\%$$

由此可见，两只仪表的测量结果准确度是相同的。因此，不能简单地认为等级高的仪表测量一定比等级低的仪表测量更准，这是因为量程选择对测量结果的准确度也有很大影响。从最大相对误差公式 $r=\Delta_m/A\times 100\%$ 可以看出，A 值越大，即被测量的值越接近满量程时，最大相对误差越小。

例 3-2 中用 100 V 量程电压表测 40 V 电压，被测量的值约占满量程的 4/10，而用 50 V 量程电压表测量时，被测量的值约占满量程的 4/5，所以选择表的量程时，应尽量使被测量的值（指针偏转）接近满刻度，以便充分利用仪表的准确度，提高测量结果的准确度。一般在选择仪表量程时，应使被测量的值在满量程（刻度）的一半以上。

只有合理地选择仪表的准确度，才能提高测量结果的准确度。

3.2.4 仪表的修正值

在精密测量中常常使用修正值，所谓修正值就是被测量的实际值 A（即标准表的读数）与仪表读数 A_X 之差，用 λ 表示

$$\lambda = A - A_X \tag{3-11}$$

修正值在数值上等于绝对误差，但符号相反，即

$$\Delta = A_X - A = -\lambda \tag{3-12}$$

知道仪表的修正值后，加上指示值即可得到实际值。通常可以通过校验的方法测出被校仪表的修正值，即将被校仪表与标准仪表相比较确定出修正值。一般地，所取的标准仪表的准确度比被校仪表的要高两三级，而量程应与被校仪表的相等或稍大一些。校验时，应从零向满偏值单方向增加，当被校仪表指示到达预先选定的指示值（一般取整数）时，读取标准仪表的读数（$A_{上}$），然后从满偏值单向降到零，再逐点读取标准表的读数（$A_{下}$），则被校表的每个指示值都有两次标准仪表的读数（$A_{上}$、$A_{下}$），取它们的平均值作为标准表的读数 A，即

$$A = (A_{上} + A_{下})/2 \tag{3-13}$$

由 $\lambda=A-A_X$ 知，用标准仪表的读数值（实际值）减去被校仪表的指示值就等于修正值。

修正值可以用表格形式给出，也可以用曲线（称为更正曲线）形式给出。更正曲线是以指示值 A_X 为横坐标，修正值 λ 为纵坐标的关系曲线，它实际上是一条折线。

【例 3-3】 设电压表各主要刻度的读数与实际值如表 3-1 所示，求出修正值并画出更正曲线。若设 $A_X=0.50$ V，求实际值是多少？

表 3-1 电压表的指示值、实际值和修正值

指示值 A_X/V	0	1.00	2.00	3.00	4.00	5.00
实际值 A/V	0	0.90	2.05	3.10	3.92	4.98
修正值 $\lambda=A-A_X/V$	0	−0.10	+0.05	+1.10	−0.08	−0.02

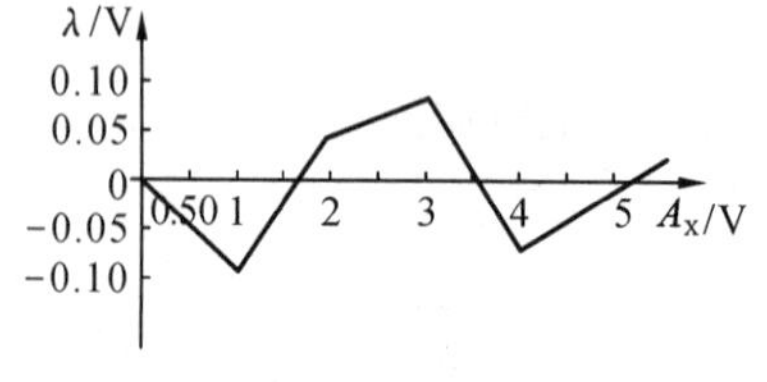

图 3-1 更正曲线

解 求出各点的修正值如表 3-1 所示，更正曲线如图 3-1 所示。

在更正曲线上可找到 $A_X=0.50$ V 时，相对应的 $\lambda=-0.50$ V，所以实际值为

$$A=A_X+\lambda=(0.50-0.05)\text{V}=0.45\text{ V}$$

3.3 测量误差及消除方法

测量是为了获得被测量的真值，但由于存在测量仪器、仪表和测量方法不完善等一系列原因，在任何测量中都不可能测得真值，测量所得到的被测量值仅为与真值近似程度大小不等的近似值。也就是说，测量所得到的被测量值与真值之间有差异，这些差异就是测量误差。

如果测量误差超过一定限度，则测量结果及据此做出的结论都是没有意义的，甚至是有害的。因此，必须研究测量误差及其来源，了解消除或估计误差影响的方法，从而能够合理地制定测试方案，正确选择测量方法和仪器、设备，以提高测量的准确度（指实测值与真值的接近程度），使误差降到最低限度，使测量结果尽量接近真值。

测量误差分为三大类，即系统误差、随机误差和粗差。

3.3.1 系统误差

在相同条件下，多次测量同一量时，误差的大小及符号均保持不变或按一定规律变化，这种误差称为系统误差。系统误差是由于测量仪器、仪表不准确或有缺陷，测量方法不完善（如测量方案、选择的仪器、理论计算公式、数据处理方式不当），周围环境条件变化以及实验者个人习惯（如偏视）等因素造成的。

在测量中要做到没有系统误差是不容易的，也是不现实的。因而根据测量中实际情况进行具体分析，发现系统误差，采取技术措施防止或消除系统误差是十分必要的。

1. 通过实验发现系统误差的几种简单方法

（1）在相同条件下，用标准仪器、仪表和使用中的仪器、仪表测量同一个物理量，若两者的指示值不同，则说明所使用的仪器、仪表存在系统误差。

（2）用同一仪器、仪表对同一被测量进行多次（n 次）测量，可得到一个测量（数据）列，由测量列可求出算术平均值 $\bar{x}$，若 $\bar{x}$ 与被测量的实际值 x 不相等，则表明用该仪器、仪表测量时，存在固定的系统误差和随机误差。

(3) 由于系统误差是按一定规律变化的，因此，若将测量列各数据的误差依次排列，如有规律地呈线性变化，表明含有系统误差，如中间有微小波动，说明有随机误差的影响。

(4) 改变实验条件是发现系统误差的有效方法。如在某一条件下，测量列误差基本上保持不相同符号，当此条件不存在或改为新条件时，误差均改变符号，则说明测量列中含有随测量条件改变而变化的系统误差。

此外，还有其他发现测量中是否有系统误差的方法。

2. 消除系统误差的方法

1) 消除误差根源

选用适当、精良的仪表或数字式仪表，提高测量准确度；使用仪表前细心检查，如调整零位；改善测量环境；提高实验人员的技术水平等。

2) 利用修正值

在确切掌握了测量中的系统误差后，可利用修正值消除系统误差，得到被测量的实际值。

3) 采用特殊测量方法消除系统误差

(1) 正、负误差抵偿法　适当安排实验，使某项系统误差在测量结果中一次为正，另一次为负，结果为两次读数之和的二分之一，这样的测量结果将与该项系统误差无关。例如，用电压表测量直流电压时，如果外界恒定磁场的影响较大，不可能忽略不计，则可进行两次测量。第一次测量完毕进行第二次测量时，将电压表放置位置旋转 180°，这样外磁场在两次测量中引起的误差符号相反，则两次指示值的平均值中将不含由外磁场所引起的系统误差。

(2) 替代法　将被测量与已知量通过测量装置进行比较，当两者效应相同时，它们的数值必然相等，则测量结果中不含测量装置的系统误差。如用电桥测量某电阻 R_X，调节电桥使之平衡后，取下 R_X，再接入标准电阻箱。不调节电桥，只改变电阻箱的阻值，使电桥平衡，此时电阻箱的阻值即是被测电阻 R_X 的阻值。采用这种方法测得的 R_X 与电桥准确度无关，即消除了电桥产生的系统误差。

3.3.2　随机误差

在相同条件下，多次测量同一量值时，每次所得的数值总是多少有些不同。这种对同一量值的偏离，称为随机误差，它没有什么变化规律可循。随机误差的产生是由物理现象本身的随机性导致的，如导体中电子的热骚动，以及实验条件中实际上存在着微小的变化，如电源电压围绕着平均值随机起伏变化、外界干扰、温度的变化等。

单次测量的随机误差没有规律、无法预料，也不可控制，所以无法用实验的方法加以消除。但是多次测量中随机误差的总体服从统计规律。因此，可以用统计学的方法估计其影响。

1. 随机误差的统计特性

测量数据中通常既含有系统误差，又含有随机误差。此处假定系统误差已消除，只讨论随机误差的特性。

多个随机误差服从统计规律，数据越多，其规律性越明显。在一定条件下对一个物理量进行多次重复测量可得一系列的测量读数：$X_1, X_2, \cdots, X_i, \cdots, X_n$。它们按顺序排列起来，称为测量列，其中 i 表示测量序号，n 为总的测量次数。n 次测量结果因其外界宏观条件相同，可信度是一样的。这 n 次测量又称为等精度测量，但每次测量结果的随机误差却不同。

误差的分布规律有多种，最常见的是正态分布规律。对一个物理量进行多次等精度测量所得到的一系列读数一般都服从正态分布规律，其随机误差也服从正态分布规律。

正态分布的概率分布密度为

$$y(\delta_i) = \frac{1}{\sigma\sqrt{2\pi}} e^{-\frac{\delta_i^2}{2\delta^2}} \tag{3-14}$$

式中：$\delta_i = X_i - X_0$ 是测量读数的随机误差；$\sigma = \lim\limits_{n\to\infty}\sqrt{\frac{1}{n}\sum\limits_{i=1}^{n}\delta_i^2}$ 是变量(测量读数)的均方根误差。

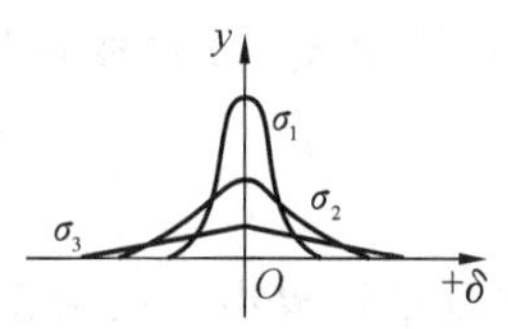

图 3-2 σ 值不同的正态分布曲线

在测量领域中，σ 称为测量列单次测量的标准差。图 3-2 给出了不同标准差的正态分布曲线，其中 $\sigma_3 > \sigma_2 > \sigma_1$。从中可以看出，$\sigma$ 越大，曲线越平坦，大的随机误差出现的可能性越大。标准差 σ 表征了测量列数据的分散程度，是随机误差的重要参数。

服从正态分布的随机误差呈现下述四种特性。

(1) 有界性，即在一定条件下对某量进行有限次测量，其随机误差的绝对值不会超出一定界限。

(2) 对称性，即绝对值相等的正、负误差出现的机会相等。

(3) 单峰性，即绝对值大的随机误差出现的概率小，绝对值小的随机误差出现的概率大。

(4) 抵偿性，即将全部随机误差相加时，正、负误差具有相互抵消的趋向。也就是说，以等精度测量某一量时，其随机误差的算术平均值随着测量次数 n 的无限增多而趋近于零，即

$$\lim_{n\to\infty}\frac{\sum\limits_{i=1}^{n}\delta_i}{n} = 0 \tag{3-15}$$

式中：$\delta_i = X_i - X_0$ 为随机误差。

抵偿性是随机误差的重要特性，凡是有抵偿性的误差，原则上都属于随机误差。

2. 算术平均值原理及标准差的估算

设在一定条件下对某物理量进行 n 次等精度测量，得到测量结果如下：$X_1, X_2, \cdots, X_i, \cdots, X_n$，定义

$$X_0 = \sum_{i=1}^{n}\frac{x_i}{n} \tag{3-16}$$

为测量列的算术平均值。

算术平均值是根据测量数据得到的被测量的最可信赖值，可作为测量结果最接近被测量真值。简单证明如下。

测量结果中读数的随机误差为

$$\delta_i = X_i - X_0$$

对 n 个读数的随机误差取平均值得

$$\frac{\sum_{i=1}^{n}\delta_i}{n} = \frac{\sum_{i=1}^{n}X_i}{n} - X_0 \tag{3-17}$$

在测量次数无限增加(即 $n\to\infty$)时,根据随机误差的抵偿性和式(3-17)可得

$$\lim_{n\to\infty}\frac{\sum_{i=1}^{n}X_i}{n} = X_0$$

可以看出,测量列的算术平均值 X_0 在测量次数极多时,趋近于被测量的真值。所以把它作为测量结果。

在实际工作中,也常以算术平均值代替真值。单次测得读数与算术平均值之差为

$$V_i = X_i - X_0$$

称 V_i 为残差(偏差)。从残差的定义可以看出,测量列所有读数残差的代数和为零,即

$$\sum_{i=1}^{n}V_i = 0$$

利用这个特点可对计算得到的残差进行验算。

在测量实践中,常需知道测量列标准差的大小。标准差的定义为

$$\sigma = \lim_{n\to\infty}\sqrt{\frac{1}{n}\sum_{i=1}^{n}\delta_i^2} \tag{3-18}$$

但因 X_0 未知,所以 δ_i 无法计算。实际上,由于测量次数有限,只能计算出标准差的估计值。

$$\hat{\sigma} = \sqrt{\frac{1}{n-1}\sum_{i=1}^{n}V_i^2} \tag{3-19}$$

式中:V_i 为读数 X_i 的残差;n 为测量次数。

式(3-19)称为贝塞尔公式。在实际计算中不区分 σ 与 $\hat{\sigma}$,因为计算得到的只是估计值。

3.3.3 粗差

粗差是测量结果中出现的明显超出预期结果的误差。粗差产生的主要原因及相应的消除方法简述如下。

(1) 疏失误差,这是由于工作人员的过失引起的误差,如读数、记录、计算错误,操作不当或不正确使用仪表等原因造成的误差。这类误差只要工作人员在实验过程中认真、细心就可避免。此外,也存在由于使用有缺陷的仪器、仪表造成的误差,这种误差一经发现,结果应作废,仪器、仪表也应予以更换。

(2) 在实验中测量次数很多时,可能会出现很大的随机误差,称为坏值。对坏值可应用统计判别法从测量数据列中剔除。判别法有几种,简单而又常用的是拉依达准则。

拉依达准则是以 3σ(σ 为实验标准差)为最大误差界限,当某次测量值与测量列算术平均值之差超过 3σ 时,则认为该测量值是坏值,可以剔除。

如测量列为 $X_1, X_2, \cdots, X_n$，其算术平均值为 $\overline{X}$。相应每次测量的残差（或称偏差）为 $\delta = X_i - \overline{X}$。

若测量列中，某一测量值 X_k 的残差为

$$|\delta_k| > 3\sigma \tag{3-20}$$

则认为 X_k 是含有粗差的坏值，应予以剔除。

坏值剔除后要重新计算测量列的算术平均值和标准差。

【例 3-4】 测量某一电压，共测了 13 次，数据如表 3-2 所示，试计算实验标准偏差，并判断有无坏值。

表 3-2 测量电压所得记录

序号(n)	U/V	第一次 δ_i/V	第二次 δ_i/V	序号(n)	U/V	第一次 δ_i/V	第二次 δ_i/V
1	120.23	+0.01	+0.12	8	120.24	+0.02	+0.13
2	120.31	+0.09	+0.20	9	120.30	+0.08	+0.19
3	120.22	0.00	+0.11	10	119.88	−0.34	−0.23
4	119.95	−0.27	−0.16	11	120.00	−0.22	−0.11
5	119.83	−0.39	−0.28	12	120.33	+0.11	+0.22
6	120.14	−0.08	+0.03	13	119.90	−0.32	−0.21
7	121.56	+1.34					

解 据测得数据，求出算术平均值 $\overline{U}=120.22$ V，计算出每次测得的残差 δ_i，列入表 3-2 内（第一次）。

实验标准偏差为

$$\sigma = \sqrt{\frac{1}{n-1}\sum_{i=1}^{n}(U_i - \overline{U})^2} = \sqrt{\frac{2.325}{12}}\ \text{V} = 0.44\ \text{V}$$

在各次 δ_i 中，只有 $|\delta_7| = 1.34$ V 大于 3σ，故第 7 个数据为坏值，应予剔除。去掉 σ_7 后，重新计算，得到新的算术平均值 $\overline{U}=120.11$ V，并重新计算出各次残差，列入表 3-2 内（第二次），可求出新的实验标准误差为 $\sigma=0.19$ V。

3.4 测量误差的估计

测量时，误差是不可能完全消除的，因此在进行测量之后，不仅要确定被测量的值，而且还要估计测量结果的准确程度。工程测量中主要考虑的是系统误差，偶然误差一般忽略不计，系统误差可按以下方法进行计算。

3.4.1 直接测量方式的最大误差

用直读仪表测量时，可能出现的最大绝对误差为

$$\Delta_{\mathrm{m}} = \pm k\% \times A_{\mathrm{m}} \tag{3-21}$$

式中：Δ_{m} 为最大绝对误差；A_{m} 为仪表的量程；k 为仪表准确度等级。

如果已知仪表的准确度为 k 级，量程为 A_m，测量时读数为 A_x，则被测量 A_x 可能的最大相对误差为

$$r_m = \pm k\% \times A_m/A_x \times 100\% \tag{3-22}$$

式(3-21)和式(3-22)用于计算直接测量可能出现的最大误差。从公式可以看出，测量的绝对误差与所选择仪表的准确度等级 k 及量程 A_m 有关；而相对误差与量程 A_m 及测量指示数 A_x 的比值有关，A_m/A_x 的比值越大，误差越大。因此，选择仪表时，不能单纯追求选择准确度级别高的仪表，还要合理选择仪表的量程，尽可能使指示值在标度尺分度的70%以上的范围内。

【例 3-5】 被测量的实际值是 3 A，现有一只 0.5 级 20 A 和一只 1.5 级 5 A 的电流表，应选择哪一只电流表？

解 选用 0.5 级 20 A 的电流表，有

$$\Delta I_{m1} = \pm 0.5\% \times 20\ \text{A} = \pm 0.1\ \text{A}$$

$$r_1 = 0.5\% \times 20/3 = \pm 3.3\%$$

选用 1.5 级 5 A 的电流表，有

$$\Delta I_{m2} = \pm 1.5\% \times 5\ \text{A} = \pm 0.075\ \text{A}$$

$$r_2 = \pm 1.5\% \times 5/3 = \pm 2.5\%$$

故应选用 1.5 级 5 A 的电流表。

3.4.2 间接测量方式的最大误差

在生产生活实践中，常常要进行间接测量。例如，电阻值和电阻上消耗电功率的定义分别为

$$R = U/I, \quad P = IU$$

式中：U 和 I 分别为电阻 R 上的电压和流过的电流。

用电流表和电压表测出 I 和 U 的值，再代入以上两式中，便可求出 P 和 R 的值。这种通过测量与被测量有一定函数关系的物理量，再根据函数关系计算出被测量的测量结果的方法称为间接测量法。这里直接测量结果相当于函数中的自变量，简称变量；而被测量相当于函数值。

上例中，测量 U 和 I 时，直接测量结果无疑是含有误差的。因此，由公式计算得到的 P 和 R 也一定含有误差。研究和计算间接测量中直接测得量 U、I 的测量误差 Δ_U、Δ_I 与被测量 P、R 的误差 Δ_P、Δ_R 的关系，也就是研究函数误差与自变量的关系。

设测量结果 Y 与直接测得的分项值 $X_1, X_2, \cdots, X_m$ 的函数为

$$Y = f(X) = (X_1, X_2, \cdots, X_m) \tag{3-23}$$

设各分项测得值的绝对误差分别为 $\Delta_1, \Delta_2, \cdots, \Delta_m$，相对误差分别为 $r_1, r_2, \cdots, r_m$，分项绝对误差的存在导致结果 Y 产生绝对误差 Δ_Y，其关系为

$$Y \pm \Delta_Y = f(X_1 \pm \Delta_1, X_2 \pm \Delta_2, \cdots, X_m \pm \Delta_m) \tag{3-24}$$

利用多元函数的泰勒定理将式(3-24)右侧展开，略去二阶及高阶无穷小量，且与式(3-24)比较可得

$$\Delta_Y = \frac{\partial f}{\partial X_1}\Delta_1 + \frac{\partial f}{\partial X_2}\Delta_2 + \cdots + \frac{\partial f}{\partial X_m}\Delta_m \tag{3-25}$$

则示值相对误差为 $r_Y = \pm\Delta_Y / Y$。

如果 $Y = f(X)$ 的函数关系已知，则可导出综合误差的计算公式。下面分几种情况进行讨论。

（1）被测量为几个量的和，即

$$Y = X_1 + X_2 + X_3 \tag{3-26}$$

式中：X_1、X_2、X_3 为与被测量有关的几个已知量。

如用 Δ_Y 表示被测量的绝对误差，Δ_{X_1}、Δ_{X_2}、Δ_{X_3} 代表分项 X_1、X_2、X_3 的绝对误差，由式(3-26)可得

$$\Delta_Y = \Delta_{X_1} + \Delta_{X_2} + \Delta_{X_3} \tag{3-27}$$

式(3-27)两边同除以 Y，得

$$\Delta_Y / Y = \Delta_{X_1}/Y + \Delta_{X_2}/Y + \Delta_{X_3}/Y \tag{3-28}$$

分项误差 Δ_{X_1}、Δ_{X_2}、Δ_{X_3} 已知时，可直接按式(3-28)计算综合误差。若分项误差不能确定符号，则综合误差按最不利的情况考虑，即考虑最大误差。被测量的最大相对误差应出现在各个量的相对误差均为同一符号的情况下，并用 r_y 表示，即

$$|r_y| = |\Delta_{X_1}/Y| + |\Delta_{X_2}/Y| + |\Delta_{X_3}/Y| = |X_1 r_1/Y| + |X_2 r_2/Y| + |X_3 r_3/Y| \tag{3-29}$$

式中：$r_1 = \Delta_{X_1}/X_1$、$r_2 = \Delta_{X_2}/X_2$、$r_3 = \Delta_{X_3}/X_3$ 分别为 X_1、X_2、X_3 的相对误差。

【例 3-6】 电路如图 3-3 所示，用安培表测量各支路电流，第一支路的为 15 A，$r_1 = \pm 2\%$，第二支路的为 25 A，$r_2 = \pm 3\%$。求电路总电流和可能的最大相对误差。

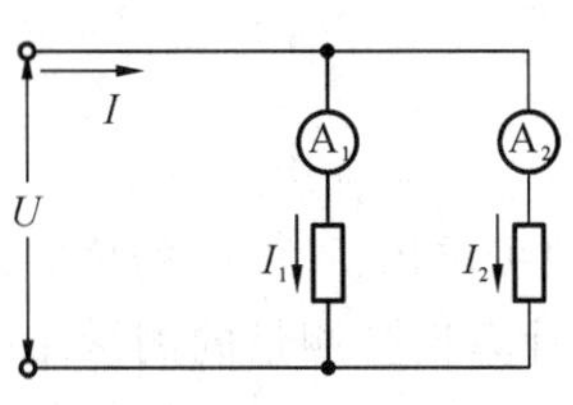

图 3-3　例 3-6 电路图

解　$I = I_1 + I_2 = (15+25)\text{A} = 40\ \text{A}$

最不利时，被测结果的最大相对误差取相同符号，则

$$r = I_1 r_1 / I + I_2 r_2 / I$$

$$= 15/40 \times 2\% + 25/40 \times 3\% = 2.63\%$$

（2）被测量 Y 为两个量之差，即

$$Y = X_1 - X_2 \tag{3-30}$$

从最不利情况考虑，推导得出的最大相对误差为

$$|r_y| = |X_1 r_1 / Y| + |X_2 r_2 / Y| = |X_1 r_1/(X_1 - X_2)| + |X_1 r_2/(X_1 - X_2)| \tag{3-31}$$

可见被测结果为两量之差时，可能的最大相对误差不仅与各个量测量结果的相对误差 r_1、r_2 有关，而且与两个已知量之差有关。两个量之差越大，被测量可能的最大相对误差越小；反之，两个量之差越小(即 X_1 与 X_2 数值接近)，则相对误差急骤上升，故通过两个量之差求被测量的方法应尽量少用。

【例 3-7】 电路如图 3-4 所示，第一支路电流 I_1 和总电流 I 分别为 $I_1 = 20$ A，$I = 30$ A，而 $r = \pm 2\%$，$r_1 = \pm 2\%$。求 I_2 可能的最大相对误差。

解　$I_2 = I - I_1 = (30-20)\text{A} = 10\ \text{A}$

$$r_2 = 30 \times 0.02/10 + 20 \times 0.02/10 = 0.10 = 10\%$$

若 $I = 30$ A，$r = \pm 2\%$，$I_1 = 5$ A，$r_1 = \pm 2\%$，则

$I_2=(30-5)\mathrm{A}=25\ \mathrm{A}$

$r_2=30\times0.02/25+5\times0.02/25=2.8\%$

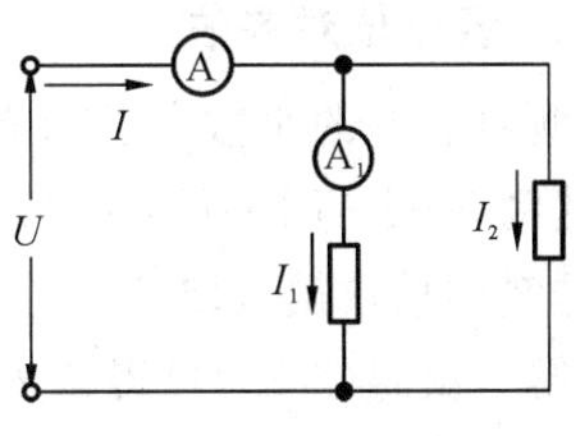

图 3-4 例 3-7 电路图

可见两量相差越小，可能出现的相对误差越大，反之则越小。

(3) 被测量为 n 个量的积，即

$$Y = X_1^{n1} \cdot X_2^{n2} \cdot X_3^{n3} \tag{3-32}$$

式中：X_1、X_2、X_3 为直接测得的已知量；n_1、n_2、n_3 为 X_1、X_2、X_3 的指数，可能为整数、分数、正数或负数。

对式(3-32)两边取对数得

$$\ln Y = n_1\ln X_1 + n_2\ln X_2 + n_3\ln X_3 \tag{3-33}$$

再微分，得

$$\mathrm{d}Y/Y = n_1\mathrm{d}X_1/X_1 + n_2\mathrm{d}X_2/X_2 + n_3\mathrm{d}X_3/X_3 \tag{3-34}$$

式中：$\mathrm{d}Y/Y$、$\mathrm{d}X_1/X_1$、$\mathrm{d}X_2/X_2$、$\mathrm{d}X_3/X_3$ 分别为被测量和各量的相对误差。于是，测量时的最大相对误差为

$$|r_Y| = |n_1r_1| + |n_2r_2| + |n_3r_3| \tag{3-35}$$

(4) 被测量为几个量的商。

显然，这种情况与被测量为 n 个量积的结论相同，因为 $Y=X_1^{n1}/X_2^{n2}=X_1^{n1}\cdot X_2^{-n2}$。同样可得测量时的最大相对误差为

$$|r_y| = |n_1r_1| + |n_2r_2| + |n_3r_3| \tag{3-36}$$

【例 3-8】 用间接法求某一电阻消耗的电能。设测量电压 U 的相对误差为±1%，测量电阻 R 的相对误差为±0.5%，测量时间 t 的相对误差为 1.5%。求计算电能 W 的可能最大相对误差。

解 电能计算公式为

$$W = U^2t/R = U^2R^{-1}t$$

所以

$$r_W=|n_1r_U|+|n_2r_R|+|n_3r_t|=2\times1\%+1\times0.5\%+1\times1.5\%=4\%$$

3.5 测量数据的处理

通过实际测量取得测量数据后，通常还要对这些数据进行整理、计算、分析，有时还要将数据归纳成一定的表达式或画成表格、曲线等，也就是要进行数据处理。

数据处理是建立在误差分析的基础上的。在数据处理过程中要进行去粗取精、去伪存真的工作，并通过分析、整理得出正确的科学结论。

3.5.1 实验数据的整理

对实验数据进行处理的第一步就是整理实验数据。整理实验数据的方法通常是误差位对齐法及有效数字表示法。

1. 误差位对齐法

测量误差的小数点后面有几位，则测量数据的小数点后面也取几位。

【例 3-9】 用一只 0.5 级的电压表测量电压，当量程为 10 V 时，指针落在 8.5 V 的区域，这时测量数据应取几位？

解 由式(3-21)可得该表在 10 V 量程内的最大绝对误差为

$$\Delta U_{\max}=\pm k\%\times A_{\mathrm{m}}=\pm 0.5\%\cdot 10\ \mathrm{V}=\pm 0.05\ \mathrm{V}$$

则测量值应为 8.53 V 或 8.52 V，即小数点后取 2 位。

2. 有效数字表示法

1）有效数字

由于在测量中不可避免地存在误差，且仪器的分辨能力有一定的限制，因此测量数据就不可能完全准确。同时，在对测量数据进行计算时，遇到像 π、e、$\sqrt{2}$等无理数，实际计算时也只能取近似值，因此得到的数据通常只是一个近似数。当用这个数表示一个量时，为了表示得确切，通常规定误差不得超过末位单位数字的一半。例如，末位是个位，则包含的误差绝对值应不大于 0.5，若末位是十位，则包含的误差绝对值应不大于 5。对于这种误差不大于末位单位数字一半的数，从它左边第一个不为零的数字起，直到右面最后一个数字止，都称为有效数字。例如，375、123.08、3.10 等，只要其中误差不大于末位单位数字之半，它们就都是有效数字。值得注意的是，在数字左边的零不是有效数字，而数字中间和右边的零都是有效数字。例如，0.0038 kΩ，左边的 3 个零就不是有效数字，因为它们可以通过单位变换为 3.8 Ω，可见只有两位有效数字。像 306 这样的数字，中间的零自然是有效数字，因为它表示十位数字是零。特别值得注意的是，像 3.860 这样的数字，最右边的一个零也是有效数字，它对应着测量的准确度，我们不能任意把它改写成 3.86 或 3.8600，因为这意味着测量准确度的变化。如前所述，有效数字中除末位外前面各位数字都应该是准确的，只有末位欠准，但包含误差不应大于单位数字的一半。例如，3.860 V，表明误差绝对值不超过 0.0005 V，而若改写成 3.86 V 或 3.8600 V，则表明误差绝对值不超过 0.005 V 或 0.00005 V，这显然是不合适的，因为它不符合有效数字的位数与误差大小相适应的原则。此外，对于像 391000 Hz 这样的数字，若实际上在百位数上就包含了误差，即只有 4 位有效数字，这时百位数字上的零是有效数字，不能去掉，但十位和个位数上的零虽然不再是有效数字，可是它们要用来表示数字的位数，也不能任意去掉，这时为了区别右边 3 个零的不同，通常采用有效数字乘上 10 的乘幂的形式，例如，上述 391000 Hz 若写成有效数字就应为 3.910×10^5 Hz，它清楚地表明有效数字只有 4 位，误差绝对值不大于 500 Hz。

2）数字的舍入规则

当需要 n 位有效数字时，对超过 n 位的数字就要根据舍入规则进行处理。例如，对某电压进行了 4 次测量，测量值均可用 4 位有效数字表示，如果 4 次测量值分别为 $V_1=38.71$ V，$V_2=38.68$ V，$V_3=38.70$ V，$V_4=38.72$ V，则它们的平均值为

$$\overline{V}=\frac{1}{4}\sum_{i=1}^{4}V_i=38.7025\ \mathrm{V}$$

由于对每个测量值来说，小数点后面第 2 位都含有误差，那么它们的平均值在小数点后

面第 2 位当然也会包含误差，则在小数点后第 3 位、第 4 位就没有什么意义了，因此应该根据舍入规则把这 2 位数处理掉。

古典的“四舍五入”法则是有缺点的，如果只取 n 位有效数字，那么从 $n+1$ 位起，右边的数字都要处理掉。第 $n+1$ 位数字可能为 0～9 共 10 个数字，它们出现的概率相同，如果根据古典“四舍五入”规则，舍掉第 $n+1$ 位的零不会引起舍入误差，第 $n+1$ 位为 1 和 9 的舍入误差分别是 -1 和 $+1$，足够多次的舍入引起的误差可以抵消。同样第 $n+1$ 位为 2 与 8、3 与 7、4 与 6 的舍入误差在舍入次数足够多时也能抵消。当第 $n+1$ 位为 5 时，如果根据古典“四舍五入”法则只入不舍就不恰当了。目前广泛采用如下的舍入规则。

(1) 当保留 n 位有效数字时，若后面的数字小于第 n 位单位数字的 0.5 就舍掉。

(2) 当保留 n 位有效数字时，若后面的数字大于第 n 位单位数字的 0.5，则第 n 位数字进 1。

(3) 当保留 n 位有效数字时，若后面的数字恰为第 n 位单位数字的 0.5，则第 n 位数字为偶数或零时就舍掉后面的数字，若第 n 位数字为奇数，则第 n 位数字加 1。由于第 n 位数字为偶数和奇数的概率相同，因而舍和入的概率也相同，当舍入次数足够多时，舍入误差就会抵消。同时由于规定第 n 位为偶数时舍、为奇数时进 1(这时第 n 位由于进 1 也变成偶数了)，这就使有效数字的尾数为偶数的机会变大，而偶数在做被除数时，被除尽的机会比奇数做被除数的多一些，这也有利于减少计算上的误差。

上面的舍入规则可简单地概括为：小于 5 舍，大于 5 入，等于 5 时取偶数。

【例 3-10】 将数字 45.77、36.251、43.035、38050、47.15 保留 3 位有效数字。

解 将各数字列于箭头左面，保留的有效数字列于右面。

45.77→45.8(因 0.07>0.05，所以末位进 1)

36.251→36.3(因 0.051>0.05，所以末位进 1)

43.035→43.0(因 0.035<0.05，所以舍掉)

38050→380×10^2(因第 4 位为 5，第 3 位为零，所以舍掉)

47.15→47.2(因第 4 位为 5，第 3 位为奇数，因此第 3 位进 1)

3. 测量列结果表示法

直接测量要求测量结果的精确度较高时，对同一被测量应在相同条件下进行多次连续的测量，得到一列测量值，在消除了系统误差的基础上，算出它的算术平均值、标准差及平均值标准差。此时，测量结果有两种表示法。

(1) 不带误差的表示法　测量结果只写出算术平均值。如例 3-4 中，测出电压值为

$$U=120.11\ \mathrm{V}$$

(2) 带误差的表示法　测量结果用算术平均值加平均值标准差表示，并用符号 S.D 注明是采用平均值标准差，即

$$X=\overline{X}\pm\sigma_{\overline{x}}(\mathrm{S.D})$$

如例 3-4 所示，因 $\delta=0.19$ V，则平均值标准差为

$$\sigma_{\overline{X}}=\frac{\delta}{\sqrt{n}}=\frac{0.19}{\sqrt{12}}\ \mathrm{V}=0.05\ \mathrm{V}$$

故测出的电压值为

$$U=(120.11\pm0.05)\text{V(S.D)}$$

3.5.2 实验数据的函数表示

将测量的实验数据用函数关系式来表示，用于描述各物理量之间的相互关系，这种方法称为实验数据的函数表示或回归分析。

1. 最小二乘原理

设对某量 X 进行了 n 次等精度的测量，第 i 次测量的随机误差为 λ_i，且 λ_i 服从正态分布。由最大似然估计原则，满足下列关系式：

$$\sum_{i=1}^{n}\lambda_i^2 = \min \tag{3-37}$$

所求出的估计值是最佳估计值，称式(3-37)为最小二乘式。

实际测量中，常用残差 δ 来代替随机误差，则式(3-37)可以表示为

$$\sum_{i=1}^{n}\delta_i^2 = \min \tag{3-38}$$

式中：$\delta_i=X_i-\overline{X}$，为第 i 次测量的残差。

若被测量是间接测量量或函数关系式，则残差可以表示为

$$\delta_i = Y_i - f(X_i;\alpha,\beta) \tag{3-39}$$

式中：α、β 为函数关系式 $f(X_i;\alpha,\beta)$ 中待估计的参数。

2. 回归分析法

将实验数据标在坐标上，根据经验观察该列实验数据的变化规律符合哪种类型函数的变化规律，待选定函数的类型后，通过实验数据求函数式中的常系数及常量的方法称为回归分析法。

设有 m 组实验数据 (X_i,Y_i)，选定的函数式为 $Y=f(X_i;\alpha,\beta)$，其中，α、β 分别为待定系数和常量。根据最小二乘原理，满足式(3-38)的 α 及 β 值为最佳估计值，即

$$\sum_{i=1}^{m}[Y_i - f(X_i;\alpha,\beta)]^2 = \min \tag{3-40}$$

若待定系数及常量 $\alpha,\beta,\cdots$ 有 n 个，则应建立起 n 个联立方程组，即

$$\begin{cases}\dfrac{\partial\sum\limits_{i=1}^{m}[Y_i - f(X_i;\alpha,\beta,\cdots)]^2}{\partial\alpha} = 0\\ \dfrac{\partial\sum\limits_{i=1}^{m}[Y_i - f(X_i;\alpha,\beta,\cdots)]^2}{\partial\beta} = 0\\ \quad\vdots\end{cases} \tag{3-41}$$

解上述方程组，可以求出 $\alpha,\beta,\cdots$ 的估计值 $\hat{\alpha}$、$\hat{\beta}$ 等，式(3-41)称为回归方程组。

如果函数 $f(X_i;\alpha,\beta)$ 为直线方程，如 $Y=aX+b$，则 a 与 b 的估计值 $\hat{a}$、$\hat{b}$ 可由下式求解：

$$\begin{cases} \dfrac{\partial \sum_{i=1}^{m}[Y_i-(aX_i+b)]^2}{\partial a}=0 \\ \dfrac{\partial \sum_{i=1}^{m}[Y_i-(aX_i+b)]^2}{\partial b}=0 \end{cases} \tag{3-42}$$

$$\begin{cases} \hat{a}=\dfrac{m\sum_{i=1}^{m}X_iY_i-\sum_{i=1}^{m}X_i\sum_{i=1}^{m}Y_i}{m\sum_{i=1}^{m}X_i^2-(\sum_{i=1}^{m}X_i)^2} \\ \hat{b}=(\sum_{i=1}^{m}Y_i/m)-(\sum_{i=1}^{m}X_i/m)\hat{a}=\overline{Y}-\overline{X}\hat{a} \end{cases} \tag{3-43}$$

【例 3-11】 在不同温度 t(℃)下，测量三极管 3DG4 的电流放大系数 β，测量数据如表3-3所示，用回归分析法求 β 与 t 的函数关系式。

表 3-3 三极管在不同温度下的电流放大系数

t/(℃)	0	30	60	90	120
β	20.0	28.0	37.5	51.0	68.0

解 将实验数据标于坐标上，如图 3-5 所示。

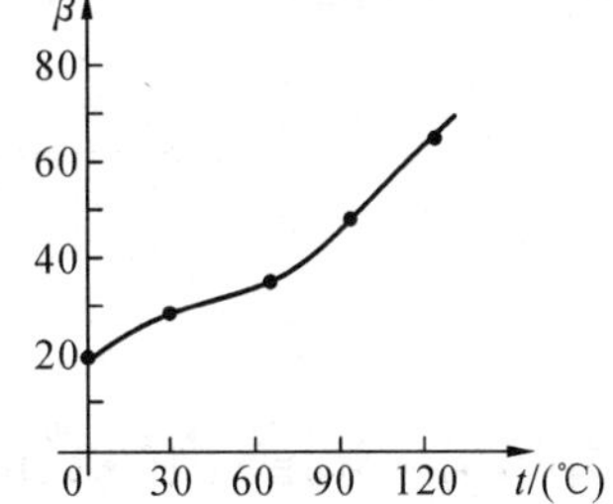

图 3-5 温度与三极管电流放大系数的关系

由图 3-5 可见，β 与 t 近似为指数关系，故选指数型函数式表示，即

$$\beta=b\mathrm{e}^{at}$$

式中：a、b 为待定系数。

将上式两边取自然对数得

$$\ln\beta=\ln b+at$$

令 $\ln\beta=y$，$\ln b=B$，则上式转换为直线方程，即

$$y=at+B$$

由式(3-43)可得

$$\begin{cases} \hat{a}=\dfrac{m\sum_{i=1}^{m}X_iY_i-\sum_{i=1}^{m}X_i\sum_{i=1}^{m}Y_i}{m\sum_{i=1}^{m}X_i^2-(\sum_{i=1}^{m}X_i)^2}=0.01 \\ \hat{b}=\overline{Y}-\overline{X}\hat{a}=3.02 \end{cases}$$

又因为 $\ln\hat{b}=\hat{B}$，则 $\hat{b}=20.5$，故 β 与 t 的近似关系式为

$$\beta=\hat{b}\mathrm{e}^{\hat{a}t}=20.5\mathrm{e}^{0.01t}$$

3.6 电工仪表的组成和基本原理

3.6.1 电测量指示仪表的组成

电工指示仪表的任务就是把被测电量转换为可动部分的偏转角，并使二者之间保持一定的比例关系。这样，偏转角的大小就反映了被测量的数值，并在指示器上直接指出测量的结果。

为了把所测量的电量转换为偏转角，任何指示仪表都应有一个接受电量后能产生偏转运动的机构，这种机构就是测量机构。

一般指示仪表在把被测量转换为可动部分的偏转角时，都要经过两个步骤的变换，即先把被测量 x（如电流、电压、功率等）转换成仪表的测量机构可以直接接受的过渡量 y（如电流），然后将过渡量 y 转变为仪表可动部分的偏转角 α。为了使 α 角能正确地反映被测量的大小，在这两次变换中，被测量 x 和过渡量 y 之间以及过渡量 y 和偏转角 α 之间，都应保持一定的函数关系。

能把被测量 x 转换为测量机构可以接受的过渡量 y，并保持一定变换比例的仪表组成部分，称为测量线路。测量线路通常由电阻、电感、电容或电子元件构成，如分流器、附加电阻等。

能把被测量 x 或者过渡量 y 按一定的变换关系转换为仪表偏转角 α 的机构称为测量机构。指示仪表一般由测量机构和测量线路两个基本部分所组成，如图 3-6 所示。测量机构是指示仪表的核心，不同系列的指示仪表具有不同的测量机构。

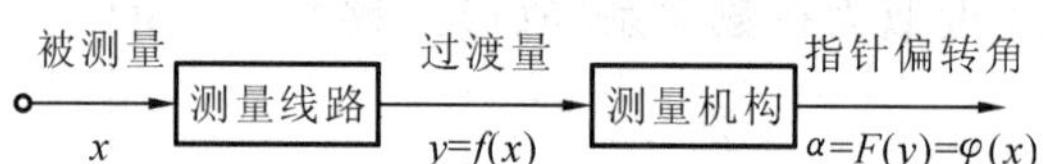

图 3-6 指示仪表结构方框图

3.6.2 测量机构的基本工作性能

根据指示仪表的技术要求，测量机构必须具备以下几种基本工作性能。

(1) 在被测量或过渡量的作用下，能产生使仪表可动部分偏转的转动力矩，并且这个转动力矩还要随被测量或过渡量的变化按一定的关系变化。

转动力矩可以由电磁力、电动力、电场力或其他力产生。产生转动力矩的原理和方式不同，就构成了不同系列的指示仪表。例如，磁电系仪表是利用可动线圈和永久磁铁之间的电磁力来产生转动力矩，而电动系仪表利用可动线圈和固定线圈之间的电动力产生转动力矩，静电系仪表则利用可动电极和固定电极之间的电场力产生转动力矩，等等。每个测量机构，不管采用什么原理，都由固定部分和可动部分所组成。

(2) 可动部分偏转时，能产生随偏转角的增加而增大的反作用力矩，以使偏转角能够反映被测量的大小。

当仪表的可动部分在转动力矩的作用下发生偏转时，如果没有反作用力矩与之平衡，那么，不管被测量多大，可动部分都要偏转到最大位置，一直到不能再转动为止。这就像不挂秤砣的秤一样，不管被称的重量多重，秤杆都会翘起到顶端。没有反作用力矩的仪表，只能反映被测量的有无，而不能测量被测量的大小。

反作用力矩的方向总是和转动力矩相反。当被测量一定时，测量机构的转动力矩一定，而可动部分就在这个力矩的作用下开始偏转。随着偏转角的增大，方向相反的反作用力矩也不断增大，直到转动力矩和反作用力矩完全相等时为止。这时，可动部分由于力矩平衡而不再转动，偏转角有一个稳定的数值。如果被测量增大，则转动力矩也随之增大，上面的力矩平衡关系被破坏，于是可动部分又开始转动而使偏转角继续增大，结果反作用力矩又进一步增大，直到可动部分达到新的平衡状态为止。此时，可动部分稳定于一个较大的偏转角，正好与被测量的较大数值相对应，这就达到了用偏转角来表示被测量大小的目的。

反作用力矩通常利用弹性元件变形后的弹力产生，例如，利用游丝（弹簧）的弹力或张丝、悬丝的扭力等。此外，还有用电磁力来产生反作用力矩的，如比率表。

（3）在可动部分作偏转运动时，能产生适当的阻尼力矩，以限制其摆动，而使可动部分尽快地稳定在平衡位置上。

仪表通电后，其可动部分就要偏转。但是，可动部分由于具有惯性，以致到达平衡位置时还不能马上停止下来，结果使偏转过了头。可动部分偏转过了平衡位置后，由于反作用力矩比转动矩力大，使总转动力矩改变了符号，因而偏转速度逐渐减慢并最后减至零，但是，这时可动部分的位置已超过了平衡位置。在总的剩余力矩的作用下，可动部分又要反过来向平衡位置的方向偏转。当可动部分转回到平衡位置时，由于惯性的作用，还是不能马上停下来。这样就会使可动部分在其平衡位置左右来回摆动很长时间，才能最后稳定在平衡位置上，因而就不能尽快地取得测量读数。所以，在仪表中通常都装有产生阻尼力矩的阻尼装置，用于吸收摆动能量，使可动部分迅速在平衡位置上稳定下来。

应该注意，阻尼力矩只在可动部分运动时才产生，它的大小只与可动部分的运动速度有关，而与其偏转角无关。它的方向总是和可动部分的运动方向相反。因此，阻尼力矩仅仅对可动部分的运动起阻尼作用，而并不影响偏转角的大小。换句话说，可动部分的稳定偏转角α_m（见图3-7）只由转动力矩和反作用力矩的平衡关系所确定，而与阻尼力矩无关。

还要注意，在不同的阻尼力矩下，仪表可动部分具有不同的运动特性。当阻尼力矩很小时，可动部分仍然要在平衡位置左右摆动很长时间，才能逐渐静止在最后的稳定位置，这种情况称为欠阻尼状态，其运动特性如图3-7中曲线1所示。当阻尼力矩很大时，可动部分将缓慢地过渡到最后位置而不再发生摆动，如图3-7中曲线2所示，这种情况称为过阻尼状态。无论是过阻尼状态还是欠阻尼状态，仪表的读数时间都较长，所以均不可取。第三种状态是临界阻尼状态，这是当阻尼力矩由小变大、由欠阻尼过渡到过阻尼的一种临界状态。这时，可动部分的运动既不超过平衡位置，又可不经摆动地到达平衡位置，如图3-7中曲线3所示。显然，临界阻尼状态所需的读数时间最短。

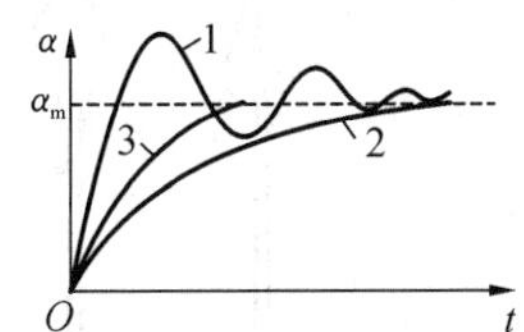

图3-7 可动部分的运动特性

1—欠阻尼特性；2—过阻尼特性；3—临界阻尼特性

临界阻尼状态和过阻尼状态都是不经摆动而平稳地过渡到平衡位置，只是时间的长短不同而已，实际使用仪表时这两者很难加以区分。在指示仪表中，通常采用稍欠阻尼状态，使仪表指针在稳定位置左右稍作摆动后停止。这样既不影响数据的读取时间，又可明确地判断仪表是否处于最佳的阻尼状态。

阻尼力矩既可由空气阻力产生，也可由可动部分通过运动得到的电磁力产生，具体装置在后面再讨论。

(4) 可动部分应有可靠的支承装置，支承装置的摩擦力应尽可能小，以保证仪表工作的准确度。

(5) 应能直接指示出被测量的大小。

可动部分偏转角 α 的大小应反映到指示装置上，以便准确、清晰地指示出被测量的大小。

此外，对某些受外部电场或磁场影响较严重的仪表，还应在测量机构中装设屏蔽装置，或采用特殊的无定位机构，以减小误差。

3.6.3 测量机构的一般部件

不同系列的测量机构，产生转动力矩的原理不同，其结构也各不相同。但是，有些装置和部件是大多数测量机构所共有的。本节介绍具有共同性的一些装置和部件。

1. 指示装置

指示装置用来指示被测量的大小，由指示器和标度尺组成。

指示器有指针式和光标式两种。指针又分为矛形指针和刀形指针，如图 3-8(a)、(b)所示。矛形指针多用于大、中型的安装式仪表中，以便于在一定的距离之外取得读数。刀形指针则用在可携式仪表或小型安装式仪表中，便于精确读数。图 3-8(c)为光标指示器的示意图。由灯泡 1 发出的光线经过光具组 2 到达反射镜 3 上，通过反射到标尺上的光标来取得读数。光标指示器能放大可动部分的偏转角，提高仪表的灵敏度，并且在读数时没有视差。但其结构复杂，成本很高，所以只在一些高灵敏度、高准确度的仪表中使用。

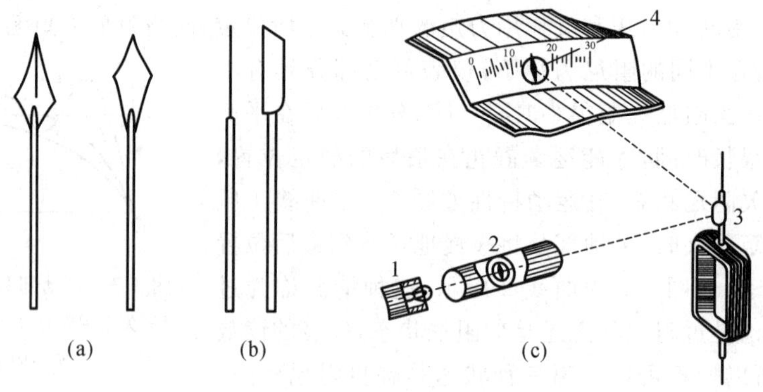

图 3-8　仪表的指示器

(a)矛形指针；(b)刀形指针；(c)光标指示器

1—灯泡；2—光具组；3—反射镜；4—光标指示

标度尺上刻有被测量值的分度线，分度线上标有数字，用来表明离开标尺起点的格数，或者直接表示被测量的大小。为了减小读数视差，0.5 级以上仪表通常采用镜子标度尺，即在标度尺下装设一个反射镜，如图 3-9 所示。当眼睛处于使指针和指针在镜中的影像重合时，再进行读数。

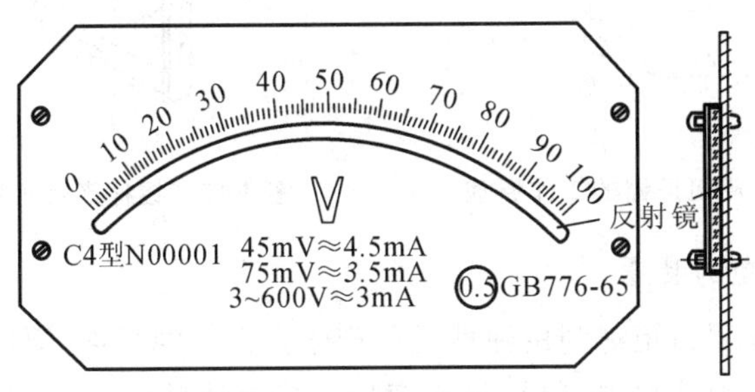

图 3-9　仪表的标度尺

2. 阻尼器

产生阻尼力矩的装置称为阻尼器。常用的阻尼器有空气式和磁感应式两种，如图 3-10 所示。

空气阻尼器（见图 3-10(a)）有一密封小盒 1，固定于仪表转轴上的阻尼片 2 能在盒中运动。当可动部分偏转时，由于盒中阻尼片两侧空气的压力差而形成了阻尼力矩。空气阻尼器多用于精密仪表中。

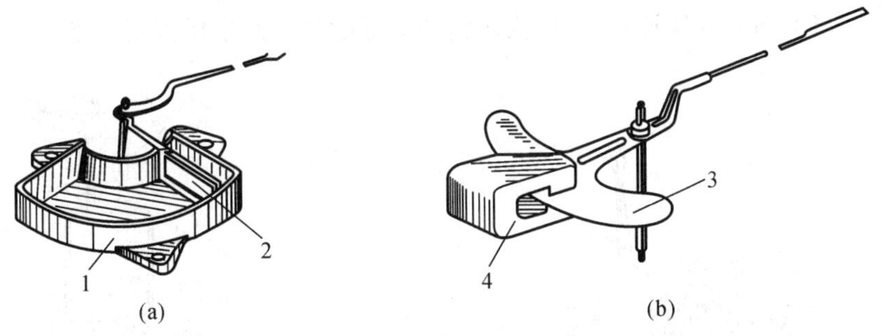

图 3-10　仪表的阻尼器

(a)空气阻尼器；(b)磁感应阻尼器

1—阻尼器盒；2，3—阻尼片；4—永久磁铁

磁感应阻尼器（见图 3-10(b)）是利用固定于仪表转轴上的阻尼片（薄铝片），在永久磁铁的磁场内运动时产生的涡流与磁场的相互作用产生阻尼力矩的。图 3-11 说明了这种阻尼器的工作原理。当铝片切割永久磁铁的磁场 B 向左运动时，产生了一个向右方向的阻尼力。而且，不管铝片向哪个方向运动，所产生的阻尼力方向总与其运动方向相反。

磁电系仪表不设专门的阻尼器，而是利用可动线圈的铝框架作阻尼器。这种阻尼器也是利用磁感应原理工作的，即利用铝框 A 在磁场 B 中运动时感应的电流 I_e 与磁场的相互作用产生阻尼力 F_e，从而形成阻尼力矩，如图 3-12 所示。

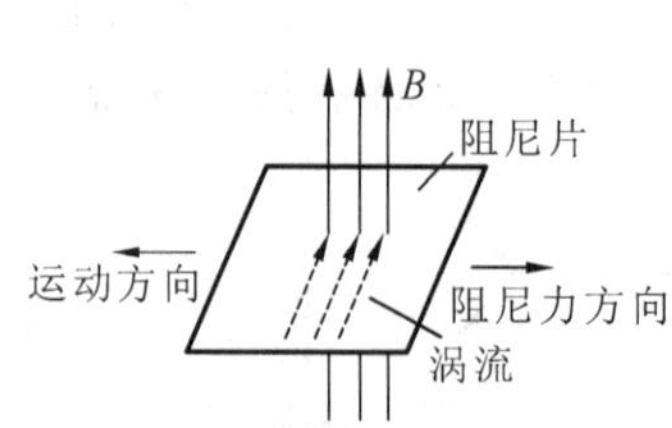

图 3-11　磁感应阻尼器的工作原理

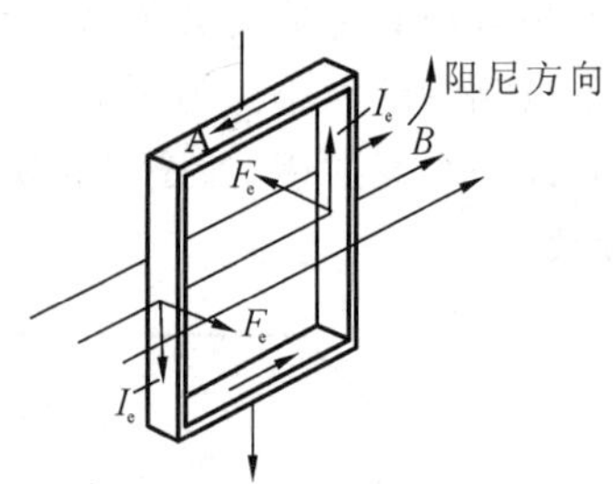

图 3-12　铝框产生阻尼力矩的原理

3. 产生反作用力矩的装置

大多数仪表的反作用力矩都利用弹性元件产生。常见的弹性元件有游丝、张丝和悬丝，用锡锌青铜和铍青铜等弹性材料制成，利用变形后恢复原状的弹力产生反作用力矩。在弹性变形的范围内，此弹力与变形的大小成正比。因此，由游丝、张丝或悬丝产生的反作用力矩，其大小总是与仪表中可动部分的偏转角成正比。

图 3-13 所示的是游丝的装设情况。游丝 1 做成螺线形，一头连接在转轴上，一头通过零位调节器 3 的调节臂 2 加以固定。零位调节器是用来调节指针的原始零位的，其带槽的头部伸出表壳正面，用来扭转游丝，以便将指针调到零位。平衡锤 4 是用来平衡转轴上各零件的质量所形成的不平衡力矩的，因为这些零件的重心不可能都落在转轴上，所形成的不平衡力矩会给仪表带来额外的误差。

张丝通常采用矩形截面，其内端与转轴连接，外端与弹片焊接后固定在仪表的支架上(见图 3-14)。当可动部分偏转时，利用张丝扭转变形的弹力产生反作用力矩。

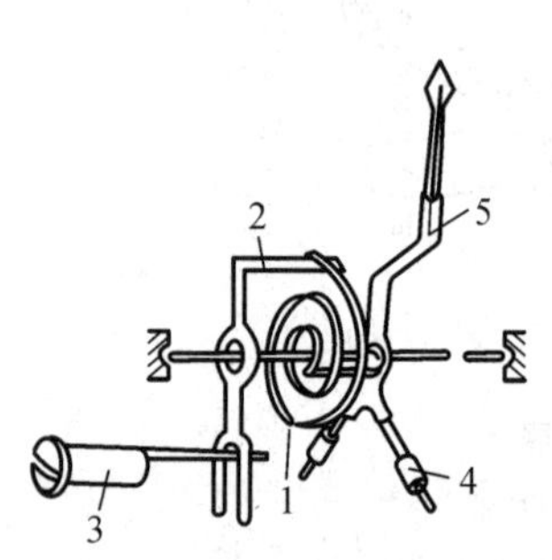

图 3-13　游丝及其连接

1—游丝；2—调节臂；3—零位调节器；
4—平衡锤；5—指针

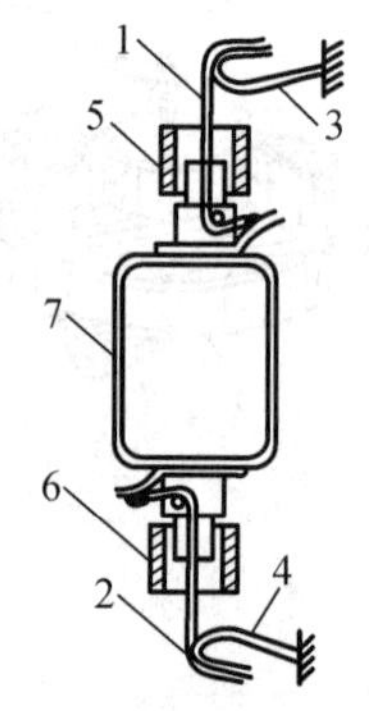

图 3-14　张丝弹片支承装置

1，2—张丝；3，4—弹片；
5，6—限制器；7—可动线圈

此外，反作用力矩也可利用电磁力产生。例如，在比率表中，可动部分有两个线圈，其中一个线圈用来产生转动力矩，另一个线圈则产生反作用力矩。

4. 支承装置

1）轴尖轴承支承方式

在这种支承中，仪表可动部分装在转轴上，转轴两端是圆锥形的轴尖，轴尖支承在轴承内。在普通的轴承支承(见图 3-15(a))中,轴承镶在特制螺钉的凹孔中,螺钉拧在仪表的支架上。拧动螺钉可调整轴尖与轴承之间的间隙,此间隙要合适。间隙太大会造成可动部分的倾斜,使指针位置发生变化而产生示数误差:间隙太小时,随着摩擦力的增大,仪表的误差也将增加,甚至使可动部分卡死。可携式仪表则通常采用具有减震弹簧的弹性轴承(见图 3-15(b)),以提高其耐受冲击的能力。轴尖、轴承的工作压力很大,要求有足够的硬度和光洁度。制造轴尖的材料通常有银亮钢和钴钨合金等,制造轴承的常用材料是宝石和玛瑙。

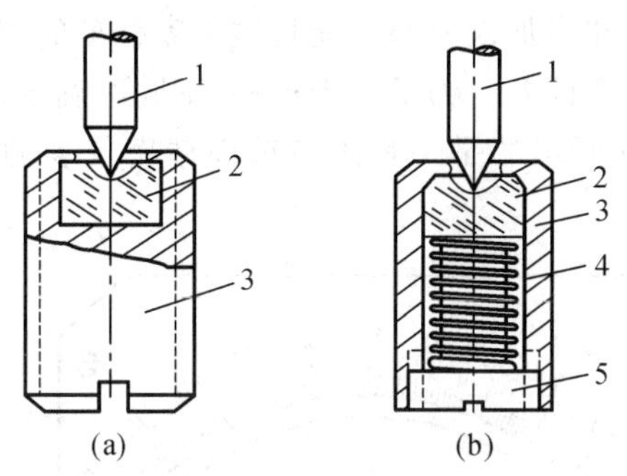

图 3-15　轴尖轴承支承

(a)普通轴承支承,(b)弹性轴承支承

1—轴尖;2—轴承;3—轴承螺套;4—弹簧;5—螺塞

2) 张丝弹片支承方式

采用张丝作弹性元件的最大优点,是以张丝弹片支承代替了轴尖轴承支承,因而消除了摩擦误差,提高了仪表的准确度和耐颠震性能。因此,近年来国内外生产的可携式仪表大部采用这种张丝弹片支承结构。弹片的作用是使张丝保持一定的原始张力,以减少可动部分的下垂和位移,并对张丝起减震和保护的作用,防止张丝在颠震时断裂。

3.7　电工仪表的主要技术性能

国家标准对各类型仪表所应具备的技术性能都做了相应规定,这些性能主要包括以下几点。

1. 仪表灵敏度和仪表常数

仪表灵敏度是指仪表可动部分偏转角变化量与被测量变化量的比值,即

$$S=\frac{\Delta\alpha}{\Delta x}$$

如果被测量 x 与偏转角 α 成正比例关系,则 S 为常数,可得到均匀的标度尺刻度,这时

$$S=\frac{\alpha}{x}$$

仪表的灵敏度取决于仪表的结构和线路,通常将灵敏度的倒数称为仪表常数 C,均匀标度尺的仪表常数

$$C=\frac{x}{\alpha}$$

2. 仪表误差

因为任何仪表的误差都无法彻底消除，所以误差大小是仪表重要技术性能之一，它表征仪表的准确程度，误差越小，准确度越高。

仪表误差包括基本误差和附加误差。仪表在测量过程中还会产生一种误差，称为升降变差。升降变差指测量被测量 A_0 时，指针从零向上量限摆动的读数为 A_0'，而指针从上量限向零方向摆动的读数为 A_0''，A_0' 与 A_0'' 之差就是变差，即 $\Delta = A_0' - A_0''$。升降变差也包括在基本误差之内。仪表的基本误差和附加误差都不能超过国家标准的规定。

视差是测量时产生的读数误差。为了减少视差，不同准确度的仪表，对指针和标度尺的结构也有不同要求。图 3-16 所示的是一种附有镜面精密仪表的标度尺，读数时应使眼睛、指针和镜中影像成一直线。

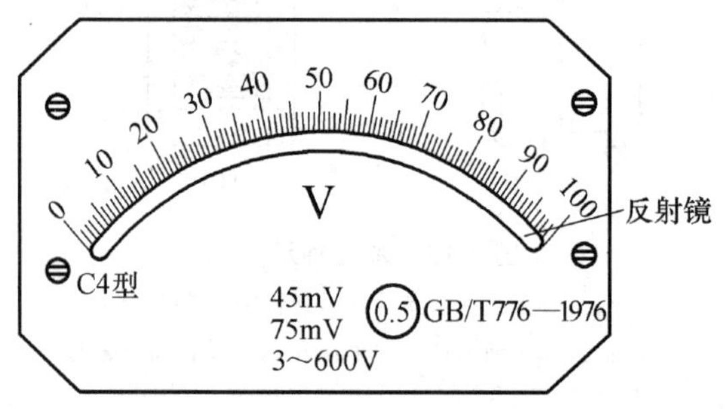

图 3-16　精密仪表的标度尺

3. 仪表的阻尼时间

仪表阻尼时间指仪表接入被测量至仪表指针摆动幅度小于标度尺全长 1% 所需要的时间。阻尼时间要尽可能短，以便迅速取得读数，一般不得超过 4 s，对于标度尺长度大于 150 mm的，不得超过 6 s。

3.8　电工仪表的分类、标志和型号

3.8.1　电工仪表的分类

电工仪表的种类很多，按其所用测量方法的不同以及结构、用途等方面的特性，通常分为以下五类，即指示仪表、比较仪器、数字仪表和巡回检测装置、记录仪表和示波器、扩大量程装置和变换器。

1. 指示仪表

这类仪表的特点是把被测量转换为仪表可动部分的机械偏转角，然后通过指示器直接示出被测量的大小。因此，指示仪表又称为电气机械式或直读式仪表。

指示仪表应用极为广泛，规格品种繁多，通常还采用下列方法加以分类。

(1) 指示仪表按仪表的工作原理，可分为磁电系仪表、电磁系仪表、电动系仪表、铁磁电动系仪表、感应系仪表、整流系仪表、静电系仪表等。

(2) 指示仪表按测量对象的名称,可分为电流表、电压表、功率表、电度表、功率因数表、频率表以及有多种测量用途的万用表等。

(3) 指示仪表按被测电流的种类,可分为直流仪表、交流仪表以及交直流两用仪表等。

(4) 指示仪表按使用方法,可分为安装式和可携式两种。安装式仪表是固定安装在开关板或电气设备的面板上使用的仪表,广泛用于发电厂、变电所的运行监视和测量。可携式仪表是可以携带和移动的仪表,广泛用于电气试验、精密测量及仪表检定中。

(5) 指示仪表按使用条件,可分为 A、B、C 三组。A 组仪表宜在较温暖的室内使用,B 组仪表可在不温暖的室内使用,C 组仪表则可在不固定地区的室内和室外使用。其具体的工作条件在国家标准 GB/T 7676—2017 中均有详细规定。

2. 比较仪器

这类仪器用于采用比较法测量的情况,包括直流比较仪器和交流比较仪器两种。属于直流比较仪器的有直流电桥、电位差计、标准电阻和标准电池等;属于交流比较仪器的有交流电桥、标准电感和标准电容等。

3. 数字仪表和巡回检测装置

数字仪表是一种以逻辑控制实现自动测量,并以数码形式直接显示测量结果的仪表,如数字频率表、数字电压表等。数字仪表加上选测控制系统就构成了巡回检测装置,可以实现对多种对象的远距离测量。这类仪表在近年来得到了迅速的发展和应用。

4. 记录仪表和示波器

记录被测量随时间变化而变化情况的仪表,称为记录仪表。发电厂中常用的自动记录电压表、频率表、功率表都属于这类仪表。当被测量变化很快,来不及记录时,常用示波器来观测。

5. 扩大量程装置和变换器

实现同一电量大小的变换并能扩大仪表量程的装置,称为扩大量程装置,如分流器、附加电阻、电流互感器、电压互感器等。实现不同电量之间的变换,或将非电量转换为电量的装置,称为变换器。在各种非电量的电测量以及近年来发展的变换器式仪表中,变换器是必不可少的。

3.8.2 电工仪表的测量单位和标志

不同种类的电工仪表具有不同的技术特性。为了便于选择和使用仪表,通常把这些技术特性用不同的符号标示在仪表的刻度盘或面板上,称为仪表的标志。根据国家标准,每个仪表应有测量对象的单位、准确度等级、电流种类和相数、工作原理的系别、使用条件组别、工作位置、绝缘强度、试验电压的大小、仪表型号以及各种额定值的标志。电工仪表常见的测量单位和表面标记符号如表 3-4、表 3-5 所示。

表 3-4　电工仪表常见的测量单位

名　称	符　号	名　称	符　号
千安	kA	兆兆欧	TΩ
安培	A	兆欧	MΩ
毫安	mA	千欧	kΩ
微安	μA	欧姆	Ω
千伏	kV	毫欧	mΩ
伏特	V	微欧	μΩ
毫伏	mV	相位角	φ
微伏	μV	功率因数	cosφ
兆瓦	MW	无功功率因数	sinφ
千瓦	kW	库伦	C
瓦特	W	毫韦伯	mWb
兆乏	MVar	毫韦伯/米^2	mT
千乏	kVar	微法	μF
乏尔	Var	皮法	pF
兆赫	MHz	亨	H
千赫	kHz	毫亨	mH
赫兹	Hz	微亨	μH
摄氏温度	℃		

表 3-5 电工仪表常见的表面标记符号

名称	符号	名称	符号	名称	符号	名称	符号
磁电系仪表		整流系仪表（带半导体整流器和磁电系测量机构）		标度尺位置为水平的		调零器	
磁电系比率表		热点系仪表（带接触式热变换器和磁电系测量机构）		标度尺位置与水平面倾斜成一角度，如 60°	60°	Ⅰ级防外磁场（如磁电系）	
电磁系仪表		直流		不进行绝缘强度试验	0	Ⅰ级防外电场（如静电系）	
电磁系比率表		交流（单相）		绝缘强度试验电压为 2 kV	2	Ⅱ级防外磁场及电场	Ⅱ Ⅱ
电动系仪表		直流和交流		负端钮		Ⅲ级防外磁场及电场	Ⅲ Ⅲ
电动系比率表		具有单元件的三相平衡负载交流		正端钮		Ⅳ级防外磁场及电场	Ⅳ Ⅳ
铁磁电动系仪表		以标度尺量限百分数表示的准确度等级，如 1.5 级	1.5	公共端钮（多量限仪表和复用电表）		A 组仪表	（不标注）
铁磁电动系比率表		以标度尺量限百分数表示的准确度等级，如 1.5 级	1.5	接地用的端钮（螺丝或螺杆）		B 组仪表	B
感应系仪表		以指示值的百分数表示的准确度等级，如 1.5 级	1.5	与外壳相连接的端钮		C 组仪表	C
静电系仪表		标度尺位置为垂直的		与屏蔽相连接的端钮			

3.8.3 电工仪表的型号

电工仪表的产品型号是按规定的标准编制的，安装式和可携式指示仪表的型号各有不同的编制规则。

安装式仪表型号的基本组成形式如图 3-17 所示。

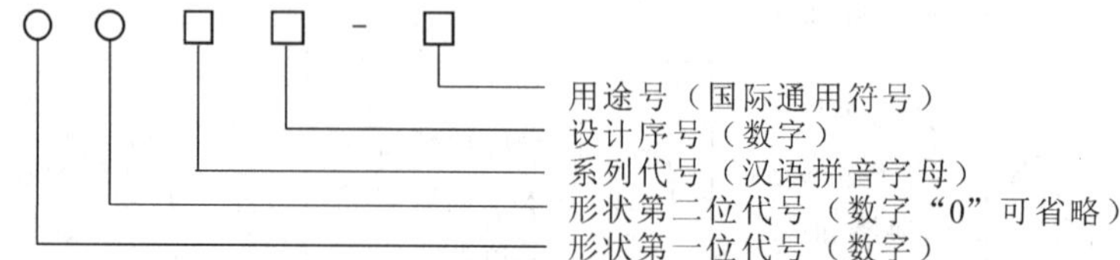

图 3-17 安装式仪表型号的编制规则

形状第一位代号按仪表面板形状最大尺寸编制，形状第二位代号按外壳形状尺寸特征编制；系列代号表示仪表的不同系列，如磁电系用 C，电磁系用 T，电动系用 D，感应系用 G，整流系用 L，静电系用 Q 来表示，等等。例如，42C3-A 型直流电流表，“42”为形状代号，按形状代号可从有关标准中查出仪表的外形和尺寸，“C”表示磁电系，“3”为设计序号，“A”表示用来测量电流。

对于可携式仪表，则不用形状代号。第一位为组别号，用来表示仪表的不同系列。其他部分与安装式仪表的相同。例如，T19-V 型交流电压表，“T”表示电磁系，“19”为设计序号，“V”表示用来测量电压。

除了上面所说的指示仪表型号外，其他各类仪表的型号，还应在组别号前面再加上一个类别号，该类别号也以汉语拼音字母表示。例如，电度表用 D 表示，电桥用 Q 表示，数字电表用 P 表示，等等。这些仪表的组别号所代表的意义也和指示仪表的不同。

习 题

3-1 什么是测量方法？如何分类？

3-2 什么是度量器？分几类？分别适应于什么场合？

3-3 如何表示仪表的准确度？

3-4 选择仪表量程时有什么基本要求？

3-5 解释下列名词术语的含义：真值、实际值、标称值、示值、测量误美、修正值。

3-6 说明系统误差、随机误差和粗差的主要特点。

3-7 消除系统误差的方法是什么？

3-8 什么是有效数字？其舍入规则是什么？

3-9 按照舍入法则，对下列数据进行处理并保留 3 位有效数字：86.3724，3.175，0.003125，58350。

3-10 根据有效数字的运算规则计算：(1)347.0＋10.475＋0.024＋8.496；(2)300.4×0.061×48.75。

3-11 电工指示仪表由哪几部分组成？各部分的作用是什么？

3-12 测量机构必须具备的基本工作性能是什么？

3-13 电工仪表的主要技术性能有哪些？

3-14 什么是仪表灵敏度和仪表常数？

3-15 按所用测量方法及结构、用途等方面的特性，电工仪表通常分为哪些类别？

3-16 用 1.5 级、30 A 的电流表，测得某段电路中的电流为 20 A。求：(1)该电流表最大允许的基本误差；(2)测量结果可能产生的最大相对误差。

3-17 使用某电流表测量电流时，测得读数为 9.5 A，查该表的校验记录标明该点的误差为－0.04 A，问该电流的实际值是多少？

3-18 用 0～10 A 电流表测电流时，读数为 0.95 A，已知此电流的实际值为 9.00 A，试计算测量的绝对误差、修正值及相对误差。

3-19 在正常工作条件下用 0～5 A 的电流表测 4.00 A 的电流，欲使测量结果的相对误差不超过±1.0%，问电流表的准确度等级应选在哪一级？

3-20 将一个 0.2 级、200 Ω 的电阻和一个 0.1 级、1000 Ω 的电阻串联，求总电阻中包含的最大可能绝对误差和相对误差。

3-21 有一电流为 10 A 的电路，用电流表甲测量时，其指示值为 10.3 A；另有一电流为 50 A 的电路，用电流表乙测量时，其指示值为 49.1 A。试求：(1)甲、乙两只电流表测量的绝对误差和相对误差各为多少？(2)能不能说甲表测量准确度比乙表的更好？那么哪块表更准确呢？

3-22 用量限为 300 V 的电压表去测量电压为 250 V 的某电路上的电压，要求测量的相对误差不大于±1.5%，问应该选用哪一个准确度等级的电压表？若改用量限为 500 V 的电压表，则该如何选择准确度等级？

3-23 用一只满刻度为 150 V 的电压表测电压，测得电压值为 110 V，绝对误差为＋1.2 V，另一次测量为 48 V，绝对误差为＋1.08 V。试求：(1)两种情况的相对误差；(2)两种情况的引用误差。

3-24 用电压表测量电阻 R_1、R_2 两端电压，电路如图 3-18 所示。测得数据为：$U_1=20$ V，$\gamma_1=\pm3\%$，$U_2=40$ V，$\gamma_2=\pm3\%$。求：(1)总电压；(2)其可能产生的最大相对误差。

3-25 用电流表测量各支路电流，电路如图 3-19 所示，第一支路电流为 15 A，$\gamma_1=\pm2\%$，第二支路电流为 25 A，$\gamma_2=\pm3\%$，求电路总电流和可能的最大相对误差。

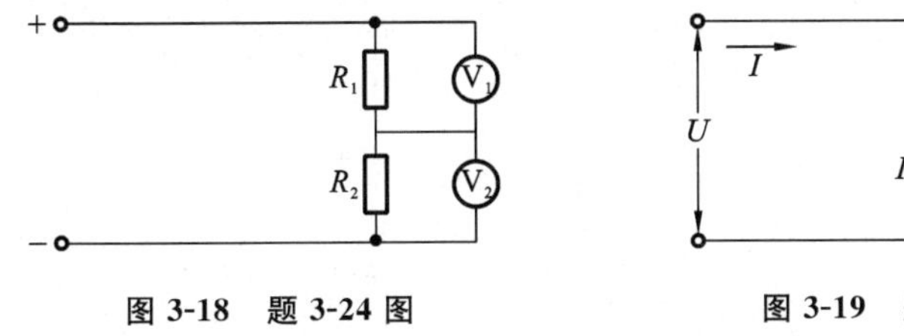

图 3-18 题 3-24 图　　图 3-19 题 3-27 图

3-26 电路如图 3-20 所示，测得总电流为 5 A，电流表 A_1 的读数为 3 A，总电流表产生的相对误差和电流表 A_1 的相对误差为 $\gamma=\pm4\%$，求：电流表 A_2 的读数和可能的最大相对误差。

3-27　电路如图 3-21 所示，测得第一支路电流 I_1 和总电流 I 分别为 $I=30$ A，$\gamma=\pm2\%$；$I_1=20$ A，$\gamma_1=\pm2\%$，求 I_2 时可能的最大相对误差。

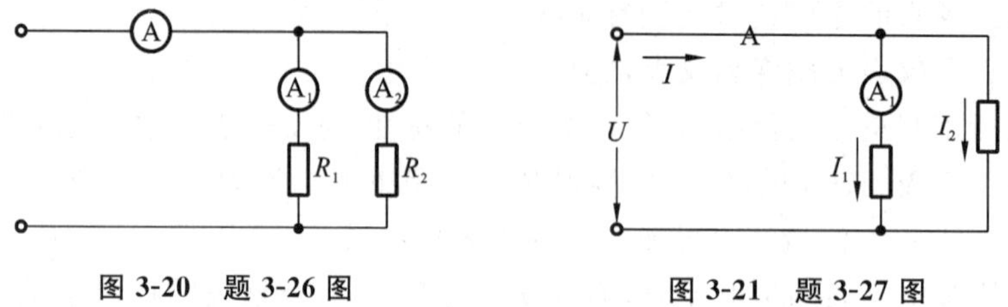

图 3-20　题 3-26 图　　图 3-21　题 3-27 图

3-28　用间接法求某一电阻消耗的电能，设测量电压 U 的相对误差为±1%，测量电阻 R 的相对误差为±0.5%，测量时间 t 的相对误差为±1.5%，求计算电能 W 的可能最大相对误差。

3-29　当利用电能 $A=I^2Rt$ 来测量直流电能时，所选用的电流表是 0.5 级的，上量限是 100 A，电流表的读数是 60 A，所用电阻是 0.1 级的，电阻值 R 为 0.5 Ω，时间为 50 s，误差为±0.1%，试求：(1)总电能；(2)最大可能相对误差；(3)最大误差。

3-30　测量三相交流电路的功率 P、电压 U 和电流 I，其相对误差分别为 $\gamma_P=\pm1.5\%$，$\gamma_U=\pm1\%$，$\gamma_I=\pm1.2\%$，求计算功率因数 $\cos\varphi$ 可能的最大相对误差。

3-31　RLC 串联电路谐振角频率 ω 与电感 L 和电容 C 的关系为：$\omega=1/\sqrt{LC}=L^{-\frac{1}{2}}C^{-\frac{1}{2}}$，设测量电感 L 时相对误差 $\gamma_L=\pm1\%$，测量电容 C 时相对误差 $\gamma_C=\pm0.5\%$，求通过测量间接计算 ω 时的可能最大相对误差。

第 4 章　磁电系与整流系仪表

内容提要：本章对磁电系与整流系仪表加以介绍，具体内容包括：磁电系测量机构、磁电系电流表、磁电系电压表、磁电系检流计、整流系测量机构、指针式万用表。

4.1　磁电系测量机构

4.1.1　结构

磁电系测量机构是由固定的磁路系统和可动部分组成的，其结构如图 4-1(a)所示。

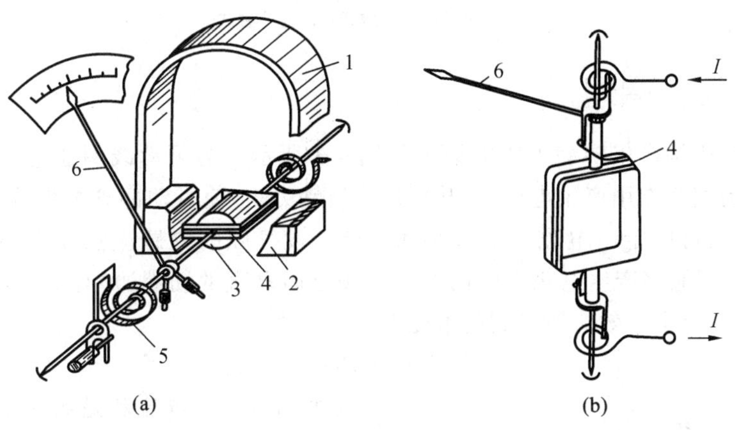

图 4-1　磁电系测量机构

(a)磁电系测量机构；(b)电流途径

1—永久磁铁；2—极掌；3—回柱形铁芯；4—可动线圈；5—游丝；6—指针

仪表的磁路系统包括永久磁铁 1、固定在磁铁两极的极掌 2 以及处于两个极掌之间的圆柱形铁芯 3。圆柱形铁芯固定在仪表支架上，用来减小磁阻，并使极掌和铁芯间的空气隙中产生均匀的辐射形磁场。这个磁场的特点是，沿着圆柱形铁芯的表面，磁感应强度处处相等，而方向则和圆柱形表面垂直。因此，处在这个磁场中的可动线圈 4 绕转轴偏转时，两个有效边上的磁场也总是大小相等，并且方向是与线圈边轴向垂直的。可动线圈用很细的漆包线绕在铝框上。转轴分成前后两部分，每个半轴的一端固定在可动线圈的铝框上，另一端则通过轴尖支承于轴承中。在前半轴还装有指针 6，当可动部分偏转时，用来指示被测量的大小。

反作用力矩可以由游丝、张丝或悬丝产生。当采用游丝时，它还被用来导入和导出电流。因此，装设了两个游丝，它们的螺旋方向相反，如图 4-1(b)所示。仪表的阻尼力矩则由铝框产生。高灵敏度的仪表为了减轻可动部分的重量，通常不用铝框，而应在可动线圈中加短路线圈,以产生阻尼作用。

磁电系测量机构按其磁路形式的不同,分为外磁式、内磁式和内外磁式三种,如图 4-2 所示。外磁式结构中,永久磁铁在可动线圈的外部。内磁式结构中,永久磁铁在可动线圈的内部。为使气隙磁场均匀,在内磁式仪表的磁铁外面,要加装一个闭合的导磁环,以减小漏磁。内磁式结构紧凑、受外磁场的影响小,所以近年来得到广泛的应用。内外磁式结构则在可动线圈内外都用永久磁铁,因此磁场更强,仪表的结构尺寸可以做得更加紧凑。

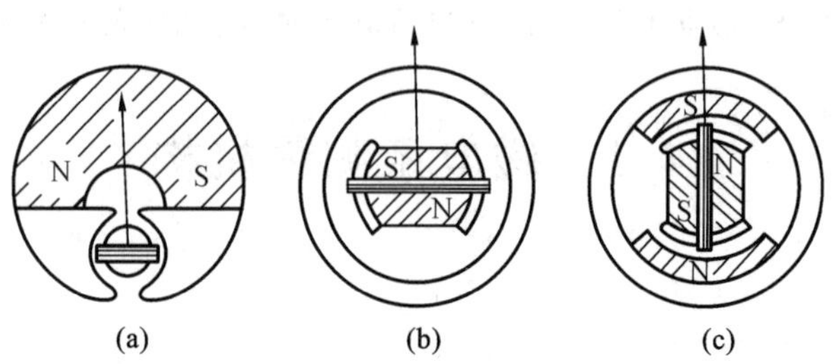

图 4-2 磁电系测量机构的磁路

(a)外磁式;(b)内磁式;(c)内外磁式

4.1.2 工作原理

磁电系测量机构产生转动力矩的原理如图 4-3 所示。当可动线圈通电时,线圈电流和永久磁铁的磁场相互作用产生电磁力,从而形成转动力矩,使可动部分发生偏转。根据安培定律和左手定则,可以定出电磁力的大小和方向。设气隙的磁感应强度为 B,线圈匝数为 N,每个有效边(即能够产生电磁力的两个与磁场方向垂直的动圈边)有效长度为 l,则当线圈通入电流 I 时,每个有效边所受到的电磁力的大小为

$$F = NBlI$$

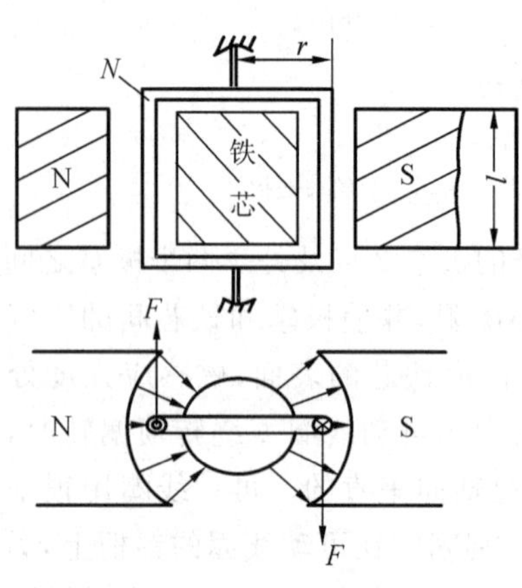

图 4-3 产生转动力矩的原理

在图 4-3 所示电流和磁场的方向下,此电磁力的方向和线圈平面垂直,并使线圈顺时针方向旋转。对应的转动力矩为

$$M = 2Fr = 2NBlIr$$

式中:r 为转轴中心到有效边的距离。

由于线圈所包围的有效面积为

$$S = 2rl$$

因此可得

$$M = 2Fr = NBSI$$

考虑到均匀辐射形气隙磁场的特点,不管线圈转到什么位置,磁感应强度 B 均不变。而对于已经做好的线圈,其匝数 N 和有效面积 S 也是不变的。因此,就转动力矩 M 的大小来说,它只随被测电流 I 的改变而成正比地变化,而转动力矩的方向取决于流进线圈的电流方向。

线圈转动引起游丝的变形而产生反作用力矩。此力矩与变形的大小成正比,因而也和

偏转角度 α 成正比，即反作用力矩为

$$M_f = D\alpha$$

式中：α 为可动部分偏转角，亦即指针的偏转角；D 为游丝的反作用系数，其大小取决于游丝的材料性质和尺寸。

随着偏转角 α 的增大，反作用力矩 M_f 也将不断增大，直到反作用力矩 M_f 和转动力矩 M 相等时，可动部分的力矩达到平衡。此时，可动部分将稳定在某一个平衡位置，而指针有一个稳定的偏转角。此偏转角的大小可根据力矩平衡 $M_f=M$ 求得。

因为

$$D\alpha = NBSI$$

所以

$$\alpha = \frac{NBS}{D} \cdot I \tag{4-1}$$

对于已经做好的仪表，N、B、S 和 D 都是常数，所以 $\frac{NBS}{D}$ 是一个常数，用 S_I 表示，则式(4-1)可写成

$$\alpha = S_I \cdot I \tag{4-2}$$

式中：$S_I = \frac{NBS}{D}\left(=\frac{\alpha}{I}\right)$ 称为磁电系测量机构的灵敏度。

式(4-2)说明，可动部分的稳定偏转角 α 和电流 I 的大小成正比。因此，在仪表中就可以用偏转角来衡量被测电流的大小，并通过指针在标度尺上直接示出电流的数值。

4.1.3　技术特性

根据磁电系测量机构的结构和原理，它的主要技术特性如下。

(1) 准确度高　因永久磁铁的磁场很强，产生的转动力矩很大，所以由摩擦、温度及外磁场的影响引起的误差相对较小，使磁电系仪表的准确度可达 0.1 至 0.05 级。

(2) 灵敏度高　因为这种测量机构的内部磁场强，所以线圈中只需通过很小的电流就会产生足够大的转动力矩。从 $S_I = \frac{NBS}{D}$ 中可直接看出，当 B 的数值大时，S_I 就必然较高。

(3) 消耗功率小　由于测量机构内部通过的电流很小，所以仪表本身消耗的功率就很小。

(4) 刻度均匀　由式(4-2)可见，磁电系测量机构指针的偏转角与被测电流的大小成正比，因此仪表的刻度是均匀的。

(5) 过载能力小　这是因为被测电流要通过游丝，而线圈的导线又很细，所以过载容易引起游丝的弹性发生变化和线圈过热而烧毁。

(6) 只能测量直流量　由于永久磁铁产生的磁场方向不能改变，所以只有通入直流电流才能产生稳定的偏转。如果在磁电系测量机构中通入交流电流，则所产生的转动力矩也是交变的，可动部分由于惯性而来不及转动。所以这种测量机构不能直接测量交流量。

磁电系测量机构主要用于测量直流电路中的电流和电压，在直流标准仪表和安装式仪

表中都得到广泛应用。加上变换器后，还可用于交流电量以及非电量的测量。所以这种测量机构应用广泛，在电工仪表中占有重要的位置。

4.2 磁电系电流表

1. 单量程电流表

在磁电系测量机构中，由于通电的可动线圈导线很细，而且电流还要通过游丝，所以允许直接通过的电流很小(在几十微安到几十毫安的范围内)。为了测量较大的电流，必须采用分流器。所以，磁电系电流表通常由测量机构和分流器并联构成，如图 4-4 所示。当图中分流器电阻 R_{fL} 比测量机构的内阻 R_g 小得多时，则电流 I 的大部分将从分流器支路中通过，只有很少一部分电流 I_g 通过测量机构。同时当测量机构内阻和分流电阻的数值一定时，电流的分配比例是一定的，即通过测量机构的电流 I_g 占被测电流 I 的比例数是一定的。所以仪表的偏转角可以直接反映被测电流的大小，只要标度尺刻度放大 I/I_g 即可。

分流器用电阻温度系数很小的锰铜制成。为了防止通过电流时温度过高而造成误差，分流器还要有足够的散热面积。因此，分流器的尺寸将随电流的增大而增加。当电流较小时，分流器可以装在电流表的内部，称为内附式分流器。当电流在 50 A 以上时，分流器一般装在电流表外部，称为外附式分流器。外附式分流器有两对端钮，如图 4-5 所示，外侧的一对称为电流端钮，与被测电路串联；内侧的一对称为电位端钮，与测量机构并联。因为分流器的电阻很小，所以采取这样的连接方式后，导线接头的接触电阻将不包括在分流电阻内，从而减小了误差。

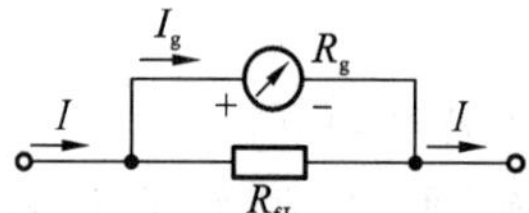

图 4-4 磁电系电流表的原理电路

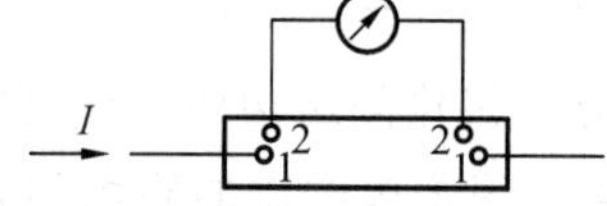

图 4-5 外附式分流器及其接线

外附式分流器的规格一般标为额定电压和额定电流，而不标明电阻值。分流器的额定电压应按和分流器并联的仪表额定电压(即满偏电流和仪表内阻的乘积)来选择，通常有 75 mV和 45 mV 两种。额定电流是指电流表的量程扩大后的数值，而并不是流过分流器的电流值。例如，200 A、75 mV 的分流器应和额定电压为 75 mV 的测量机构并联，并联后仪表量程扩大为 200 A。

2. 多量程电流表

并联分流器既然可以扩大电流表的量程，那么并联阻值不同的分流器时，便可以得到不同的电流量程。据此，可制成多量程直流电流表，以扩大仪表的使用范围。

多量程电流表中，分流器的接线有开路连接和闭路连接两种方式，图 4-6(a)为分流器开路连接时的原理接线图。它的特点是分流器在未接入使用时，和测量机构是断开的。当转换开关 S 接通不同的分流电阻时，就可得到不同的电流量程。如图中有三个数值不同的分流电阻：$R_{fL1}>R_{fL2}>R_{fL3}$，电流表就有三个与之对应的电流量程：$I_1<I_2<I_3$。这种开路式接

线由于把开关触头的接触电阻包括在分流电路中，因此可能引起很大的误差。另外，当触头因接触不良使分流电路断开时，被测电流将全部从测量机构中通过而使它烧毁，所以这种连接方式很少采用。

图 4-6(b)所示的闭路连接分流器则不存在上述问题，因此得到广泛的应用。这种分流器由不同的电阻 R_1、R_2、R_3 与测量机构接成闭合电路。当被测电路接于“I_1”和“—”之间时，相当于测量机构电阻 Rg 和分流电阻 $R_{fL1}=(R_1+R_2+R_3)$ 相并联，对应的电流量程为 I_1；当被测电流从“I_2”流入，从“—”流出时，则为 (R_g+R_1) 和 $R_{fL2}=(R_2+R_3)$ 相并联，这时对应的电流量程为 I_2，依此类推。由于 R_1 和 R_g 串联的结果，使测量机构支路的电阻增加了，但分流支路的电阻却因 R_1 的划出而减小了，所以分流作用增加了。图 4-6(b)中“—”为公共端钮，量程 $I_3>I_2>I_1$。

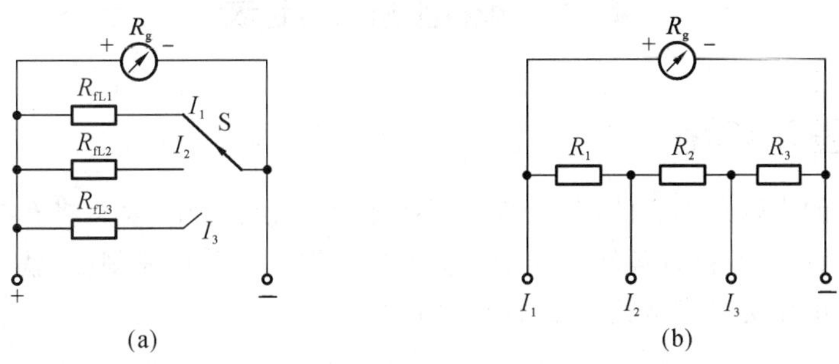

图 4-6 多量程直流电流表原理电路图

(a)分流器的开路连接；(b)分流器的闭路连接

3. 温度补偿

当温度升高后，磁电系电流表的游丝将变软，弹性减小，使线圈偏转角增大，一般每升高10 ℃时，仪表指示值增大 0.3%～0.4%；但温度升高也会使永久磁铁磁性减弱，转动力矩减小，使线圈偏转角变小，一般每升高 10 ℃时，仪表指示值减小 0.2%～0.3%。可见以上两误差符号相反，而且基本能抵消。

当温度升高后，可动线圈电阻 R_g 随温度变化。一般温度每升高 10 ℃，铜的电阻要增大4%，导致分流后流过表头的实际电流减小，从而使仪表指示值减小，所以要采取温度补偿措施。当然，如果磁电系仪表没有采用分流器，则流过测量机构的电流即为被测电流，温度变化引起的仪表误差可以忽略不计。

磁电系电流表采用串联温度补偿的电路如图 4-7 所示，图中 R_s 是铜质分流电阻，R_t 是在线圈支路中串联的温度补偿电阻，R_t 是锰铜电阻，其阻值受温度变化影响很小，即温度系数小。因 R_t 比 R_g 大，故 R_g 的变化不会使这条支路的总电阻产生大的变化，电流分配基本不变，从而起到补偿作用。要想温度补偿效果好，R_t 应取值增大，而 R_t 太大又会使可动线圈支路的电流减小，因此要求表头灵敏度很高。对准确度要求高的仪表，可以采取图 4-8 所示的串并联补偿电路。

图 4-8 中，R_g 和 R_3 是铜电阻，R_1 和 R_2 是锰铜电阻，R_s 是用猛铜做成的分流电阻。当温度升高时，R_3 和 R_g 均增大较多，导致 I_g 下降，I_2 也随之下降，节点 c、d 之间的电压 U_{cd} 下降，而 b、c 点之间的电压 U_{bc} 上升，因此流过线圈的电流 I_g 又上升，从而补偿了刚才的下降。

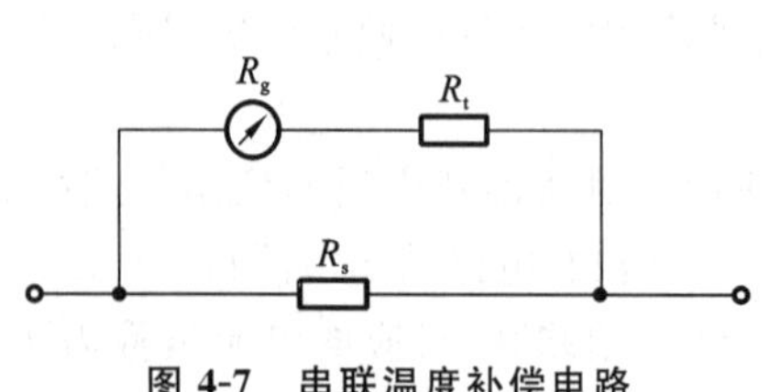

图 4-7　串联温度补偿电路

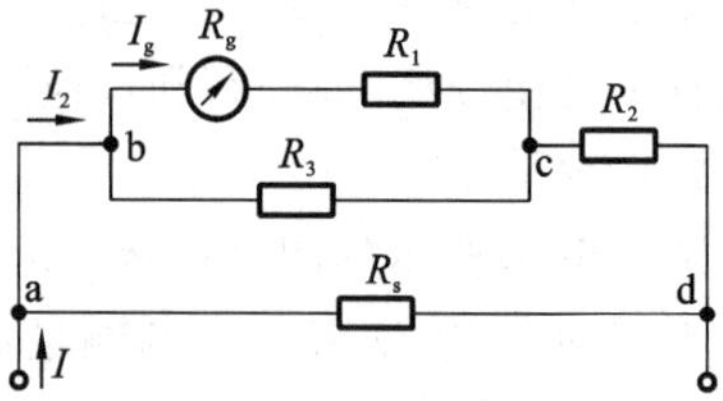

图 4-8　串并联温度补偿电路

同时由于 R_3 是铜电阻，故这个支路电阻上升快，I_3 和 I_g 的分配关系将发生变化，I_g 会增加，于是又补偿一部分 I_g 的下降。

4.3　磁电系电压表

4.3.1　基本电路

磁电系表头的内阻是不变的，若在表头两端施加一允许电压，表头将有与施加电压成正比的电流流过，从而引起指针偏转。如果在标度尺上用电压单位来刻度，就变成电压表。指针偏转角与被测电压关系可从式(4-2)推出，即

$$\alpha = S_I I = S_I \frac{U}{R_g} = S_U U \tag{4-3}$$

式中：S_U 为测量机构的电压灵敏度。

可见，磁电系测量机构同时也是一个简单的电压表。因表头允许通过的电流很小，允许加在表头两端的电压也很小，所以一般只能做成毫伏表。为了扩大其电压量程，必须与表头串联一较大的电阻，称为附加电阻。

4.3.2　扩程方法

与表头串联一个附加电阻就构成单量程电压表，如图 4-9(a)所示。设表头电流量程为 I_g，内阻为 R_g，则附加电阻 R_m 与电压量程 U 的关系为

$$U = I_g(R_g + R_m)$$

或写成

$$R_m = \frac{U}{I_g} - R_g$$

与表头串联多个电阻就构成多量程电压表，如图 4-9(b)所示。各附加电阻与电压量程的关系为

$$R_1 = \frac{U_1}{I_g} - R_g$$

$$R_2 = \frac{U_2 - U_1}{I_g}$$

$$R_3 = \frac{U_3 - U_2}{I_g}$$

用电压表测量电压时，电压表内阻越大，电压表接入被测电路后的分流作用越小，对被

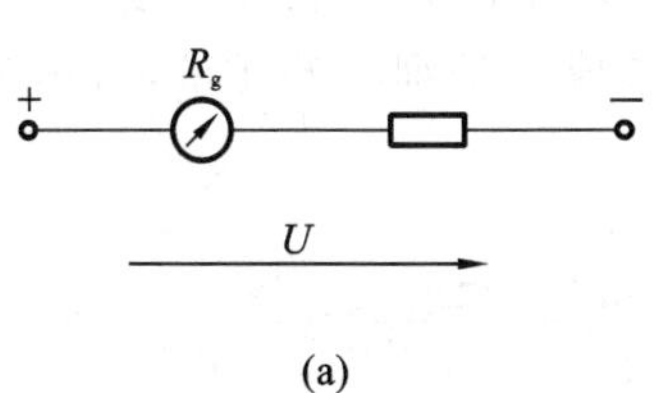

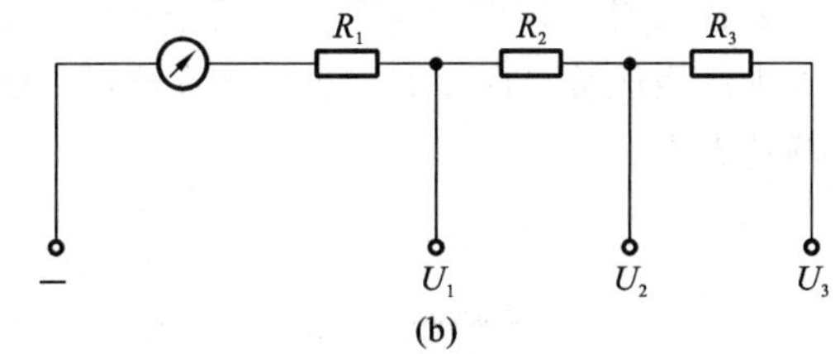

图 4-9 直流电压表

(a)单量程;(b)多量程

测电路工作状态的影响越小,测量误差就越小。电压表内阻是测量机构的电阻 R_g 与附加电阻之和。电压表各量程的内阻与相应电压量程的比值为一个常数,该常数常常在电压表的刻度盘上注明,单位为“欧/伏”,它是电压表的一个重要参数,这个参数大,说明该电压表并到被测电路上对电路的分流作用小。

附加电阻一般由锰铜丝烧制。锰铜丝的温度系数小,可以减小误差。附加电阻也有内附与外附两种方式。在测量较高电压时,因电阻发热较大,耐压较高,常采用外附方式。当磁电系电压表的量程较小时,如毫伏表,其串联的附加电阻值较小,因而对表头不能提供足够的温度补偿,此时应采用如图 4-10 所示的串联温度补偿电路,图中 R_1 和 R_2 是锰铜电阻,R_3 是铜电阻。

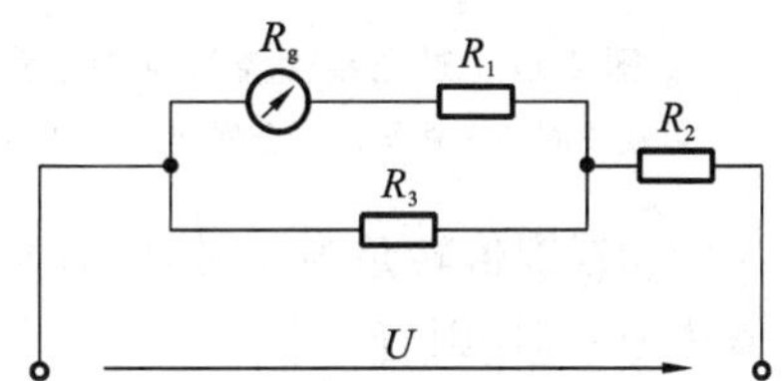

图 4-10 串并联温度补偿电路

4.4 磁电系检流计

磁电系检流计是一种高灵敏度仪表,用来测量极微小的电流或电压(如 10^{-8} A、10^{-6} V 或更小)。磁电系检流计经常在平衡测量电路中被当作指零仪使用,其标度尺不注明电压或电流数值,它们仅仅检测电路中是否存在电流,检流计由此得名。

4.4.1 检流计的结构

因为检流计需要有高灵敏度,所以结构上要采取一些特殊措施。

(1) 去掉起阻尼作用的铝制构架。为了减少空气隙的距离,增加可动线圈匝数,检流计的可动部分没有铝制的框架,检流计的阻尼只能由可动线圈和外电路闭合后产生。可动线圈在磁场中运动所产生的感应电动势要通过检流计的外接电路产生感应电流,从而产生相应的阻尼力矩。

(2) 采用悬丝(吊丝或张丝)悬挂可动线圈,以消除可动轴与轴承之间的摩擦。磁电系检流计的结构如图 4-11 所示,图中可动线圈 1 由悬丝 2 悬挂起来,悬丝由黄金或紫铜制成,以提高灵敏度。悬丝除了产生小的反作用力矩外,还作为把电流引入线圈的引线。可动线圈的另一电流引线是金属丝 3。

(3) 采用光反射的指示装置,进一步提高检流计的灵敏度和改善活动部分的运动特性。

光标指示装置如图 4-12 所示，它是在离小镜（见图 4-11）一定距离处安装一个标度尺，狭窄的光束由小灯经透镜投向小镜，经小镜反射到刻度尺上，形成一条细小的光带，指示出活动部分的偏转大小。

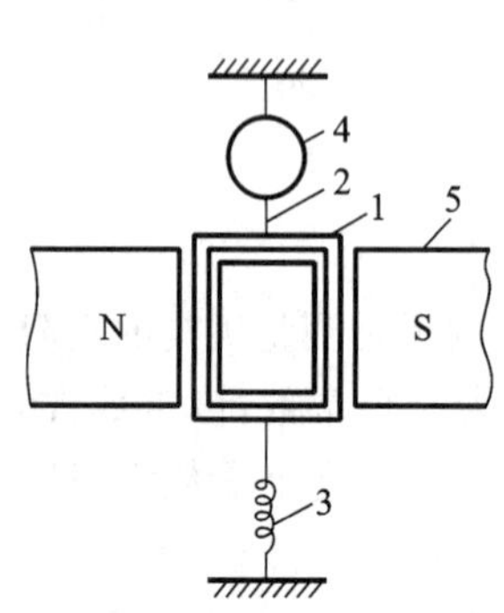

图 4-11　磁电系检流计结构示意图

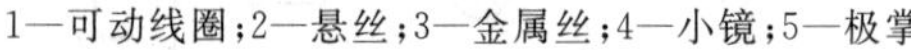

1—可动线圈；2—悬丝；3—金属丝；4—小镜；5—极掌

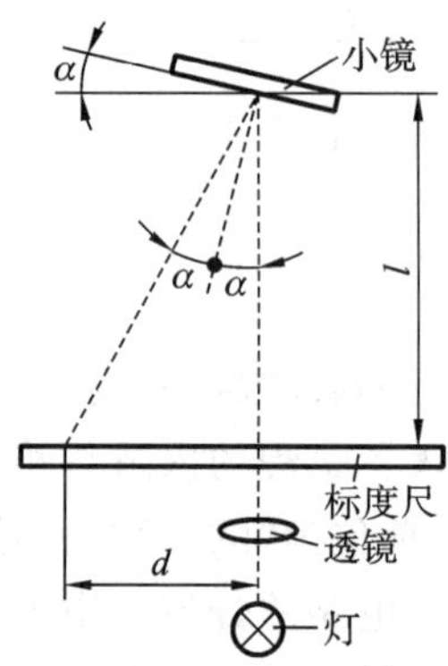

图 4-12　光标指示装置

当可动线圈偏转角为 α 时，反射光束与光源入射光束之间的夹角为 2α，设光点在标度尺上的偏转为 d 时，则有

$$\tan 2\alpha = d/l$$

式中：d 为标度尺与小镜的距离，当 α 很小时可近似认为

$$2\alpha \approx d/l$$

检流计的灵敏度可表示为

$$S_I = \frac{d}{I} = \frac{2l\alpha}{I}$$

由上式可知，在电流和偏转角一定的情况下，检流计的灵敏度正比于标度尺与小镜的距离 l，因此，在实际应用中，为增大 l，往往采用固定的反射镜使光线多次反射，或将光路系统和标度尺做成单独的部件，安装于检流计的外部。无论采用何种方式，其灵敏度远大于采用机械指针的指针式检流计的灵敏度。

4.4.2　检流计的特性及使用

1. 运动特性

描述检流计可动部分的力学方程式为

$$J\frac{\mathrm{d}^2\alpha}{\mathrm{d}t^2} = M - M_\alpha - M_P \tag{4-4}$$

式中：J 为可动部分的转动惯量；α 为偏转角；$M=KI$ 为转动力矩；$M_\alpha = D_\alpha$ 为悬丝提供的反作用力矩；M_P 是阻尼力矩。

可动线圈转动时，可动线圈产生的感应电动势一般与转动速度成正比，此感应电动势产生一个与通入线圈的电流反方向的感应电流。设检流计内阻为 R_g，外电路电阻为 R，则感应电流 i_p 为

$$i_p \propto \frac{1}{R_g + R}\frac{\mathrm{d}\alpha}{\mathrm{d}t}$$

此电流与气隙中的恒定磁通相互作用，产生阻碍可动部分运动的阻尼力矩 M_p，即

$$M_p \propto i_p \quad 或 \quad M_P = P\frac{\mathrm{d}\alpha}{\mathrm{d}t}$$

这里，$P \propto \frac{1}{R_g + R}$ 称为阻尼系数。引入 $M_P = P\frac{\mathrm{d}\alpha}{\mathrm{d}t}$ 后，式(4-4)可改写为

$$J\frac{\mathrm{d}^2\alpha}{\mathrm{d}t^2} + P\frac{\mathrm{d}\alpha}{\mathrm{d}t} + M_\alpha = KI$$

上式是一个二阶常系数非齐次微分方程式，其特解 α' 是可动部分的稳定偏转角。通过解微分方程可以画出可动部分运动曲线，如图 4-13 所示，图中曲线 1、曲线 2 和曲线 3 分别是欠阻尼、过阻尼和临界阻尼情况下的运动曲线。

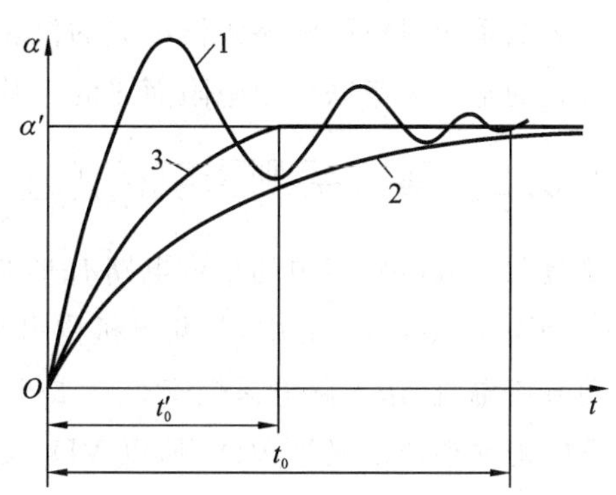

图 4-13 可动部分运动状态曲线

2. 检流计的参数

(1) 内阻 R_g：检流计内阻包括可动线圈、悬丝、引线金属丝的电阻及接线柱的接触电阻。

(2) 外临界电阻：检流计工作在临界阻尼状态所需接入的外线路电阻称为临界电阻。

(3) 电流常数：灵敏度 S_I 的导数称为电流常数，常用标度尺与检流计反射镜之间距离为 1 m 时，1 mm 分度表示的被测电流值。

(4) 振荡周期：检流计处于开路状态，阻尼作用最小，指示器自由振荡，指示器同方向连续两次经过标度尺零线的时间间隔。

(5) 阻尼时间：检流计处于临界状态，指示器自标度尺边缘位置回到零线 1 个分度为止的这段时间。

例如，AC 型检流计的参数为：内阻 500 Ω、外临界电阻 20000 Ω、电流常数 1.5 A/mm、振荡周期 5 s。

3. 检流计的正确使用

(1) 使用时要轻拿轻放，以防吊丝振断。用完后必须将止扣器锁上或用导线将端子短接。

(2) 使用要按规定工作位置放置，具有水准指示装置的，用前应调好水平。

(3) 在被测量的大致范围未知时，测量时要记住配用一个万用分流器或串联一个大保护电阻。

(4) 不要用万用表或电桥去测量检流计内阻，以防损坏检流计线圈。

4.5 整流系测量机构

4.5.1 整流系测量机构的结构

磁电系测量机构只能用来测量直流电流。如果要测量交流量，则只有加上整流器将交流电变换成直流电后，再送入测量机构，然后找出整流后的电流与输入交流电流之间的关系，就能在仪表标度尺上直接标出被测交流电的大小。

由磁电系测量机构和整流器组成的仪表称为整流系仪表。整流系交流电压表就是在整流系仪表的基础上串联分压电阻而成的。其中，整流系测量机构是整个仪表的核心。

4.5.2 整流系测量机构的工作原理

整流系交流电压表中的整流电路有半波和全波两种形式，半波整流电路及整流波形如图 4-14 所示。图 4-14(a)中，与测量机构串联的 VD_1 是整流二极管，它能将输入的交流电变成脉动直流电流，送入磁电系微安表。二极管 VD_2 的作用是可以防止输入交流电压在负半周时反向击穿整流二极管 VD_1，所以 VD_2 又称为保护二极管。

全波整流电路及整流波形如图 4-15 所示。

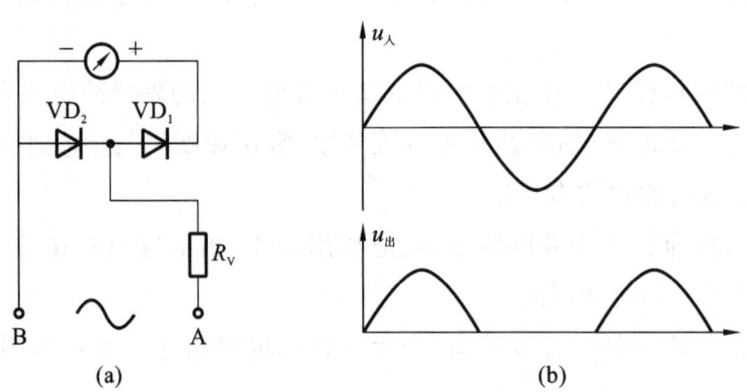

图 4-14 半波整流电路及整流波形

(a)电路；(b)波形

由于通过测量机构的电流实际上是经过整流后的单向脉动电流，而其指针的偏转角是与脉动电流的平均值成正比的，所以整流系仪表所指示的值应该是交流电的平均值(电工程中的平均值通常指绝对值的平均值，即全波整流后的平均值，与数学上的平均值含义不同)。但是，交流电的大小习惯用有效值表达。所以需要根据交流电的有效值与电工程中的平均值之间的关系来刻度标度尺，为此，定义了波形系数，用 k_f 表示，即

$$k_f = \frac{\text{有效值}}{\text{电工程中的平均值}}$$

几种常见信号的波形系数 k_f 如表 4-1 所示。

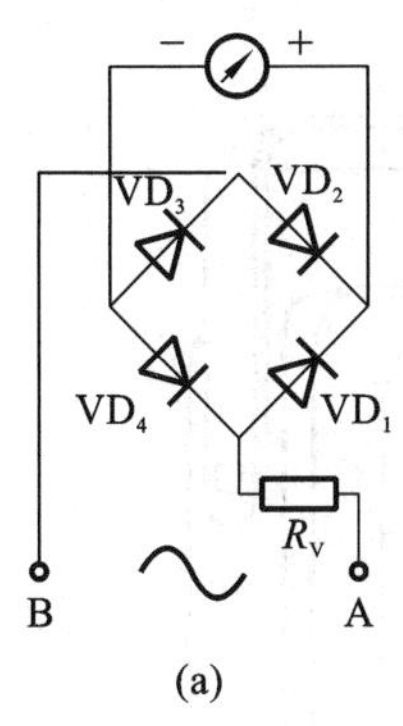

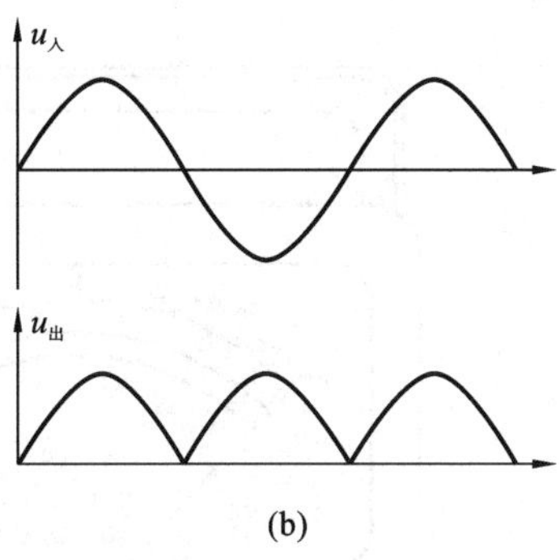

(a) (b)

图 4-15 全波整流电路及整流波形

(a)电路;(b)波形

表 4-1 几种常见信号的波形系数

交 流 量	峰 值	有 效 值	平 均 值	波 形 系 数
正弦波	A_m	$\frac{A_m}{\sqrt{2}}$	$\frac{2A_m}{\pi}$	1.11
三角(锯齿)波	A_m	$\frac{A_m}{\sqrt{3}}$	$\frac{A_m}{2}$	1.15
矩形波	A_m	A_m	A_m	1

借助波形系数,就可以用全波整流(或半波整流)磁电系仪表测正弦量的有效值,方法是测出单向脉动电流的平均值,然后将结果乘以波形系数。模拟式万用表就是利用这一原理对交流信号进行测量的,测交流信号所用的标度尺是按有效值刻度的。还可用万用表测其他类型周期信号的有效值和平均值,方法是把万用表读数除以 k_f(全波整流除以 1.11,半波整流除以 2.22)得到对应信号的平均值,再对平均值乘上对应信号的波形系数,就可得到所测信号的有效值。

4.6 指针式万用表

4.6.1 基本特性

万用表是一种多量程、多功能、便于携带的电工用表。万用表由表头、测量线路、转换开关以及外壳等组成。

(1) 表头:是磁电系表头,一般电流为 40～100 μA,用来指示被测量的数值。

(2) 测量线路:用于将各种被测量转换为适合表头测量的微小的直流电流。

(3) 转换开关:用来实现对不同测量线路的选择,以适合各种被测量的要求。

本节以 500 型万用表为例,介绍万用表的测量原理及正确使用方法。图 4-16 所示的是

500 型万用表的外形。

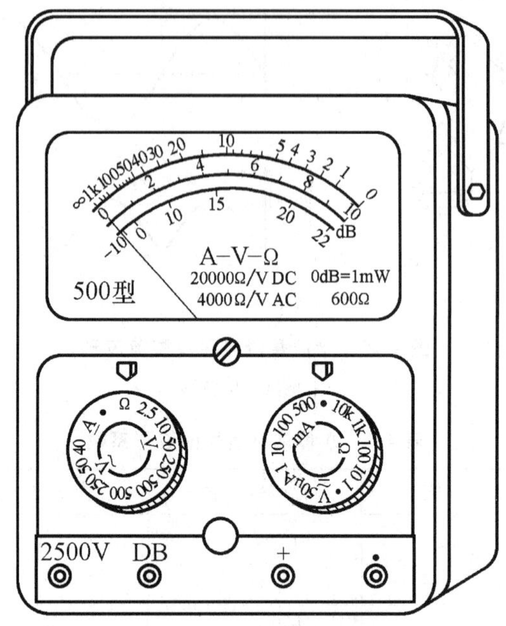

图 4-16　500 型万用表

图 4-17 是 500 型万用表的总电路图，图中有两只开关，它由许多固定触点和可动触点组成。通常把可动触点称为“刀”，而把固定触点称为“掷”。图 4-17 中左边开关 K_1 是一种二层三十二掷开关，共 12 个挡位，右边开关 K_2 是二层二刀十二掷，也有 12 个挡位，开关 K_1、K_2 分别对应于图 4-16 中的左、右两个开关旋钮。当旋转转换开关旋钮时，各刀跟着旋转，在某一位置上与相应的掷位闭合，使相应的测量线路与表头和输入插孔接通。左右两个开关应配合使用，例如，当进行电阻测量时，先把左边旋钮旋到“Ω”位置，然后再把右边旋钮

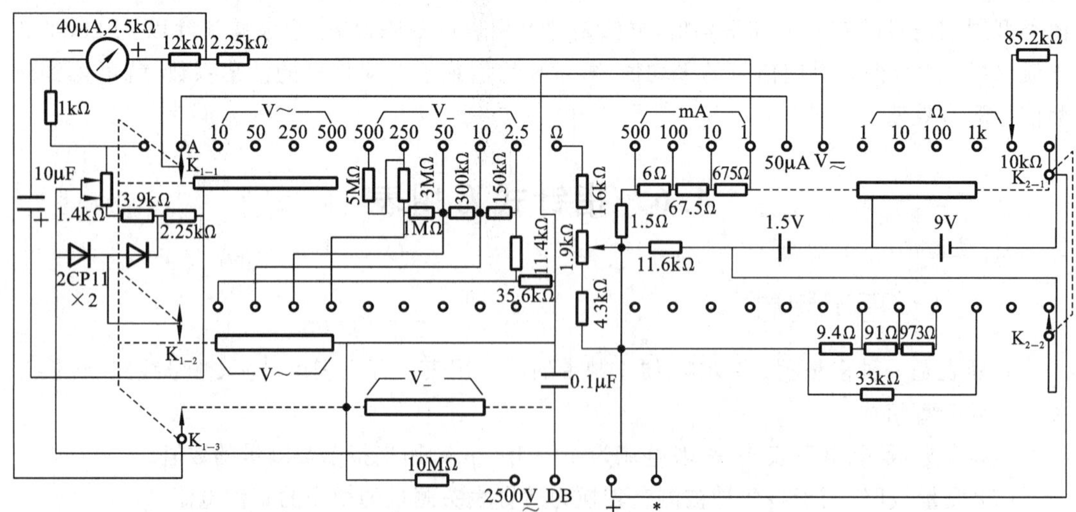

图 4-17　500 型万用表的总电路图

旋到适当的量程位置上。500 型万用表选用满偏电流为 40 mA、内阻为 2.5 kΩ 的磁电系电流表表头。

4.6.2　直流电流挡的测量电路

将图 4-16 中左边开关 K_1 旋至“A”处，右边开关旋至对应各电流量程挡位上（如 50 μA），便得到图 4-18 所示的直流电流测量电路。假设电位器调至右端电阻值为 0.25 kΩ，右边开关 K_2 旋至 50 μA 挡，则表头支路总电阻为 0.25 kΩ+1 kΩ+2.5 kΩ=3.75 kΩ，表头分流电阻为

$$(12\times10^3+2.25\times10^3+675+67.5+6+1.5)\Omega=15000\ \Omega=15\ \text{k}\Omega$$

表头满偏为 40 μA 时，对应被测最大电流为

$$40\ \mu\text{A}\times(15+3.75)/15=50\ \mu\text{A}。$$

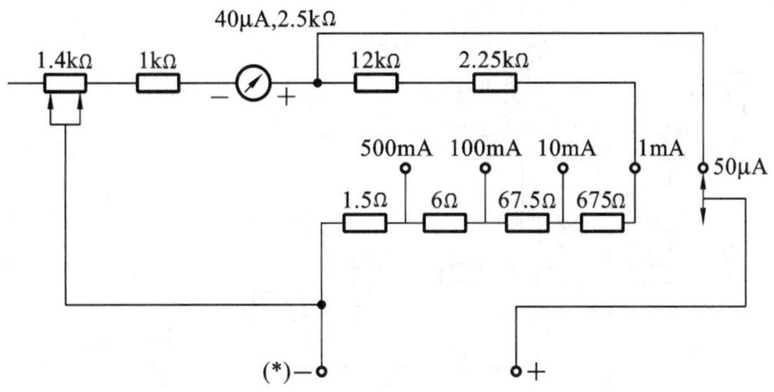

图 4-18　直流电流测量电路

4.6.3　直流电压测量电路

当转换开关置于直流电压挡时，组成的电路如图 4-19 所示。

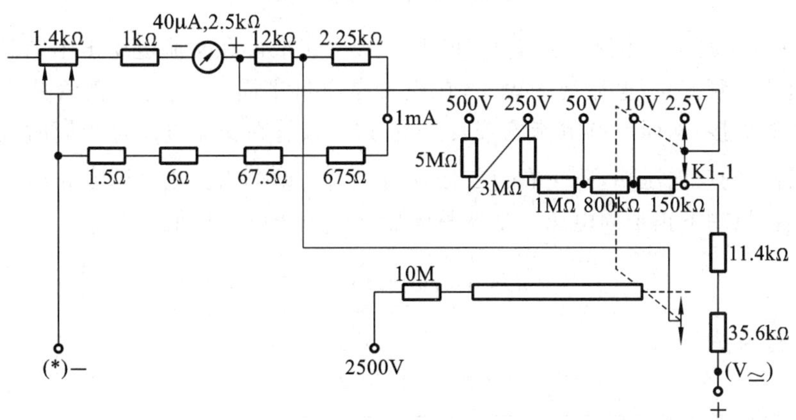

图 4-19　直流电压测量电路

测直流电压的原理可看成图 4-18 中 50 μA 电流挡的基础上串接各附加电阻构成，即等效电流表表头满偏为 50 μA，等效内阻为 3.75∥15 kΩ=3 kΩ。例如，在等效表头基础上串

接 11.4 kΩ+35.6 kΩ=47 kΩ 的附加电阻便构成直流 2.5 V 电压挡，即$(47+3)\times 50\times 10^{-3}$ V =2.5 V，这就是说等效表头在满偏置 50 μA 时，对应被测电压为 2.5 V。

习惯上把等效表头满偏电流的倒数称为电压灵敏度（电压表内阻常数）。例如，在 2.5 V 挡时，内阻常数为$\frac{1}{50\times 10^{-6}}$ Ω/V=20000 Ω/V。此时的电压灵敏度并非式(4-3)中的 S_U，S_U 的含义是单位被测电压所对应的测量机构稳定偏转角。

4.6.4 交流电压挡测量电路

当转换开关置于交流电压挡时，便得到图 4-20 所示电路。由于磁电系表头只能测直流不能测交流信号，所以测交流电压时，必须对输入信号进行整流，从而测得直流脉动信号的平均值，再乘波形系数便得到交流信号有效值。

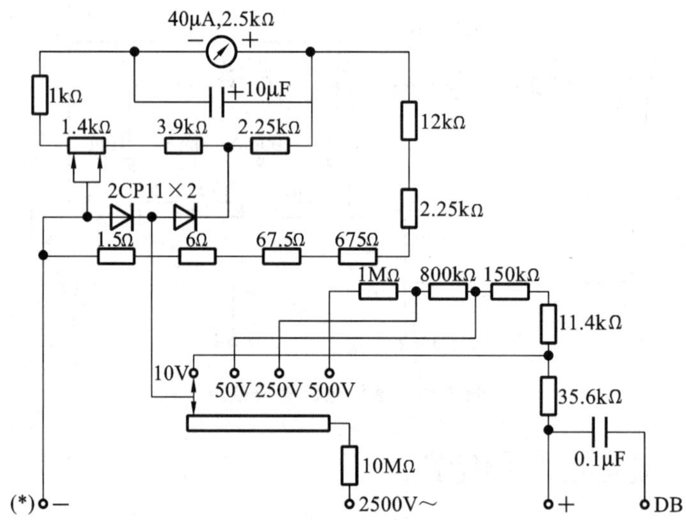

图 4-20 交流电压测量电路

图 4-20 中，半波整流电路由两支 CP11 型二极管组成。在交流电压正半周时，右边二极管导通，左边二极管截止，电流流入表头；在交流电压负半周时，右边二极管截止，左边二极管导通，将表头短接，从而没有电流流入表头，左边二极管在交流电压负半周时，能基本上消除右边二极管上的反向压降，防止右边二极管被击穿。设被测交流电压为 $u=\sqrt{2}U\sin(\omega t)$，经半波整流后，只剩下正半周电压。半波整流后交流电压的平均值为

$$\overline{U}=\frac{1}{2\pi}\int_{0}^{\pi}\sqrt{2}U\sin(\omega t)\mathrm{d}(\omega t)=\frac{\sqrt{2}}{\pi}U=0.45U \tag{4-5}$$

式(4-5)还可写为

$$U=2.22\overline{U} \tag{4-6}$$

式中：U 为被测电压有效值。

由式(4-6)可知，测得平均电压 $\overline{U}$ 后，再乘以波形系数 2.22 便得被测电压有效值。万用表交流挡的标度尺是按有效值来刻度的。如果将万用表用于非正弦交流电压的测量，则所得结果并不是非正弦交流电压的有效值，此时应根据被测非正弦交流电压的波形系数，对测

量结果进行修正。

图 4-20 中表头和整流器部分可等效成一个内阻为 2.24 kΩ，满偏电流为 117.3 μA 的电流表头。该等效表头在满偏位置，开关置于 10 V 挡时所测交流电压有效值为

$$U=117.3\times10^{-6}\times(2.24+35.6)\times10^{3}\times2.22\ \text{V}=9.85\ \text{V}\approx10\ \text{V}$$

4.6.5　直流电阻挡测量电路

万用表的电阻挡实质上就是一个多量限的欧姆表。其测量电路可看成一个内阻为 R_g、满偏电流为 I_g 的等效电流表头串接被测量电阻 R_X 后接在一个端电压为 E 的干电池两端，流过被测电阻的电流为

$$I=\frac{E}{R_X+R_g} \tag{4-7}$$

由式(4-7)可知，流过表头的电流与被测电阻不是线性关系，所以欧姆表刻度是不均匀的。当被测电阻 $R_X=0$ 时，等效表头满偏，指向零刻度；当被测电阻 $R_X=\infty$时，表头指针不转，停在机械零点位置。欧姆表标度尺是反向刻度，与电压、电流挡的标度尺刻度方向相反，如图 4-16 所示。当 $R_X=R_g$ 时，表头指针指向中间位置，所指示的值称为欧姆中心值。500 型万用表的欧姆挡电路如图 4-21 所示。

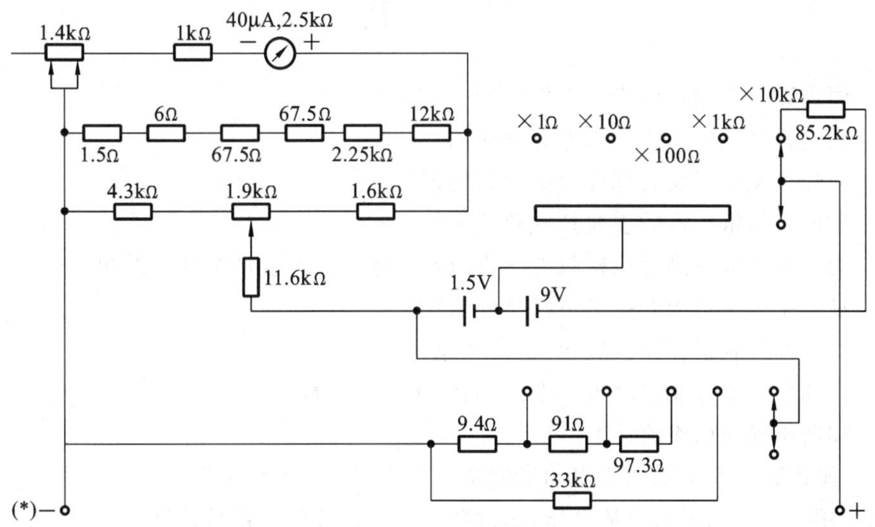

图 4-21　电阻测量电路

可以验证，当被测电阻 $R_X=0$，开关置于 1、10、100、1 k、10 k 挡时，等效表头均指向满偏位置，等效表头内阻(欧姆中心值)分别为 10、100、1 k、10 k、100 k。也就是说，根据欧姆中心值，可以按十进制扩大量程。这样做可以使各个量程共用一条刻度尺，使读数方便。在各挡中，被测电阻和相应挡欧姆中心值相等时，表头指针指向中间位置。一般测量电阻在 0.1～10 倍欧姆中心范围内读数才比较准确。

当干电池用久后，其电势 E 会下降，当被测电阻 $R_X=0$ 时，表头指针将达不到满偏刻度，为此图 4-21 中设有 1.9 kΩ 的可调电阻，称为零欧姆调整器。当移动其动触头，改变表头分流电阻，使指针指在欧姆刻度尺零位。如果调到极限位置，指针还不能归零，则需要更换电池。

4.6.6 500 型万用表的技术性能与正确使用

1. 技术性能

直流电流挡和电阻挡准确度为 2.5 级；交流电压挡准确度为 5.0 级，内阻参数为 4000 Ω/V；0～500 V 直流电压挡准确度为 2.5 级，内阻参数为 20000 Ω/V。

2. 正确使用

(1) 应特别注意左右两个按钮的配合使用，不能用电流挡和电阻挡测电压，否则会损坏表头。

(2) 每一次测电阻，一定要调零。用电阻挡测量时，注意“+”插孔是和内部电池的负极相连的。“*”端插孔是和内部电池的正极相连的。x10k 电阻挡开路电压为 10 V 左右，其余电阻挡开路电压为 1.5 V 左右。

(3) 每次用毕后，最好将左边旋钮旋至“·”处，使测量机构两极接成短路。右边旋钮也应旋至“·”处。

习　　题

4-1　简述磁电系测量机构的工作原理。

4-2　磁电系测量机构中的游丝有何作用？

4-3　为什么磁电系仪表标度尺刻度是均匀的？

4-4　磁电系测量机构的主要技术特性是什么？

4-5　为什么磁电系测量机构只能测直流？若通入交流会产生什么结果？

4-6　磁电系测量机构的技术特性是什么？

4-7　磁电系仪表很容易被烧毁，是什么原因？

4-8　为什么检流计能检测微小电流，其结构上有何特点？

4-9　如何正确使用检流计？

4-10　画出整流系交流电压表的半波整流电路和半波整流波形。

4-11　用万用表测正弦交流电压，其读数与波形系数的关系是什么？

4-12　使用万用表欧姆挡为何必须调零？如指针无法调到零位，应作何处理？

4-13　图 4-22 所示的是利用一块磁电系表头制成多量程电表的两种电路，图(a)所示的为开路式，图(b)所示的为闭路式，试说明两种电路的优缺点。

4-14　某一电流表满量限为 50 μA，满刻度为 100 格。试求：(1)此电流表的灵敏度；(2)仪表常数；(3)当测量电路电流时，如果仪表指针指到 70 格处时，其电流值为多少？

4-15　已知一磁电系测量机构的满刻度电流为 50 μA，内阻为 200 Ω，现根据需要欲将其改装成 10 A 的电流表，应如何改造？

4-16　有一个 400 μA、内阻 250 Ω 的表头，欲制成电流表和电压表，电路如图 4-23 所示，求各电阻值和电压挡的内阻常数(单位：Ω/V)。

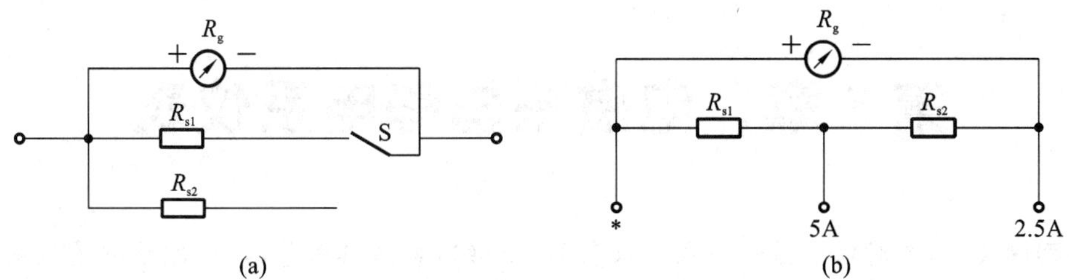

图 4-22 题 4-13 图

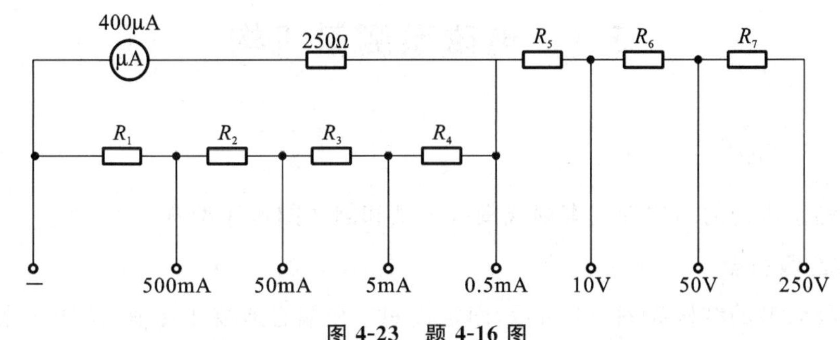

图 4-23 题 4-16 图

4-17 用全波整流式电压表(按正弦有效值刻度)分别测量正弦波、方波、三角波的电压,电压表的指示均为 11.1 V,问被测电压的峰值、有效值、平均值是多少?

4-18 用半波整流式电压表(按正弦有效值刻度)分别测量正弦波、方波、三角波的电压,电压表的指示均为 11.1 V,问被测电压的峰值、有效值、平均值是多少?

第 5 章　电磁系与静电系仪表

内容提要：本章对电磁系与静电系仪表加以介绍，具体内容包括：电磁系测量机构、电磁系电流表、电磁系电压表、静电系测量机构和静电系电压表。

5.1　电磁系测量机构

5.1.1　结构

电磁系测量机构的结构形式有扁线圈吸引型和圆线圈排斥型两种。

1. 扁线圈吸引型

扁线圈吸引型的结构如图 5-1 所示，固定线圈 1 和偏心地装在转轴上的可动铁片 2 构成一个电磁系统。转轴上还装有指针 3、阻尼片 4 和游丝 5 等。与磁电系测量机构不同，游丝中不通过电流。阻尼片和永久磁铁 6 构成磁感应阻尼器，磁屏蔽 7 则用来屏蔽永久磁铁的磁场对线圈磁场的影响。

扁线圈通电后，产生磁场，将偏心铁片吸入，使可动部分发生偏转，因此称这种结构为扁线圈吸引型结构。

2. 圆线圈排斥型

这种结构如图 5-2 所示。固定部分包括固定线圈 1 和固定在线圈里侧的定铁片 2。可动部分由固定在转轴 3 上的可动铁片 4、游丝 5、指针 6 和阻尼片 7 组成。

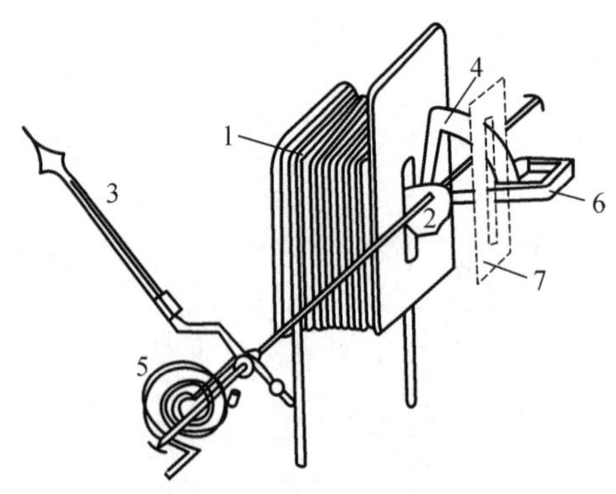

图 5-1　扁线圈吸引型测量机构

1—固定线圈；2—可动铁片；3—指针；4—阻尼片；5—游丝；6—永久磁铁；7—磁屏蔽

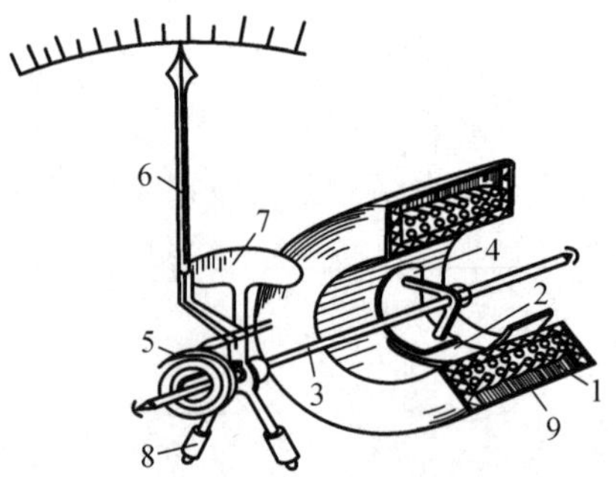

图 5-2　圆线圈排斥型测量机构

1—固定线圈；2—定铁片；3—转轴；4—可动铁片；5—游丝；6—指针；7—阻尼片；8—平衡锤；9—磁屏蔽

圆线圈通电后,两个铁片同时被线圈磁场磁化,互相排斥而使可动铁片转动,因而指针发生偏转。所以把这种结构称为圆线圈排斥型结构。

5.1.2 工作原理

现从转动力矩的产生及其大小和偏转角与被测电流的关系来叙述电磁系测量机构的工作原理。

1. 转动力矩的产生

在扁线圈吸引型结构中,线圈通电后,其磁场将使可动铁片磁化。铁片磁化后的极性,即铁片靠近线圈侧是 N 极还是 S 极,完全由线圈中的电流方向所决定,如图 5-3 所示。由图可见,不管线圈通过的电流是什么方向,铁片的极性都是使铁片和线圈互相吸引。这是因为当线圈电流改变方向时,铁片被磁化后的极性也同时改变。因此,不管电流方向如何改变,而铁片转动力矩的方向不会改变。所以,这种测量机构不仅可以用来测量直流,也可以用来测量交流。

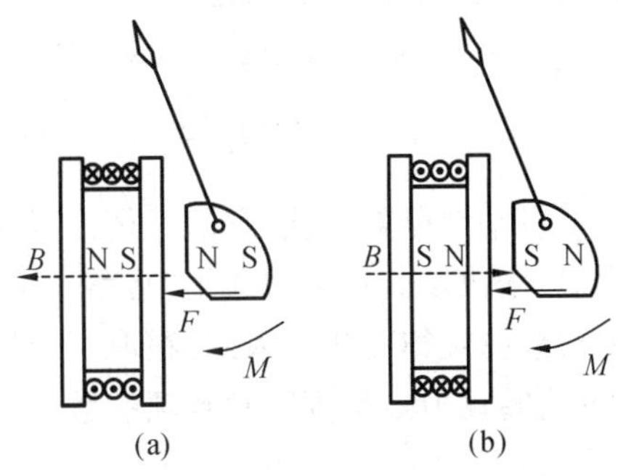

图 5-3 扁线圈吸引型测量机构的工作原理

对圆线圈排斥型结构来说,当电流通过线圈时,两个铁片顺同一磁场的方向同时被磁化,因此在两个铁片的同一侧有相同的极性,结果就产生了互相排斥的力,从而产生转动力矩推动可动铁片旋转。当线圈电流方向改变时,它所产生的磁场 B 的方向也跟着改变。这样,就使两个铁片的极性同时改变,因而仍然互相排斥,可动铁片的受力方向不变,如图 5-4 所示。可见,这种结构同样可以用于交流电路中。

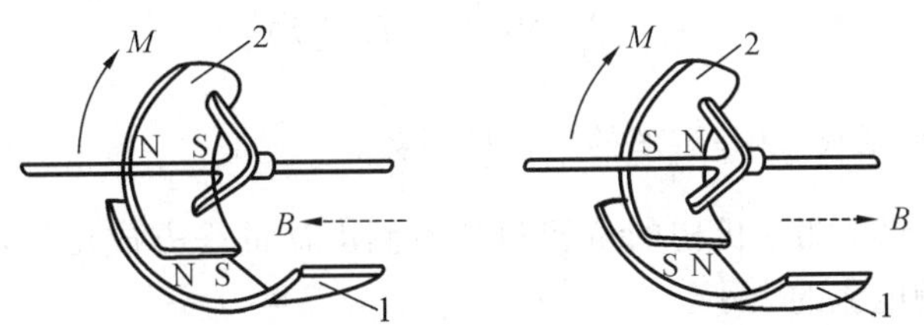

图 5-4 圆线圈排斥型测量机构的工作原理

1—固定铁片;2—可动铁片

2. 转动力矩的大小

因为电磁系测量机构的转动力矩由电磁吸力或磁铁斥力所产生,所以电流越大,磁场越强,则转动力矩就越大。

扁线圈吸引型结构中,线圈和铁片的吸引力可以看成是两个磁场互相作用的结果。一个是通电线圈的磁场,线圈的磁势 NI 越大,磁场越强,吸力就越大;一个是被磁化的铁片的磁场,如果铁片没有饱和,则线圈磁势越大,铁片磁性就越强,吸力也就越大。因此,线圈对铁片的吸引力,应与线圈磁势的平方($(NI)^2$)成正比。对于圆线圈排斥型结构也是如此,因为铁片间的排斥力取决于两个铁片各自的磁性强弱,而它们的磁性又都与线圈的磁势成正比,所以此斥力也与线圈磁势的平方成正比。由此可见,不论是扁线圈吸引型还是圆线圈排斥型,其转动力矩都与线圈磁势的平方成正比,即转动力矩为

$$M = k(NI)^2$$

式中:k 是一个系数,与线圈、铁片的尺寸、铁片的形状、材料以及线圈与铁片的相互位置有关。

当固定线圈中通入交流电流 $i=I_m\sin\omega t$ 时,作用在可动部分上的瞬时转动力矩为

$$\begin{aligned} m &= k(Ni)^2 = k[NI_m\sin(\omega t)]^2 \\ &= kN^2I_m^2\frac{1}{2}[1-\cos(2\omega t)] = k(NI)^2 - k(NI)^2\cos(2\omega t) \end{aligned}$$

由于可动部分的惯性,它的平衡位置应由瞬时转动力矩在一个周期内的平均值(即平均转动力矩)来决定。在上面式子中,第一项是常数项,不随时间改变而变化。第二项则以 2ω 的频率按余弦规律变化。因此,在取一个周期内瞬时转动力矩的平均值时,第二项的平均值为零,平均转动力矩就等于常数项的数值,即平均转动力矩为

$$M_P = k(NI)^2$$

注意,这里 I 为正弦交流电流的有效值。

3. 偏转角与被测电流的关系

当平均转动力矩 M_P 与游丝的反作用力矩 M_f 互相平衡时,有 $M_P=M_f$。由于

$$M_f = D\alpha$$

所以

$$D\alpha = k(NI)^2$$

即

$$\alpha = \frac{k}{D}(NI)^2 = K(NI)^2 \tag{5-1}$$

式中:$K=\dfrac{k}{D}$ 是一个系数;D 是游丝的反作用系数。

式(5-1)说明,电磁系测量机构的偏转角与被测电流的平方成比例,因而可以用其指针的偏转角来衡量被测电流的大小。

5.1.3 技术特性

(1) 既可用于直流,又可用于交流。铁芯采用优质导磁材料(坡莫合金)时,可制成交、直流两用的仪表。

(2) 可直接测量较大电流,过载能力强。与磁电系机构不同,电磁系测量机构中电流并不通过可动部分和游丝,而是通过固定线圈。绕制固定线圈的导线可以粗些,因此允许通过较大的电流。

(3) 结构简单,成本较低。

(4) 受外磁场的影响大。电磁系测量机构内部磁场很弱,这是因为整个磁路除铁片外

都是空气，磁阻很大。这样，外磁场对它的影响就很大，仅是地磁的影响就可造成1%的误差。因此，电磁系测量机构应有防御外磁场影响的措施。这些措施就是采用磁屏蔽或无定位结构。

图5-5为磁屏蔽原理示意图。图中测量机构1放在由硅钢片制成的屏蔽罩2内，就形成有效的磁屏蔽。这是因为屏蔽罩的磁导率很高，外磁场的磁通 $\Phi_{外}$ 大部分经由屏蔽罩通过，只有很少部分越过屏蔽进入测量机构内。屏蔽罩应由性能好的高导磁材料制成。在准确度高的仪表中，采用双层屏蔽(见图5-5)的方法，可以进一步提高屏蔽的效果。

无定位结构的仪表是由两套完全相同的线圈1和铁片2构成的，如图5-6所示。两个铁片位置相反而对称地装在转轴的两侧，两个线圈则反向串联。当被测电流通过时，两个线圈产生方向相反的磁场，但它们吸引铁片而产生的转动力矩却方向相同，所以总的工作转动力矩为两个转动力矩之和。当仪表置于均匀外磁场中时，则不管外磁场具有什么方向，某结果总是一个线圈的磁场增强，使转动力矩增大，另一个线圈的磁场削弱，使转动力矩减小，而总转动力矩保持不变。这样，外磁场对转动力矩的影响就自行抵消了。这种结构的特点是无论仪表放置什么位置，无论外磁场来自什么方向，仪表都有防御外磁场的能力，所以这种结构称为无定位结构。

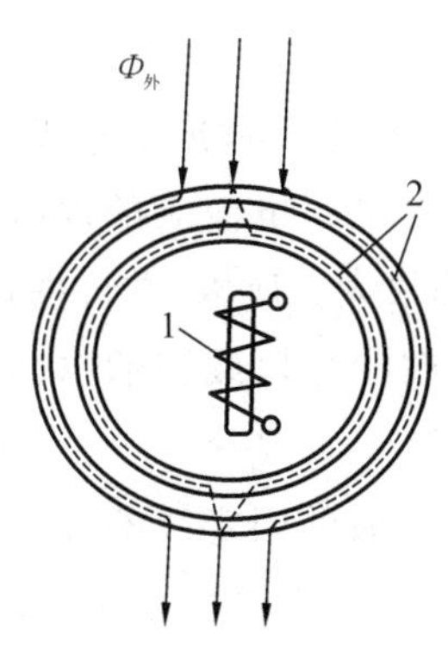

图5-5 磁屏蔽原理示意图

1—测量机构；2—屏蔽罩

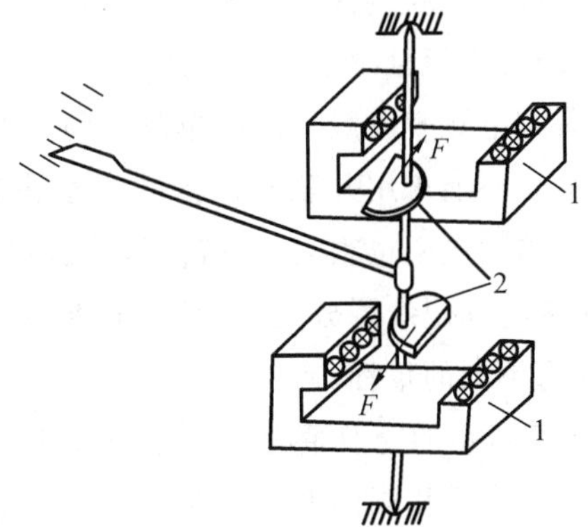

图5-6 无定位结构示意图

1—线圈；2—铁片

(5) 用于直流测量时有磁滞误差，准确度较低。磁滞误差是由铁片的磁滞现象所引起的。用于直流测量时，这种磁滞误差可能很大，而且不稳定。这是因为根据磁滞现象的特点，当被测量增加或减小，以及测量前仪表原先通过电流的方向不同时，误差均不相同。

电磁系仪表用于交流时没有磁滞误差，因为这时仪表的偏转取决于平均转矩，而铁片已被多次交变磁化了。所以，电磁系测量机构更适用于交流电流和电压的测量。总之，按有效值刻度的交流电磁系仪表不可用于直流测量，以免引起过大的误差。只有采用优质导磁材料构成的交、直流两用表，才可用于直流的测量。

(6) 标度尺刻度不均匀。电磁系测量机构的偏转角随被测电流的平方的改变而改变，因此标度尺刻度具有平方律的特性。在被测量较小时，分度很密；而被测量较大时，则分度较疏。所以使用标度尺的开始部分时，读数困难而且不准确，这就实际上缩小了仪表的测量范围。改变铁片的形状，使式(5-1)中的系数 k 的数值在偏转角小时大一些，在偏转角大时小一些，可以使标度尺刻度的不均匀情况得到改善。

综上所述，电磁系测量机构虽然在技术特性方面有许多不足之处，但具有结构简单、牢固、价格低廉、便于制造、经得起过载等独特的优点，因此得到了广泛的应用。目前，安装式交流电流表和电压表，一般都采用电磁系测量机构。随着新材料、新技术的采用，电磁系仪表在可携式仪表中也占有越来越重要的地位。此外，电磁系测量机构还可以用来制成不同用途的比率表、相位表和同步指示器等。

5.2 电磁系电流表

在电磁系测量机构中，因为电流是通过固定线圈的，所以只要加粗线圈导线，就允许通过较大的电流。因此，电磁系电流表可以直接用电磁系测量机构制成。电流表的量程越大，线圈导线就越粗，而匝数就越少。例如，量程为 200 A 的安装式电流表，其固定线圈只有一匝，用 3.53 mm×16.8 mm 的扁铜线绕制而成。直接接入电路的电磁系电流表其最大量程不超过 200 A。这是因为电流太大时，仪表附近导流线的磁场将引起仪表的误差。而且，仪表端钮和导流母线连接处接触不良时，会引起严重的发热。因此，在测量 200 A 以上的交流电流时，应与电流互感器配合使用。

安装式电流表一般都制成单量程的。而可携式电流表则常制成双量程或三量程的。电磁系电流表不能采用并联分流器的方法来扩大量程，这是因为电磁系电流表的内阻很大。要求分流器的电阻也很大，这就使得分流器的尺寸和功率消耗都很大。所以，在可携式电流表中，采取将固定线圈分段，然后用连接片、转换开关或插塞来改变分段线圈的串、并联方式，以获得不同的量程。

图 5-7 所示的为双量程电磁系电流表的原理电路。这种电流表的固定线圈分为匝数、电阻和电抗完全相同的两段。端钮之间可连接成线圈串联和线圈并联两种方式，如图 5-7(a)、(b)所示。这两种连接方式，测量机构的总安匝数都是 $2NI$（N 是每个分段线圈的匝数）。与图 5-7(a)对应的被测电流为 I，而与图 5-7(b)对应的被测电流却是 $2I$。也就是说，当采用图 5-7(b)所示的连接方式时，电流量程可扩大一倍。仪表标度尺可以按量程为 I 刻度，当量程为 $2I$ 时，只需将读数乘以 2 即可。

图 5-8 所示的是 T51-A 型 0.5 级电流表的原理电路。这种电流表是通过转换开关的换接来实现量程的转换的。当可动触头 5、6 拨在实线位置时，固定触头 1、3 接通，两组线圈串联，量程为 I。当可动触头 5、6 拨到虚线位置时，固定触头 1、2 接通，3、4 接通，两组线圈并联，量程为 $2I$。

在电磁系电流表中，为了产生仪表工作所必需的转动力矩，用来产生磁场的固定线圈的安匝数不能大小。即通过一定的电流时，匝数不能太少。因此，这种电流表的内阻较大。目前我国生产的电磁系电流表的内部压降可达几十到几百毫伏。

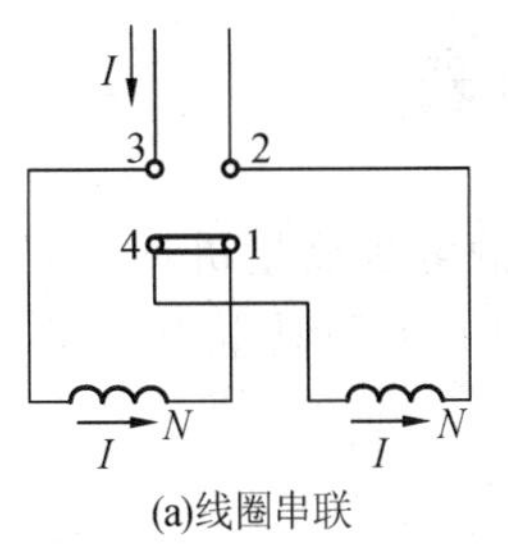

(a)线圈串联

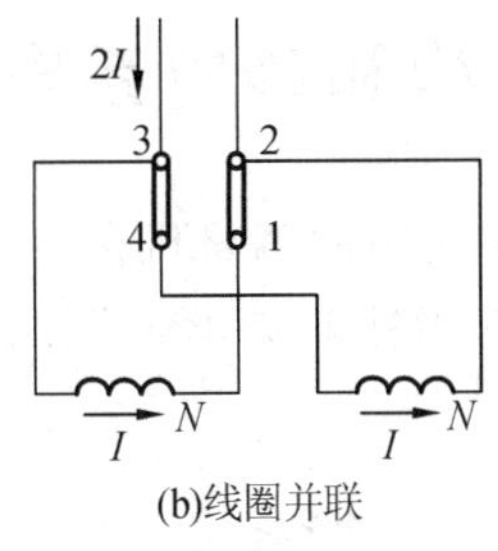

(b)线圈并联

图 5-7　双量程电磁系电流表的原理电路

(a)线圈串联；(b)线圈并联

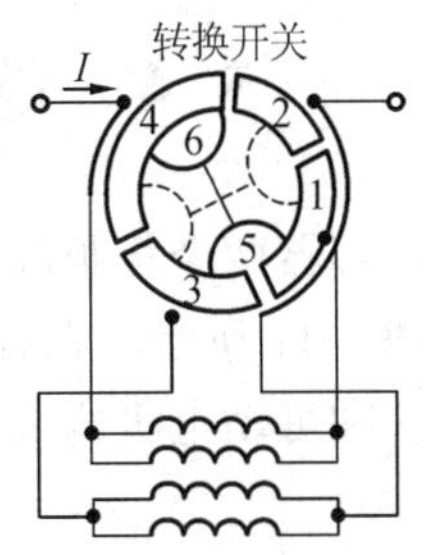

图 5-8　T51-A 型电流表的原理电路

1、2、3、4—固定触头；5、6—可动触头

5.3　电磁系电压表

电磁系测量机构串联附加电阻后，即可构成电磁系电压表。这时，固定线圈的电流较小，而为了保证必需的励磁安匝数，以获得足够的转动力矩，固定线圈的匝数就应该很多(可达几百至几千匝)，并用较细的漆包线绕成。附加电阻则用锰铜线绕制，通常附在表壳的内部。

安装式电磁系电压表也是单量程的。最大量程可以达到 600 V。测量更高的电压时，应采用电压互感器。可携式电压表通常都制成多量程的。不同的量程通过改变附加电阻的方法来实现，如图 5-9 所示。图中“ * ”号的端钮为公共端，量程 $U_2 > U_1$。

图 5-10 所示的为三量程电磁系电压表的原理电路。其特点是固定线圈分为两段，在较小量程(150 V)时只用一段，较大量程(300 V 或 600 V)时，则将两段线圈串联。此外，有些电压表还通过用转换开关或插塞来改变分段线圈和附加电阻的连接方式，以获得不同的电压量程。

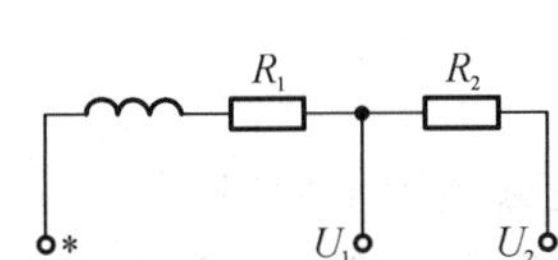

图 5-9　双量程电磁系电压表

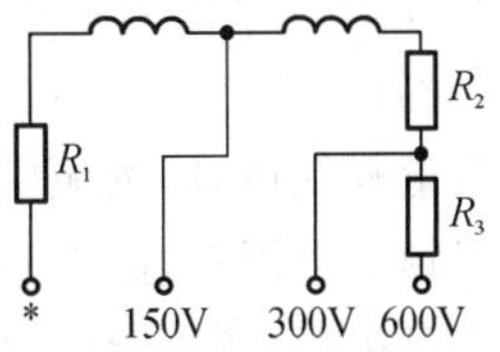

图 5-10　三量程电磁系电压表的原理电路

电磁系电压表内部磁路的磁阻较大，因此必须保证足够的励磁安匝数。由于制造上的限制，线圈的匝数总是有限的，所以电流就不能太小。这样，一定量限下的附加电阻也就不能太大。因此，电磁系电压表的内阻较小，一般只有几十欧到几百欧。这个问题对低量程的电压表来说更为突出，这是因为，按照串联温度误差补偿的要求，对于一定的附加电阻来说，测量机构的电阻是不能太大的。而低量程的电压表，附加电阻本来就较小，因而固定线圈的电阻也较小，这样，它的匝数就不能太多。这时，为了产生足够的工作转动力矩，就需要很大的工作电流。例如，T19-V 型电压表，7.5 V 量程时的满偏电流达到 500 mA。如果降低仪表的工作电流，又会造成温度误差的增大。由于这个缘故，一般不制造低量程的电磁系电压表。

5.4 静电系测量机构和静电系电压表

利用电容器两个极板间的静电作用力产生转矩的测量机构，称为静电系测量机构。它的结构如图 5-11 所示。在仪表的转轴 8 上装有指针 1、游丝 2、阻尼片 3 以及可动电极 6 等，固定电极 5 和可动电极构成一个空气电容器。

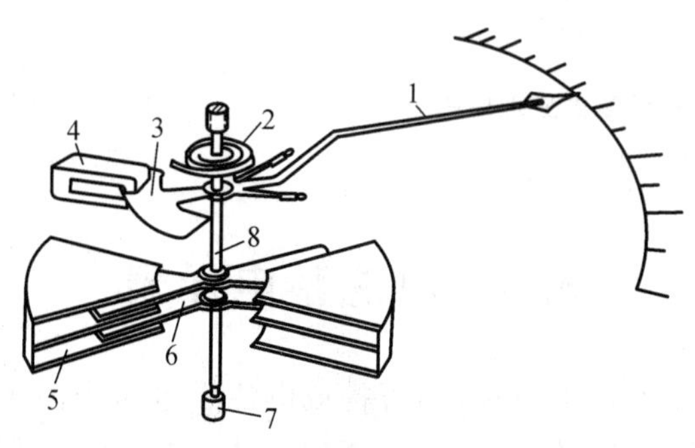

图 5-11 静电系测量机构

1—指针；2—游丝；3—阻尼片；4—阻尼磁铁；5—固定电极；6—可动电极；7—轴承；8—转轴

如果将被测的直流电压引到两个电极上，那么极板之间就要形成电场并产生静电作用力，从而使可动电极被吸引而产生偏转运动。显然，被测电压越高，静电力产生的转动力矩就越大，可动部分的稳定偏转角也就越大(可以证明，偏转角与被侧电压的平方有关)。因此，通过指针的偏转，在标度尺上可以直接指示被测电压值。

如果测量机构接入交流电压，则两个电极的电荷符号都在交替变化，但就每一个瞬间来说，两个电极上的电荷总是异号的。因此，两极间静电作用力的方向总是互相吸引的，不会改变，所以这种测量机构可以交、直流两用。

静电系电压表可直接测量几十千伏甚至更高的电压，也可以测量很低的电压，能交、直流两用，主要特性如下：

(1) 能测量有效值，因为偏转角与 U^2 成正比。

(2) 使用频率范围宽，能在直流及交流 10 Hz 至几兆赫范围上使用。

(3) 输入阻抗高，测直流时，它的电阻是绝缘通路的漏泄电阻。在测量直流或交流时，功耗都极小。

(4) 非线性标度尺，近似为平方规律，但可以用改变叶片形状等措施加以改善。

静电系仪表的转动力矩较小，因此常采用张丝支承和光标指示器的结构；受外电场的影响大，所以在仪表上都装有静电屏蔽，以消除外电场的影响。

习 题

5-1 电磁系测量机构有哪些形式，其工作原理是什么？

5-2 电磁系测量机构有何优点和缺点？

5-3 电磁系测量机构有哪些防御外磁场的措施，防护原理是什么？

5-4 电磁系测量机构的技术特性是什么？

5-5 电磁系电流表和电压表为什么既可以测量直流，又可以测量交流？

5-6 现有两块电流表，其中一块表的刻度是均匀的，另一块表的刻度是不均匀的，哪一块是电磁系仪表？哪一块是磁电系仪表？说明选择的依据。

5-7 电磁系仪表的优点之一是可以交、直流两用，为什么平时我们测量直流电时都选用磁电系仪表而不选用电磁系仪表？

5-8 如何改变多量限电磁系电流表和电压表的量限？

5-9 静电系电压表的主要特性是什么？

第 6 章　电动系与感应系仪表

内容提要：本章对电动系与感应系仪表加以介绍，具体内容包括：电动系测量机构、铁磁电动系测量机构、电动系电流表和电压表、单相电动系功率表、单相低功率因数功率表、感应系单相电能表、不同仪表的技术特性比较。

6.1　电动系测量机构

6.1.1　结构

电动系测量机构与磁电系、电磁系测量机构不同，它不是利用通电线圈和磁铁（或铁片）之间的电磁力，而是利用两个通电线圈之间的电动力来产生转动力矩的，其基本结构如图6-1所示。

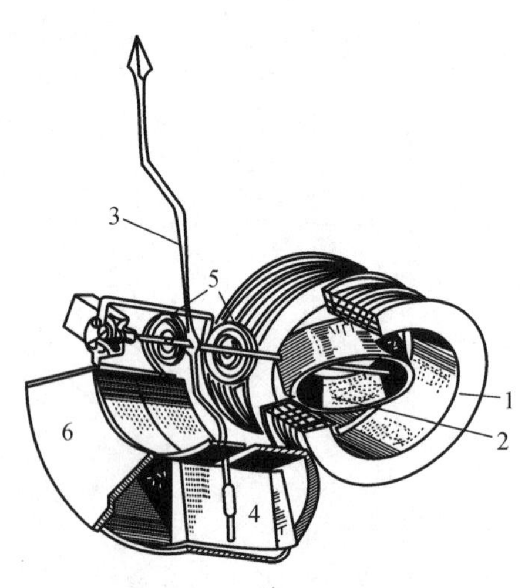

图 6-1　电动系测量机构

1—固定线圈；2—可动线圈；3—指针；4—阻尼片；5—游丝；6—阻尼盒

固定线圈 1 分为平行排列、互相对称的两部分，中间留有空隙，以便转轴可以穿过。这种结构可以获得均匀的工作磁场，并借助于两个固定线圈之间连接方式（串联或并联）的改变而得到不同的电流量程。可动部分包括套在固定线圈中心的可动线圈 2、指针 3 以及空气阻尼器的阻尼片 4 等，它们都固定在转轴上。游丝 5 用来产生反作用力矩，同时又起引导电流的作用。电动系测量机构多不采用磁感应阻尼器，以防止其漏磁对线圈磁场的影响。

6.1.2　工作原理

电动系测量机构的工作原理如图 6-2 所示，当固定线圈和可动线圈中分别通过直流电流 I_1 和 I_2 时，可动线圈将受到力矩的作用而发生偏转，这是因为通电的可动线圈正处在固定线圈产生的磁场之中。根据固定线圈电流 I_1 的方向，便可决定它的磁场 B_1 的方向。根据可动线圈电流 I_2 的方向，用左手定则便可定出力 F 的方向，由力 F 所形成的转动力矩是可动线圈的电流 I_2 和固定线圈的磁场（其磁感应强度为 B_1）相互作用产生的，那么，当电流 I_2 不变时，磁感应强度 B_1 越大，转动力矩就越大，当 B_1 不变时，电流 I_2 越大，转动力矩也越大。换言之，转动力矩 M 应与 $B_1 I_2$ 乘积成正比，即

$$M = k_1 B_1 I_2$$

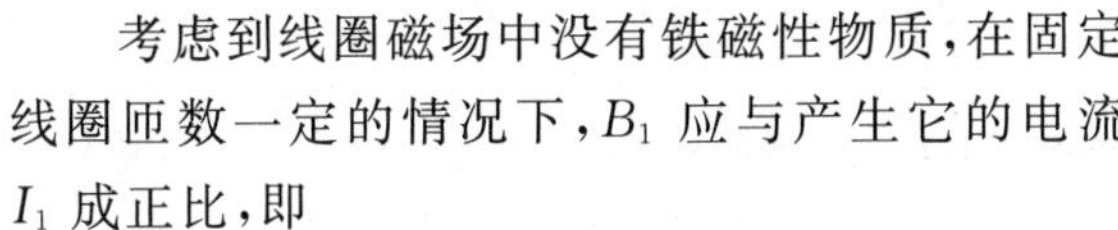

考虑到线圈磁场中没有铁磁性物质，在固定线圈匝数一定的情况下，B_1 应与产生它的电流 I_1 成正比，即

$$B_1 = k_2 I_1$$

因此，转动力矩为

$$M = k_1 k_2 I_1 I_2 = k I_1 I_2 \tag{6-1}$$

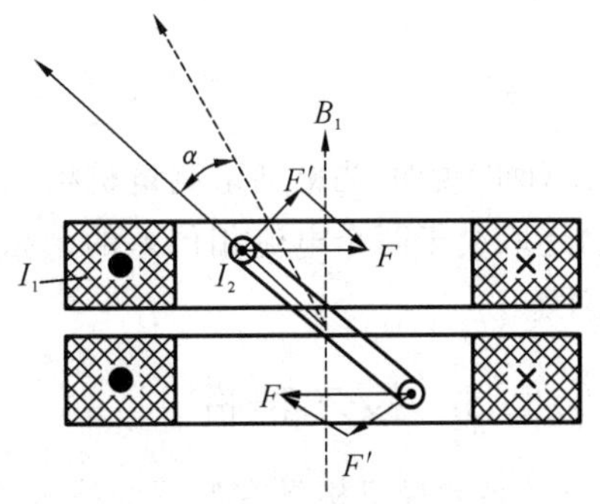

图 6-2　电动系测量机构的工作原理

式中：k 是一个系数。k 的数值不仅取决于线圈的结构和尺寸，还与偏转角 α 有关。这是因为固定线圈内的磁场并不完全均匀，当 α 变化（即可动线圈位置改变）时，磁感应强度的变化会引起转动力矩的变化。另外，从图 6-2 还可以看到，即使磁场是均匀的，造成转动力矩的力 F'（F 在线圈平面垂直方向上的分力）也将随 α 的改变而改变。所以，电动系测量机构的转动力矩不仅与电流 I_1 及 I_2 的乘积有关，还与偏转角 α 有关。

反作用力矩由游丝产生，设游丝的反作用系数为 D，则当可动部分偏转 α 时，产生的反作用力矩为 $M_f = D\alpha$。根据力矩平衡的条件，有

$$M_f = M$$

即

$$D\alpha = k I_1 I_2$$

则

$$\alpha = \frac{k}{D} I_1 I_2 = K I_1 I_2 \tag{6-2}$$

式(6-1)说明，用 α 可以衡量 I_1 和 I_2 乘积的大小。如果把固定线圈和可动线圈串联起来而流过同一电流 I，显然偏转角 α 就与此电流的平方成正比例，于是，就可测量这个电流的大小。

下面再讨论一下电动系测量机构用于交流电路时的情况。在图 6-2 中，如果同时改变电流 I_1 和 I_2 的方向，可以看出，力 F 的方向仍然不变，因而转动力矩的方向也不会改变。可见电动系测量机构也可以用于交流。

假设固定线圈通过的电流为 $i_1 = I_{1m}\sin(\omega t)$，可动线圈通过的电流为 $i_2 = I_{2m}\sin(\omega t - \psi)$，则测量机构的瞬时转动力矩为

$$\begin{aligned} m &= k i_1 i_2 \\ &= k I_{1m}\sin(\omega t) \cdot I_{2m}\sin(\omega t - \psi) \\ &= k I_{1m} \cdot I_{2m} \cdot \frac{1}{2}[\cos\psi - \cos(2\omega t - \psi)] \\ &= k I_1 I_2 \cos\psi - k I_1 I_2 \cos(2\omega t - \psi) \end{aligned}$$

考虑到仪表可动部分的惯性，偏转角 α 将取决于瞬时转动力矩在一个周期内的平均值，即平均转动力矩的大小。上式第二项在一个周期内的平均值为零，因此，平均力矩 M_P 为

$$M_P = k I_1 I_2 \cos\psi$$

式中：I_1 和 I_2 分别为通过固定线圈和可动线圈电流的有效值；ψ 为这两个电流的相位差。

根据平衡条件，$M_f = M_P$，有

$$D\alpha = k I_1 I_2 \cos\psi$$

故得

$$\alpha=\frac{k}{D}I_1I_2\cos\psi=KI_1I_2\cos\psi \tag{6-3}$$

式(6-3)说明，当电动系测量机构用于交流电路时，其可动部分的偏转角不仅与乘积 I_1I_2 有关，还取决于两个电流相位差的余弦 $\cos\psi$ 的大小，这一点和用于直流电路时是有区别的，应该注意。

6.1.3 技术特性

电动系测量机构具有如下的技术特性。

(1) 准确度高。电动系测量机构内没有铁磁性物质，所以没有磁滞误差，准确度可以高达 0.1 级。

(2) 可以交、直流两用，还可以用来测量非正弦电流(测量结果为非正弦电流的有效值)。

(3) 受外磁场的影响较大。这是因为空气的磁阻很大，测量机构内部的工作磁场很弱。

为了防御外磁场，与电磁系测量机构一样，电动系测量机构可以采用磁屏蔽和无定位结构，其基本原理和电磁系测量机构的相同。

(4) 过载能力差。因为可动线圈中的电流要靠游丝来导引，同时，整个测量机构在结构上又比较脆弱，所以过载能力比较差。

(5) 功率消耗大。为了产生工作磁场，必须保证线圈有足够大的安匝数(NI)。因此，用电动系测量机构制成的仪表，本身消耗的功率比较大。

(6) 标度尺刻度不均匀。用电动系测量机构制成的电流表和电压表，由于偏转角随两个线圈电流的乘积变化而变化，所以标度尺的刻度是不均匀的。标度尺的起始部分分度很密，读数困难。但是适当地选择线圈的形状和尺寸，可以使式(6-1)中的系数 k 在 α 较小时大一些，从而可使标度尺的不均匀程度得到改善。

需要指出，用电动系测量机构制成的功率表，其标度尺刻度是均匀的。

根据上述技术特性可知，电动系测量机构用于直流时，性能不如磁电系机构。因此，电动系测量机构多用于交流精密测量中，并可制成可携式交、直流两用的电流表和电压表。此外，电动系测量机构还更广泛地用来制成各种功率表，应用于各种电路的功率测量中。

6.2 铁磁电动系测量机构

由于电动系测量机构的工作磁场弱，易受外磁场的影响，并且产生的转动力矩很小，因而使可动部分结构比较脆弱，不耐颠震。

为了加强工作磁场，以便获得较大的转动力矩，比较有效的办法是利用铁磁材料来构成磁路，这样，就出现了把固定线圈绕在铁芯上的机构，如图 6-3 所示。这种机构称为铁磁电动系测量机构。图中铁芯一般用硅钢片叠制而成，以减小涡流和磁滞损失所引起的误差。

铁磁电动系测量机构从结构形式上看，很像磁电系测量机构，不同的只是磁电系机构中的永久磁铁被固定线圈 1 和铁芯 2 构成的电磁铁所代替而已。电磁铁两个磁极之间的圆柱形铁芯 3，以及可动线圈 4 处在其空气隙之间的方式，都与磁电系测量机构相同。由于磁路的磁阻大大减小，所以气隙的工作磁场大大增强，产生的转动力矩比电动系测量机构的大得多，而且外磁场的影响也显著地减弱了。

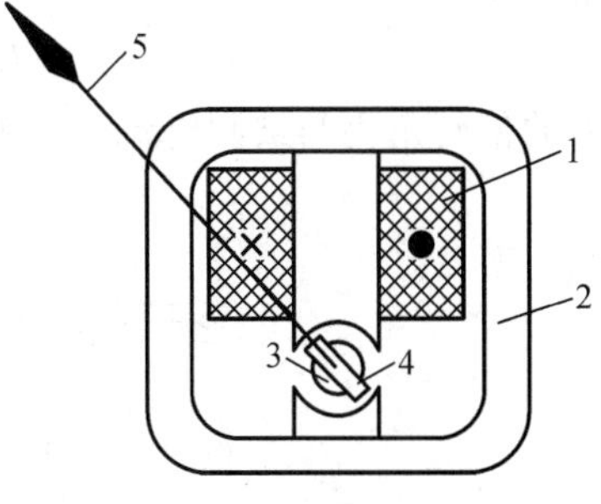

图 6-3 铁磁电动系测量机构

1—固定线圈；2—铁芯；3—圆柱形铁芯；4—可动线圈；5—指针

铁磁电动系测量机构从工作原理上看，与电动系测量机构完全相同。这两种机构转动力矩的产生从本质上说都是两个线圈磁场互相作用的结果。因此，铁磁电动系测量机构的转动力矩和偏转角的公式，具有和电动系机构的完全相同的形式。当固定线圈和可动线圈中分别通过有效值为 I_1 和 I_2、相位差为 ψ 的交流电流时，产生的平均转动力矩 M_P 为

$$M_P = kI_1I_2\cos\psi$$

而力矩平衡时的偏转角 α 为

$$\alpha = \frac{k}{D}I_1I_2\cos\psi = KI_1I_2\cos\psi$$

即偏转角 α 与两个线圈电流的有效值 I_1、I_2 及其相位差的余弦成正比。

铁磁电动系测量机构虽然具有转动力矩大、结构坚固、耐颠震和防御外磁场能力强等优点，但是，由于铁磁材料的磁滞和涡流损失造成的误差较大，所以这种测量机构的准确度较低。根据这些特性，铁磁电动系测量机构主要用来制造安装式功率表、功率因数表和频率表，以及制成在颠簸及震动条件下工作的各种仪表和要求转动力矩很大的自动记录仪表。

6.3 电动系电流表和电压表

6.3.1 电动系电流表

将电动系测量机构的固定线圈和可动线圈串联（见图 6-4(a)），即可构成电动系电流表。此时，对应于式(6-2)、式(6-3)中的 $I_1=I_2=I$，而 $\psi=0$，故偏转角为

$$\alpha = KI^2 \tag{6-4}$$

即 α 与被测电流的平方有关，其标度尺刻度具有平方律的特性。

这种线圈直接串联的电流表通常只用在 0.5 A 以下的量程中。因为被测电流要由张丝或游丝导流，而且可动线圈导线又很细，所以不宜通过较大的电流。对于量程较大的电动系电流表，应将可动线圈和固定线圈并联，或用分流器将可动线圈分流的方法来构成。并联线圈的电流表如图 6-4(b)所示，电阻 R_2 选取得较大，以限制可动线圈 2 中的电流。被测电流在两个支路中按电阻分配为

$$I_1 = \frac{R_2}{R_1+R_2}I = K_1I$$

$$I_2 = \frac{R_1}{R_1+R_2}I = K_2I$$

所以偏转角

$$\alpha = KI_1I_2 = KK_1K_2I^2 = kI^2 \tag{6-5}$$

即仪表的偏转角仍与被测电流的平方成正比例。

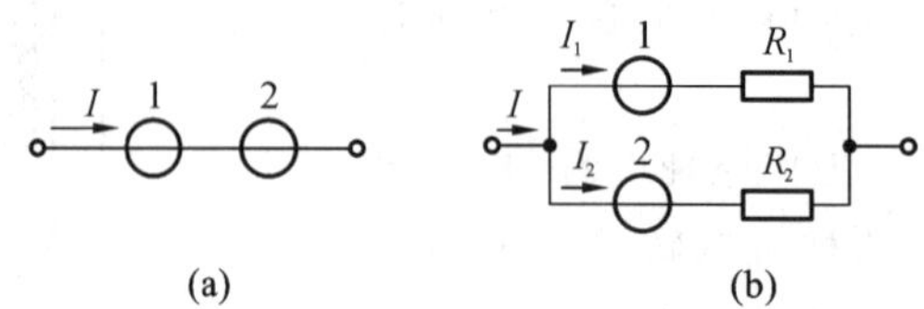

图 6-4 电动系电流表原理电路

(a)线圈串联的电路；(b)线圈并联的电路

1—固定线圈；2—可动线圈

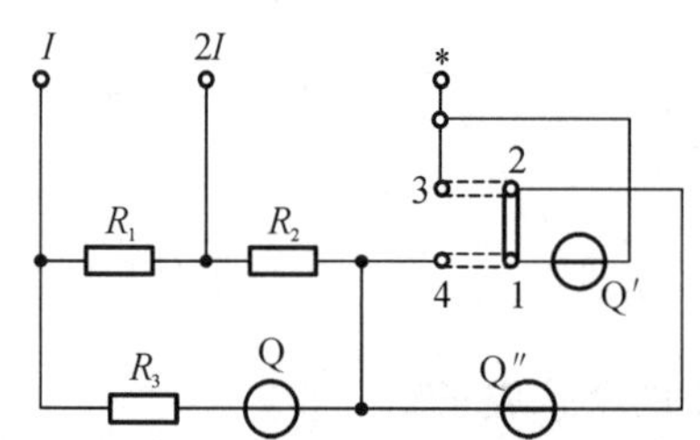

图 6-5 D26-A 型双量程电流表原理电路

电动系电流表通常制成双量程的可携式仪表，量程的变换可以通过改变线圈的连接方式和可动线圈的分流电阻来达到。图 6-5 所示的为 D26-A 型双量程电流表的原理电路。当量程为 I 时，用连接片将端钮 1 和 2 短接，此时可动线圈 Q 和电阻 R_3 串联后被并联电阻(R_1+R_2)所分流。固定线圈的两个分段 Q′和 Q″互相串联后再和可动线圈电路串联。当量程为 $2I$ 时，用连接片短路端钮 2 和 3 及 1 和 4(如图中虚线所示)，此时可动线圈 Q 和电阻(R_1+R_3)串联后被电阻 R_2 所分流，然后再与固定线圈 Q′和 Q″的并联电路相串联。

由于测量机构的磁路是空气，磁阻很大，所需的励磁安匝数很大，所以电动系电流表的线圈匝数不能太少，与电磁系电流表一样，其内阻较大，功率消耗也较大。

6.3.2 电动系电压表

将电动系测量机构的固定线圈和可动线圈串联后，再与附加电阻串联起来，就构成电动系电压表，如图 6-6(a)所示。由于线圈中电流与加在仪表两端的被测电压成正比，因此，仪表的偏转角和被测电压的平方有关，其标度尺也具有平方律的特性。

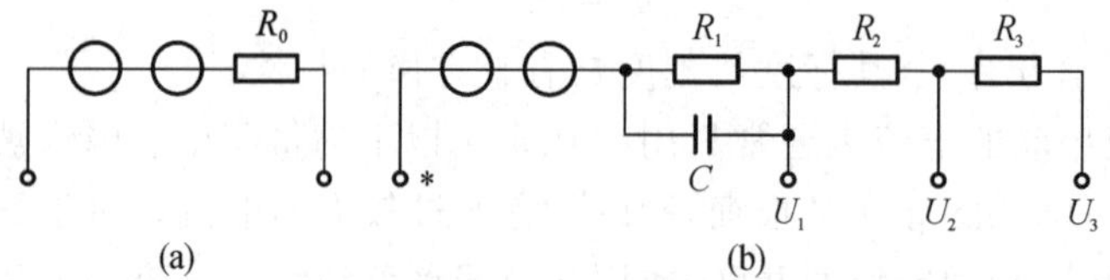

图 6-6 电动系电压表

(a)原理电路；(b)多量程电压表

电动系电压表一般制成多量程的可携式仪表，量程的变换是通过改变附加电阻来达到的。图 6-6(b)所示的为三量程电压表的电路。由于线圈存在电感，当被测电压的频率变化时，将引起内阻抗的变化而造成误差。图中与附加电阻 R_1 并联的电容 C 就是用来补偿这种频率误差的，故称 C 为频率补偿电容。接入频率补偿电容的电压表，可以用于较宽频率范围的测量。

为了保证足够的励磁安匝数，测量机构中的电流不能太小，因此电动系电压表的内阻较小，用于测量时，仪表本身的功率消耗也较大。

6.4 单相电动系功率表

6.4.1 工作原理

单相电动系功率表由电动系测量机构和附加电阻 R_{fj} 所构成，如图 6-7(a)所示。测量机构的固定线圈 A 和负载串联，测量时通过负载电流，因此称 A 为功率表的电流线圈；可动线圈 D 和附加电阻 R_{fj} 串联后，与负载并联，反映了负载的电压，故称 D 为电压线圈。电路中，功率表 W 的标准图形符号是用一个圆圈加一粗线表示其电流线圈，加另一细线表示其电压线圈，如图 6-7(b)所示。

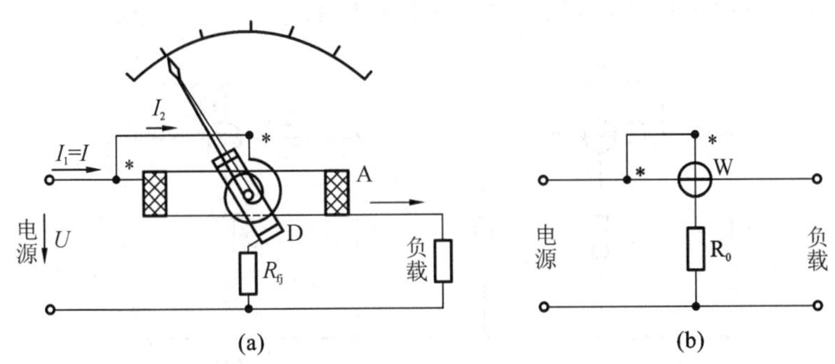

图 6-7 电动系功率表

(a)原理示意图；(b)电路图

当用于直流电路时，据式(6-2)，其偏转角应与两线圈电流 I_1 和 I_2 的乘积成正比。图中，通过固定线圈的电流 I_1 就是负载电流 I，即 $I_1=I$，通过可动线圈的电流 I_2，可以根据欧姆定律求出，即

$$I_2 = \frac{U}{R_2} = K'U$$

即与电压 U 成正比。其中，R_2 为并联电路的总电阻，即可动线圈电阻与附加电阻之和。仪表的偏转角

$$\alpha = KI_1I_2 = KIK'U = K_PP \tag{6-6}$$

即与负载的功率 $P=UI$ 成正比，其中，$K_P=KK'$。

当用于交流电路时，同样有 $I_1=I$ 和 $I_2 \propto U$。仪表的偏转角还与 $\cos\psi$ 有关，ψ 是指 $\dot{I}_1$ 和 $\dot{I}_2$ 之间的相位差。当附加电阻 R_{fj} 很大时，功率表的并联回路可以看作是纯电阻电路。这样，便可认为电流 $\dot{I}_2$ 和电压 $\dot{U}$ 同相，因而 φ 角就等于电压 $\dot{U}$ 和电流 $\dot{I}$ 的相位差，如图 6-8 所示。因此，偏转角

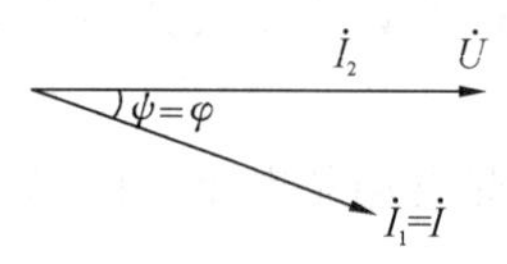

图 6-8　功率表的向量图

$$\alpha = KI_1I_2\cos\psi = KIK'U\cos\varphi = K_P P \tag{6-7}$$

即在交流电路中,偏转角与电路的有功功率成正比。

式(6-6)和(6-7)表明,电动系功率表的标度尺可以直接按功率值大小刻度,并且是均匀的。

6.4.2　功率表的接线

电动系功率表的转动力矩与两个线圈的电流方向有关,如果其中一个线圈的电流方向接反了,转动力矩就会改变方向,这时不但不能读数,甚至会将指计打弯。为了防止这一点,两个线圈对应于电流流进的端钮,都要加上"*"或"±"的标志,称为"发电机端"。功率表在接线时,应使电流和电压线圈的发电机端接到电源同一极性的端子上,以保证两个线圈的电流方向都从发电机端流入。这就是功率表接线的"发电机端守则"。

根据上述原则,功率表的正确接线有两种方式,如图 6-9 所示。两种电路的共同特点是,在所规定的正方向下,两个线圈的电流 $\dot{I}_1$ 和 $\dot{I}_2$ 都从发电机端流入,而且可动线圈和固定线圈之间的电位几乎相同。不同点是,图 6-9(a)中的电压线圈回路接在电流线圈的前面,称为电压线圈前接电路,而图 6-9(b)则是电压线圈后接电路。

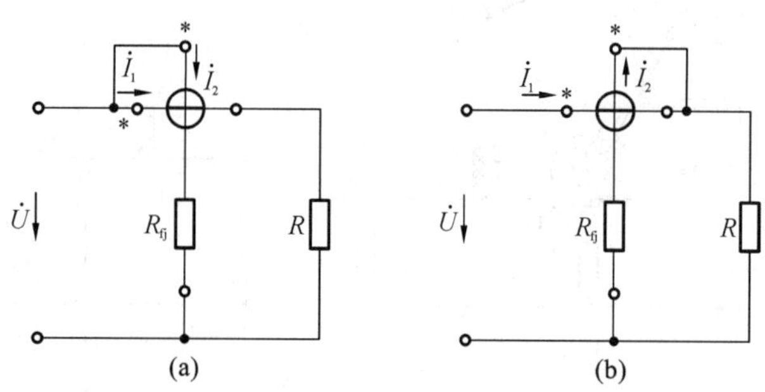

图 6-9　功率表的正确接线

(a)电压线圈前接电路;(b)电压线圈后接电路

不论是电压线圈前接或者后接方式,功率表的读数都会由于内部损耗的影响而有所增大,在一般工程测量中,被测功率要比仪表损耗大得多,仪表内部损耗对测量结果的影响甚微,可以不予考虑。此时,由于功率表电流线圈的损耗通常比电压回路的损耗小,所以常采用电压线圈前接的方式。但是,当被测功率很小时,就不能忽略仪表的功率损耗,这时应根据功率表的功率损耗值,对读数进行校正,或采取一定的补偿措施。

6.5　单相低功率因数功率表

6.5.1　低功率因数功率测量的特殊问题

在功率测量中,常遇到检测电路的功率因数很低的情况,如测量铁磁材料的损耗、变压器的空载损耗和电容器的介质损耗等。从原理上说,普通的电动系功率表也可以用于低功率因数电路的功率测量,但在实际上,存在以下问题。

(1) 读数误差大。普通功率表的标度尺是按用额定功率因数 $\cos\varphi_e = 1$ 来刻度的，仪表的满刻度值相当于被测功率 $P = U_e I_e$ 的情况。由于功率表的转动力矩和偏转角均与被测功率 $P = UI\cos\varphi$ 成正比，因此，当 $\cos\varphi$ 很小时，仪表的转动力矩和指针偏转角很小，会造成很大的读数误差。

(2) 测量误差大。由于转动力矩很小，所以仪表本身的功率损耗、摩擦等因素对测量结果的影响就较大，会造成很大的测量误差；此外，由于电动系功率表的角误差是随着 $\cos\varphi$ 的减小而增大的，所以，当被测电路的功率因数很小时，其角误差可能很大。由此可见，用普通功率表测量低功率因数电路的功率，不仅读数困难，更重要的是不能保证测量的准确性。因此，必须采用专门的低功率因数功率表。

6.5.2 低功率因数功率表的特殊结构

低功率因数功率表是一种专门用来测量低功率因数电路功率的仪表，其工作原理和普通功率表基本相同。但是，为了解决小功率下的读数问题，其标度尺应按较低的额定功率因数（通常取 $\cos\varphi = 0.1$ 或 0.2）刻度，这就要求仪表有较高的灵敏度。同时，为了在较小的转动力矩下保证仪表的准确度，在仪表的结构上还要采取以下几种误差补偿措施。

1. 采用补偿线圈

在图 6-9(b)所示的电压线圈后接的功率表电路中，功率表的读数由于包括了电压回路的功率损耗$\frac{U^2}{R_{fj}}$而造成了误差。当被测功率很小时，相对误差就会很大。为了补偿这个功率消耗，可以采用补偿线圈。补偿线圈的结构、匝数与电流线圈的完全相同，并且绕向相反地绕在电流线圈上。补偿线圈串联在功率表的电压回路中，如图 6-10 所示，因此，通过补偿线圈的电流就是电压回路的电流 $\dot{I}_2$。由 $\dot{I}_2$ 所建立的磁势 $N_1\dot{I}_2$（N_1 是补偿线圈亦即电流线圈的匝数）和电流线圈中由于通过电压回路的电流而产生的附加磁势（也是 $N_1\dot{I}_2$）大小相等，但是方向相反。这就抵消了电流线圈中因流过电压回路电流所造成的影响，从而在功率表的读数中消除了电压回路功率消耗的误差。

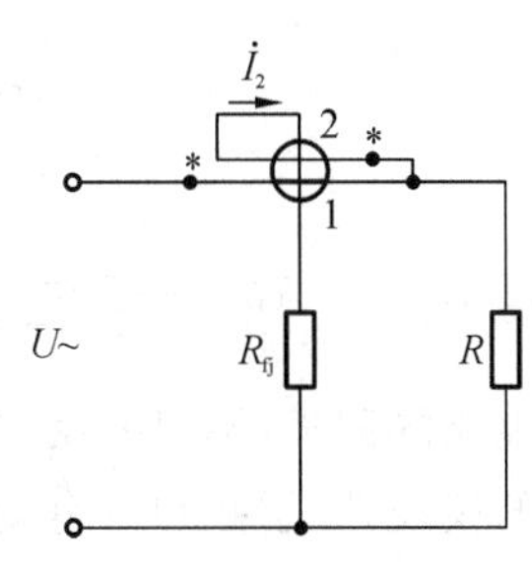

图 6-10 具有补偿线圈的低功率因数功率表

1—基本电流线圈；2—补偿线圈

2. 采用补偿电容

功率表的角误差由电压线圈的电感所引起。被测电路的功率因数越低，角误差就越大，因而不可忽视。采用了补偿电容，可消除角误差的影响。在 D34-W 型低功率因数功率表中，就采用了这种补偿电容。

3. 采用张丝支承、光标指示的结构

为了减小摩擦误差，提高灵敏度，可采用张丝支承、光标指示的结构。这样，仪表可以在较小的转动力矩下工作，并且使功率消耗大为减少。在 D5-W 型和 D37-W 型低功率因数功率表中，就采用了这样的结构。

6.5.3 低功率因数功率表的使用

（1）接线。低功率因数功率表的接线和普通功率表的相同，即应遵守发电机端守则。对具有补偿线圈的低功率因数功率表，应采用电压线圈后接的方式。

（2）读数。低功率因数功率表是在较低的额定功率因数 $\cos\varphi_e$ 下刻度的，因此，其分格常数为

$$C=\frac{U_e I_e \cos\varphi_e}{\alpha_e}(\text{W/格})$$

所以，在测量时应根据所选用的额定电压 U_e、额定电流 I_e 以及仪表上标明的额定功率因数和标度尺的满刻度格数 α_e，计算出每格瓦数 C，然后再根据指针偏转的格数，把被测功率计算出来。

此外，在实际测量中，被测电路的功率因数 $\cos\varphi$ 和功率表的额定功率因数 $\cos\varphi_e$ 不一定相同。当 $\cos\varphi>\cos\varphi_e$ 时，可能出现电压和电流未达额定值，而功率超过了仪表的功率量程的情况，可能打弯表针。因此，低功率因数功率表在 $\cos\varphi>\cos\varphi_e$ 的条件下使用时，应特别注意。

6.6 感应系单相电能表

6.6.1 感应系单相电能表的基本结构

电能的测量，不仅要反映负载功率的大小，还应反映负载的使用时间。因此，用来测量电能的仪表，除了必须具有测量功率的机构之外，还应能计算负载用电的时间，并通过积算机构把电能自动地累计出来。为了带动积算机构工作，仪表必须克服传动机构各个环节的摩擦，因此要求测量机构有较大的转动力矩。

在工程上，常采用度或千瓦时作为电能的单位。所以，测量电能的仪表称为电度表或千瓦时表。电动系测量机构构成的电动系电度表，由于结构、工艺复杂，成本很高，所以只在直流电路中使用。交流电能的测量则都采用感应系测量机构，这种测量机构利用固定的交流磁场与该磁场在可动部分的导体中所感应的电流之间的作用力而工作，具有转动力矩大，成本低的特点，制成的感应系电能表能广泛应用在电能的生产、输送和工农业生产部门以及家庭用户中。

感应系单相电能表是一种使用数量最多、应用范围最广的电工仪表，其结构示意图如图6-11所示，现将构成电能表的主要部件分述如下。

（1）驱动元件用来产生转动力矩，由电流元件1和电压元件2组成。电流元件由铁芯和绕在铁芯上的电流线圈构成。电流线圈用截面较粗的导线绕制，匝数较少，和负载串联，故又称为串联电磁铁。电压元件也由铁芯和线圈构成。电压线圈的导线截面较细，匝数较多，和负载并联，故又称为并联电磁铁。两个电磁铁的铁芯都用硅钢片叠制而成。

（2）转动元件由铝制圆盘3和固定铝盘的转轴4构成，转轴支承在上下轴承中。仪表工作时，由于铝盘上涡流和交变磁通的相互作用而产生转动力矩，驱使铝盘发生转动。

(3) 制动元件用来在铝盘转动时产生制动力矩，使铝盘转速能与被测的功率成正比，以便用铝盘的转数来反映电能的大小。用作制动元件的是永久磁铁，如图 6-11 中 5 所示。

(4) 积算机构用来计算铝盘的转数，以便达到累计电能的目的。积算机构由与转轴装成一体的蜗杆 1、蜗轮 2、齿轮 3～6 和滚轮 7 等构成，如图 6-12 所示。当铝盘转动时，通过蜗杆、蜗轮及齿轮组的传动，带动滚轮组转动。5 个滚轮(图中画出 2 个)的侧面都刻有 0 到 9 的数字，并且每个滚轮之间都按十进制进位，即第 1 个滚轮每转过 1 周，就带动第 2 个滚轮转过一个数字，而第 2 个滚轮转过 1 周时，又引起第 3 个滚轮转过一个数字，其余类推。这样，就可以通过滚轮上的数字来反映铝盘的转数，也就是所测电能的大小。但应注意，从滚轮前面的窗孔所读出来的数值，乃是电能的累积数值，即电度表开始使用以来总电能的记录。某一段时间内的电能，应等于这段时间末的读数和开始时的读数之差。

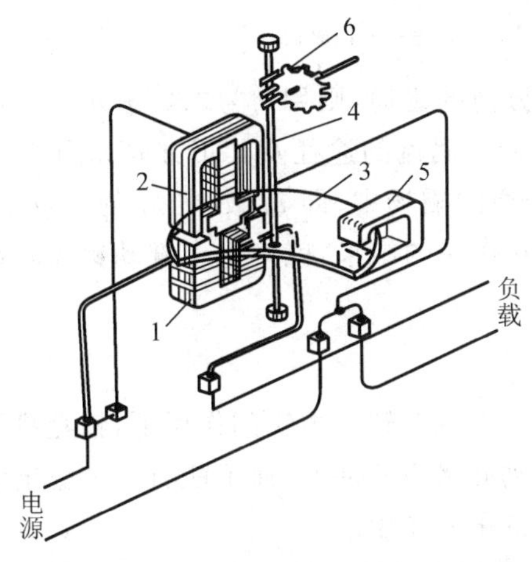

图 6-11 感应系单相电能表的结构示意图

1—电流元件；2—电压元件；3—铝制圆盘；
4—转轴；5—永久磁铁；6—蜗轮蜗杆传动机构

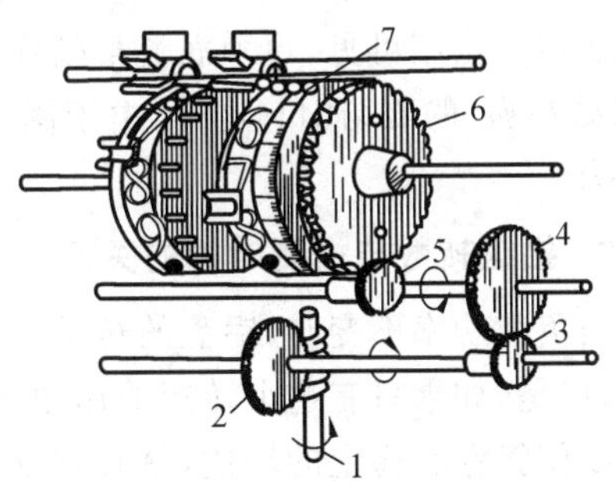

图 6-12 积算机构示意图

1—蜗杆；2—蜗轮；
3,4,5,6—齿轮；7—滚轮

6.6.2 感应系电能表工作原理

1. 电度表的电路和磁路

一般电度表的铁芯结构如图 6-13(a)所示。图中电流元件铁芯 1 和电压元件铁芯 2 之间留有空隙，以便使铝盘 3 在间隙中自由转过。电压元件铁芯上还装有由钢板冲制而成的回磁板 4。回磁板的下端伸入铝盘下部，隔着铝盘和电压元件的铁芯柱相对应，以便构成电压线圈工作磁通的回路。

电度表的电路和磁路如图 6-13(b)所示。电度表工作时，在电压 u 的作用下，电压线圈中产生电流 i_U。i_U 产生的磁通分为两部分：一部分是穿过铝盘并由回磁板构成通路的工作磁通 ϕ_U；另一部分是非工作磁通 ϕ'_U，它不穿过铝盘，而由左右铁轭构成通路。电流线圈通过电流 i 时，产生磁通 ϕ_I，该磁通上下穿过铝盘各一次，并通过电流元件而构成闭合磁路。注意：磁通和电流的正方向之间应符合右手螺旋定则。

磁通 ϕ_U 和 ϕ_I 在不同的位置穿过铝盘，并各自产生涡流 i_{eU} 和 i_{eI}，如图 6-14 所示。图中

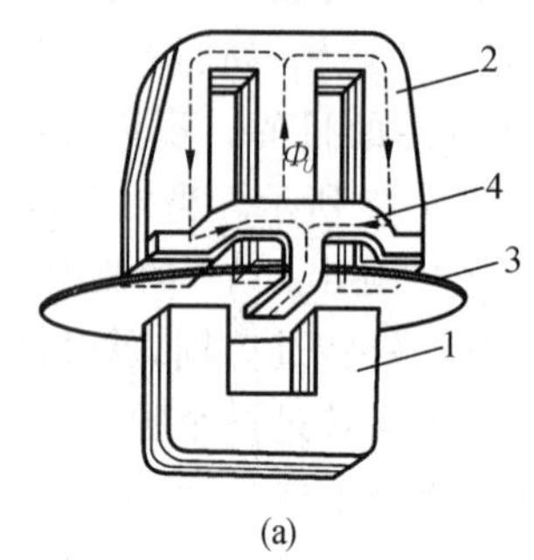

(a)

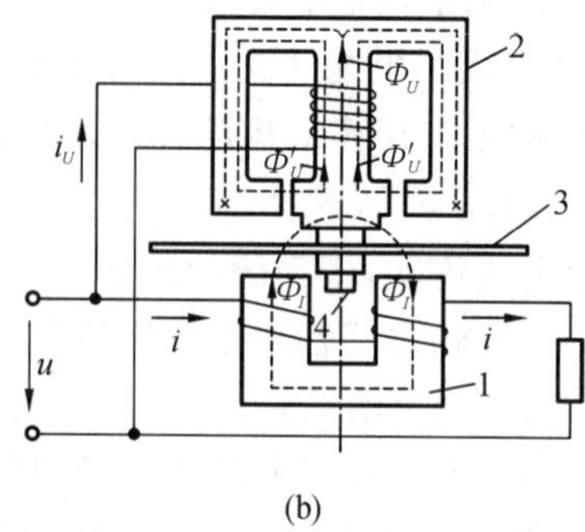

(b)

图 6-13　电度表的铁芯结构与电路和磁路

(a)铁芯结构;(b)电路和磁路

1—电流元件铁芯;2—电压元件铁芯;3—铝盘;4—回磁板

由下向上穿过铝盘的磁通,用符号"·"表示,相反方向的磁通,则用符号"×"表示。所画磁通 ϕ_U 和 ϕ_I 的方向与图 6-13(b)中从上向下看时相同。涡流的途径及其正方向如图 6-14 中虚线所示。由图可见,每个涡流都处在另外一个磁通的磁场中,即 i_{eU} 处在 ϕ_I 的磁场中,而 i_{eI} 又处在 ϕ_U 的磁场中。这样,由于涡流和磁场相互作用的结果,就产生了推动铝盘转动的电磁力。

2. 铝盘转数与被测电能的关系

当负载功率不变时,铝盘的转动力矩是一定的。在这个转动力矩的作用下,铝盘将开始转动,但是,如果只有这个转矩的作用,则铝盘的转动必将不断加速,而不能有一个稳定的转速。要使铝盘有稳定的转速,就必须依靠制动力矩的平衡作用。

为了产生制动力矩,在电度表中装设了永久磁铁作为制动元件。产生制动力矩的原理如图 6-15 所示。

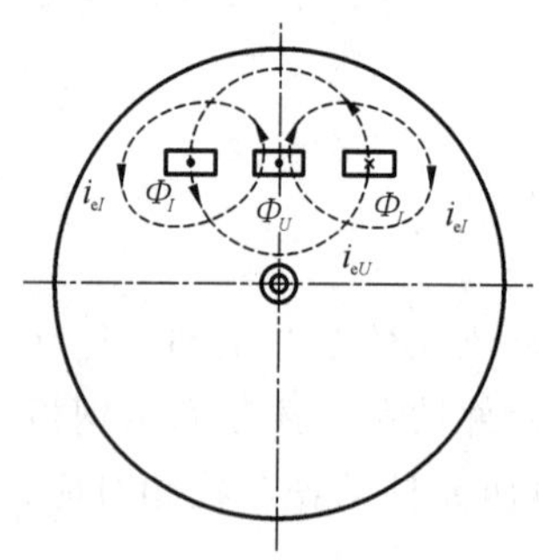

图 6-14　铝盘上的磁通与涡流

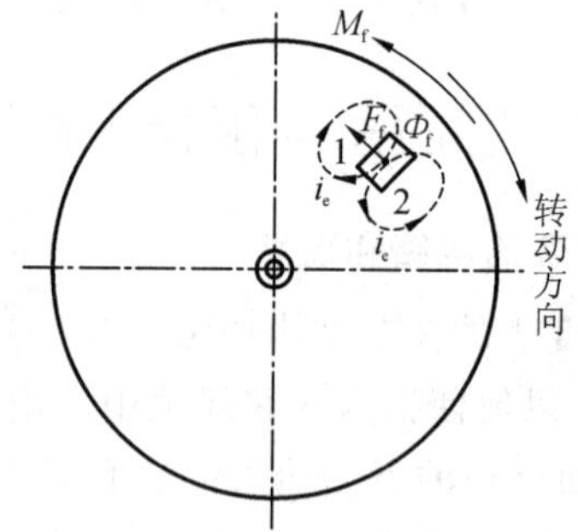

图 6-15　产生制动力矩的原理

当永久磁铁的磁通 ϕ_f 穿过铝盘时,由于铝盘转动时切割磁通而产生涡流 i_e。沿着两个任意的涡流途径,其感应电流的方向可根据楞次定律决定。对于途径 1,当铝盘顺时针方向转动时,穿过此闭合回路的永久磁铁磁通将增加,因此回路的感应电流应具有反对此磁通增加的方向,即顺时针的方向。同理,对于闭合回路 2,当铝盘转动时其磁通将减少,因而其涡流为反时针方向。但是,两个涡流在永久磁铁磁极中心位置具有相同的方向,即指向铝盘轴

心的方向。因此，根据左手定则，所产生的电磁力 F_f 正好和铝盘转动方向相反。由 F_f 产生的力矩 M_f 的方向也和转动力矩的方向相反，具有制动作用，故称制动力矩。

电度表接入电路后，在转动力矩的作用下，铝盘开始转动，随着铝盘转速的不断增加制动力矩也不断增加，直至制动力矩和转动力矩相平衡。这时，作用在铝盘上的总力矩为零，铝盘将在稳定的转速下转动。

在时间 T 内，铝盘的转数与这段时间内负载所消耗的电能成正比。因此，采用积算机构自动累计铝盘的转数，便能显示出被测电能的大小。

6.7 不同仪表的技术特性比较

为了在实际中更好地选择和使用各种指示仪表，对各种电测量指示仪表的技术特性进行比较是非常重要的。通过各方面特性比较，才能正确选择出合适的仪表。表 6-1 给出了各种常用电测量指示仪表的主要特性。

表 6-1 各种电工指示仪表的性能比较

性 能	磁电系	整流系	电磁系	电动系	铁磁电动系	静电系	感应系
测量基本量（不加说明时为电流或电压）	直流或交流的恒定分量	交流平均值（在正弦交流下刻度一般按有效值刻度）	交流有效值或直流	交流有效值或直流，交、直流功率及相位、频率等	交流有效值或直流，交、直流功率及相位、频率等	直流或交流电压	交流电能及频率
使用频率范围	一般用于直流	45～1000 Hz（有的可达 5000 Hz）	一般用于 50 Hz	一般用于 50 Hz	一般用于 50 Hz	可用于高频	一般用于 50 Hz
准确度（等级）	一般为 0.5～2.5 级，高的可达 0.1～0.05 级	0.5～2.5级	0.5～2.5级	一般为 0.5～2.5 级，高的可达 0.1～0.05 级	1.5～2.5级	1.0～2.5级	1.0～3.0级
电流量限范围	几微安到几十微安	几十毫安到几十安	几毫安到 100 A	几十毫安到几十安	—	—	几十毫安到几十安

续表

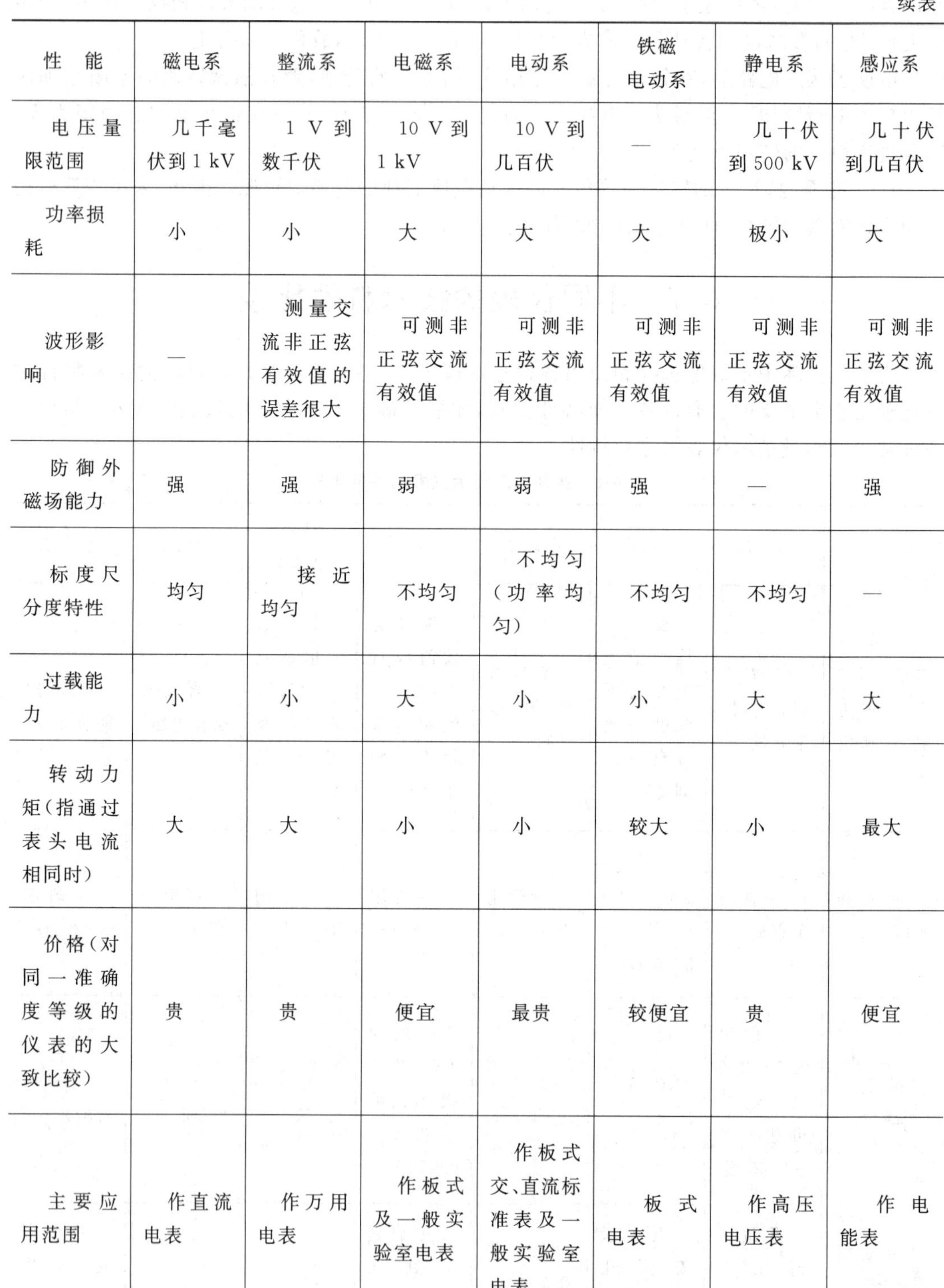

性　能	磁电系	整流系	电磁系	电动系	铁磁电动系	静电系	感应系
电压量限范围	几千毫伏到1 kV	1 V到数千伏	10 V到1 kV	10 V到几百伏	—	几十伏到500 kV	几十伏到几百伏
功率损耗	小	小	大	大	大	极小	大
波形影响	—	测量交流非正弦有效值的误差很大	可测非正弦交流有效值	可测非正弦交流有效值	可测非正弦交流有效值	可测非正弦交流有效值	可测非正弦交流有效值
防御外磁场能力	强	强	弱	弱	强	—	强
标度尺分度特性	均匀	接近均匀	不均匀	不均匀（功率均匀）	不均匀	不均匀	—
过载能力	小	小	大	小	小	大	大
转动力矩(指通过表头电流相同时)	大	大	小	小	较大	小	最大
价格(对同一准确度等级的仪表的大致比较)	贵	贵	便宜	最贵	较便宜	贵	便宜
主要应用范围	作直流电表	作万用电表	作板式及一般实验室电表	作板式交、直流标准表及一般实验室电表	板式电表	作高压电压表	作电能表

习　题

6-1　电动系测量机构主要由哪几部分组成？各部分的作用是什么？

6-2　电动系测量机构指针的偏转角与哪些因素有关？

6-3　电动系测量机构有何优点和缺点？

6-4　铁磁电动系测量机构与电动系测量机构相比有何特点？

6-5　铁磁电动系测量机构的主要用途有哪些？

6-6　电动系电流表和电压表是怎样构成的？为什么它们可以测量直流和交流？

6-7　多量限的电动系电流表和电压表的量限是怎样改变的？

6-8　用电动系测量机构可制成哪些仪表？

6-9　电动系功率表是怎样构成的？在使用时应注意哪些问题？

6-10　电动系仪表通电后，指针向反方向偏转，这是什么原因造成的？怎样排除？

6-11　电动系功率表接入电路时，什么情况下要用电压线圈前接方式？什么情况下要用电压线圈后接方式？

6-12　什么场合应该用低功率因数功率表测功率？为什么？

6-13　某功率表的准确度等级是 0.5 级，分格有 150 个。试问：(1)该表的最大可能误差是多少格？(2)当读数为 140 分格和 40 分格时的最大可能相对误差是多少？

6-14　有一电阻性负载，其额定功率 $P=200$ W，额定电压 $U=200$ V，用量程为 1 A/2 A、150 V/300 V，准确度为 0.5 级的功率表测量功率，应如何选择功率表的量程？用所选量程测量时，若 $\alpha_m=150$ DIV，指针偏转格数为 98 DIV，求负载所消耗的功率，并估算功率表的测量误差。

6-15　负载电阻分别为 $R_1=1$ kΩ，$R_2=100$ Ω，额定电压均为 200 V。若功率表电流线圈的电阻 $R_{WI}=3$ Ω，电压线圈的电阻 $R_{WV}=15$ kΩ，功率表应如何接线？测量结果中功率表内阻所引起的误差各是多少？

6-16　单相负载功率 $P=120$ W，$\cos\varphi=0.6$，电压 $U=220$ V，试问是否可用一支 0.5/1 A、75/150/300 V 的 D-26W 型功率表进行测量，量限应如何选择？

6-17　如果选用额定电压为 300 V，额定电流为 1 A，$\cos\varphi_m=0.2$，具有 150 分格的低功率因数功率表进行测量，若功率表的偏转格数为 70 格，问该负载所消耗的功率是多少？

第7章 电流、电压与功率和电能的测量

内容提要：前面各章对电流、电压、功率和电能的测量已有一定介绍，本章进一步介绍电流、电压、功率和电能的测量，具体内容包括：测量用互感器、电流和电压的测量、三相有功功率的测量、三相无功功率的测量、三相有功电能的测量。

7.1 测量用互感器

测量用互感器也称为仪用互感器，是用来变换交流电压或电流的仪器，包括用来实现电压变换的电压互感器和用来实现电流变换的电流互感器两种。

仪用互感器在电工测量中的主要作用是扩大交流电工仪表的量程。在大电流、高电压和大功率测量的情况下，采用分流器和附加电阻扩大量程的方法已不实用，因为这时分流器或附加电阻的体积及功率损耗都很大。采用仪用互感器后，就可以在功率消耗较小的情况下，用量程小的仪表去测量较大的交流量值，从而扩大了仪表的量程。此外，仪用互感器二次侧的额定电压和电流统一规定为 100 V 和 5 A，这就有利于仪表生产的标准化。

仪用互感器在电工测量中的另一个作用是使测量仪表和被测电路与高电压绝缘，以保证仪表和人员的安全。采用了仪用互感器后，仪表的绝缘水平可以降低，使其结构简化，成本降低。所以，在测量高电压电路的电流时，即使电流不大，也要使用电流互感器。

7.1.1 仪用互感器的结构和工作原理

1. 仪用互感器的结构

仪用互感器的基本结构和变压器的相同，由一个用硅钢片叠制的闭合铁芯 3 和装在铁芯上的一次侧线圈 1 及二次侧线圈 2 构成，如图 7-1 所示。电压互感器的一次侧和被测电压回路并联，所有测量仪表并联于其二次侧电压回路上，电流互感器的一次侧和被测电流回路串联，而测量仪表则串联接于其二次侧电路上。

电压互感器实际上就是一个降压变压器。所以，其一次侧线圈的匝数 N_1 远比二次侧线圈的匝数 N_2 多。电压互感器 YH 在电路中的符号如图 7-2(a)所示，一次侧端钮用符号 A 和 X 表示，二次侧端钮用符号 a、x 表示。

电流互感器实际上是一个起降流作用的变压器。所以，其一次侧线圈匝数 N_1 比二次侧线圈的匝数 N_2 少。电流互感器 LH 的符号如图 7-2(b)所示，其一次侧端钮用符号 L_1 和 L_2 表示，二次侧端钮用 K_1、K_2 表示。

2. 电压互感器的工作原理

电压互感器的工作特点是二次侧负载的阻抗很大（如电压表），因此二次侧电流 I_2 和一次侧电流 I_1 都很小，相当于变压器的空载状态。

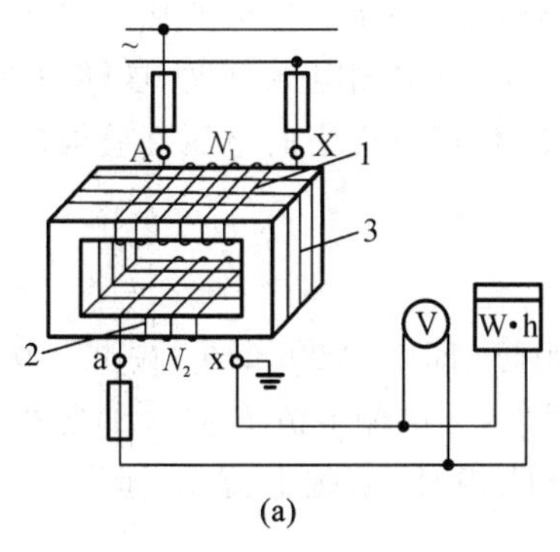

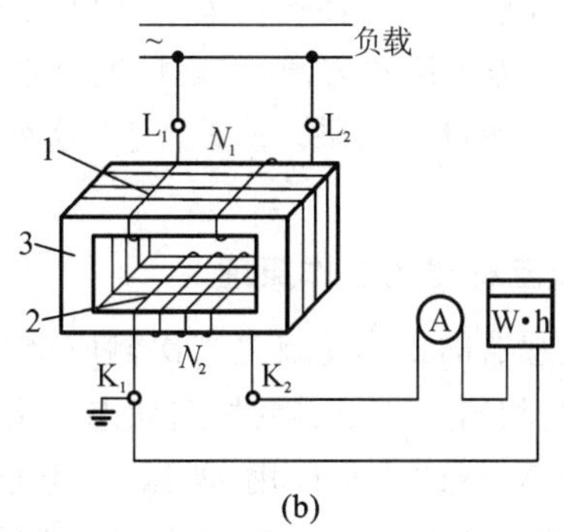

图 7-1 仪用互感器的结构和接线

(a)电压互感器及其接线;(b)电流互感器及其接线

1—一次侧线圈;2—二次侧线圈;3—铁芯

由于电流 I_1 和 I_2 很小,所以由它们产生的线圈压降就很小,互感器的工作情况与理想变压器的十分相近。因此,从数值大小上看,有

$$U_1 = E_1, \quad U_2 = E_2$$

由于 E_1 和 E_2 均由磁通 Φ 所产生,故在正弦情况下,有

图 7-2 仪用互感器的图形符号

(a)电压互感器;(b)电流互感器

$$E_1 = 4.44 f N_1 \Phi_m$$

$$E_2 = 4.44 f N_2 \Phi_m$$

式中:N_1 和 N_2 分别是一次侧和二次侧线圈的匝数;f 是电源频率;Φ_m 是磁通的最大值。

将两式相比,可得

$$\frac{E_1}{E_2} = \frac{N_1}{N_2}$$

即

$$\frac{U_1}{U_2} = \frac{N_1}{N_2}$$

也就是一次侧与二次侧的电压之比等于线圈的匝数比。因此,选择不同的匝数比,便可得到不同电压比的电压互感器。

电压互感器的一次侧额定电压 U_{e1} 与二次侧额定电压 U_{e2} 的比值,称为电压互感器的额定变压比,以 K_U 表示,则

$$K_U = \frac{U_{e1}}{U_{e2}}$$

每个电压互感器的铭牌上都标明了它的额定变压比。这样,在测量时,便可根据接在二次侧的仪表指示值,计算出一次侧被测电压的大小,方法是将仪表的读数乘以互感器的额定变压比,即折算的一次侧电压为

$$U' = K_U U_2$$

式中:U_2 为二次侧电压表的指示值。

与电压互感器配套使用的安装式电压表，其量程按互感器二次侧的额定电压来选择，一般为 100 V。为了读数方便，仪表标度尺常按互感器的一次侧电压刻度，这样便可以不经折算而直接读出测量的结果。应该注意，这种仪表必须和相应规格的电压互感器配套，才可以直接读数。

3. 电流互感器的工作原理

电流互感器的工作特点是二次侧所接的负载阻抗(如电流表)很小，因此二次侧电流 I_2 的数值很大，相当于变压器的短路状态。由于 I_2 很大，一次侧电流 I_1 产生的磁势 N_1I_1 大部分用来抵消 N_2I_2 的去磁作用，所以 I_1 也很大。与此相对，励磁电流 I_0 却很小，通常 N_1I_0 只是 N_1I_1 的 0.3%～1%。略去 N_1I_0，则近似有

$$N_1\dot{I}_1 + N_2\dot{I}_2 = 0 \tag{7-1}$$

如果只考虑大小关系，则有

$$N_1I_1 = N_2I_2$$

故得

$$\frac{I_1}{I_2} = \frac{N_2}{N_1} \tag{7-2}$$

即互感器一次侧和二次侧的电流之比与两个线圈的匝数比成反比。因此，选择不同的匝数比，便可得到不同变流比的电流互感器。

电流互感器的工作还有一个特点，就是其一次侧电流 I_1 只取决于一次侧电路的工作情况，而与二次侧负载的阻抗几乎无关。当一次侧电流一定，而二次侧负载在一定的范围内变化，如阻抗增大时，二次侧电流 I_2 有减小的趋势。但是由于一次侧电流 I_1 不变，所以随着去磁磁势 N_2I_2 的减小，必然造成励磁磁势 N_1I_0 的增加，于是磁通 Φ 以及电势 E_1、E_2 都随着增大。E_2 增大的结果使得 I_2 也增大，直到 I_2 恢复原来的数值为止。这就是说，在负载阻抗变化的一定范围内，电流 I_1 和 I_2 基本上能保持式(7-2)的比例关系。

电流互感器的一次侧额定电流 I_{e1} 与二次侧额定电流 I_{e2} 的比值，称为额定变流比，以 K_I 表示，则

$$K_I = \frac{I_{e1}}{I_{e2}}$$

额定变流比通常在电流互感器的铭牌上标明。当使用电流互感器来测量其一次侧电路的电流时，只需将接在二次侧的电流表读数乘上互感器的变流比即可，即

$$I_1' = K_I I_2$$

式中：I_2 为二次侧电流表的指示值；I_1' 为折算出的一次侧电流值。

与电流互感器配套使用的安装式电流表，其量程按互感器的二次侧额定电流选择，通常为 5 A。为了读数方便起见，电流表标度尺也常直接按一次侧电流刻度，而将配套的电流互感器的变流比注明在标度盘上。

需要指出，对电流互感器来讲，只有在励磁电流 I_0 可以忽略不计的情况下，式(7-1)才是正确的。但是，如前所述，I_0 将随二次侧阻抗的增大而增大。如果二次侧阻抗的增加超出了一定的范围，则由于 I_0 已经增大到不可忽略的地步，必将造成不能容许的测量误差，这点在使用时必须注意。另外，在极端情况下，如果电流互感器的二次侧开路(相当于阻抗无限

大)，此时 $I_2=0$，但一次侧电流 I_1 没有变。这样便有

$$N_1 I_1 + N_2 I_2 = N_1 I_0$$

所以

$$N_1 I_1 = N_1 I_0$$

即一次侧的全部电流都变成了励磁电流，于是磁通和电势都将增大到不能容许的数值，导致铁芯过热，绝缘烧毁，并在二次侧产生危险的高电压，危及人身与设备的安全。所以。在任何情况下，电流互感器的二次侧都不允许开路。

7.1.2 仪用互感器的正确使用

1. 互感器的接线原则

(1) 电压互感器的接线应遵守“并联”原则，即其一次侧应与被侧电压的电路并联，而二次侧则与所有的仪表、负载并联(见图 7-1(a))，以使所有仪表承受同一电压，即互感器二次侧电压。

(2) 电流互感器的接线应遵守“串联”原则，即其一次侧应与被测电流的电路串联，而二次侧则与所有仪表负载串联(见图 7-1(b))，以使所有仪表中通过同一电流，即互感器的二次侧电流。

(3) 对某些转动力矩和电流方向有关的仪表(如功率表、电度表等)，在接入互感器时，必须遵守仪表的“发电机端接线原则”(见第 6 章)，以使仪表和互感器连接后，仪表内电流的方向与不用互感器而直接接入时相同。为了正确地接线，在互感器的一次侧和二次侧线圈的端钮上都加以特殊的标志，以表明它们的极性。对电压互感器来说，在一次侧线圈端钮 A、X 和二次侧线圈端钮 a、x 中，A 和 a、X 和 x 是同极性端钮(同名端)；对电流互感器来说，在一次侧线圈端钮 L_1、L_2 和二次侧线圈端钮 K_1、K_2 中，L_1 和 K_1、L_2 和 K_2 是同极性端钮(同名端)。

2. 互感器的保护接地

不论是电压互感器，还是电流互感器，其二次侧线圈的一端都必须接地。这是为了防止在一次侧线圈和二次侧线圈之间绝缘损坏或击穿时，一次侧的高电压串入二次侧，危及人身与设备的安全。

3. 互感器二次侧的负载功率

电压互感器和电流互感器的准确度都是在一定的二次侧负载下才能得到保证的，如果接在二次侧的仪表消耗的功率超过了互感器二次侧的额定功率，就会使互感器的误差增大。所以，接在同一个互感器上的仪表不能太多，互感器二次侧的负载功率不应超过互感器的额定容量。

4. 电流互感器的二次侧不可开路

在工作原理中已述及，电流互感器的二次侧是不能开路的。因此在使用时，不允许在电流互感器的二次侧电路中装设熔断器。另外，在一次侧电路仍然接通的情况下，需要拆除或更换仪表时，应先将互感器的二次侧短路，以免在操作过程中造成二次侧的开路。

5. 电压互感器应有保护短路的保险器

电压互感器的一次侧、二次侧线圈都不允许短路，否则互感器将通过很大的短路电流而烧毁。因此，电压互感器的一次侧和二次侧都应装设熔断器（保险器），以防止短路事故的发生。

7.2 电流和电压的测量

7.2.1 电流的测量

为了测量一个电路中的电流，电流表必须和这个电路串联（见图 7-3(a)）。为了使电流表的接入不影响电路的原始状态，电流表本身的内阻抗要尽量小，或者说与负载阻抗相比要足够小；否则，被测电流将因电流表的接入而发生变化。

仪表的测量范围通常又称为量程。任何一只已经制成的仪表，它的量程是一定的。仪表不能在超过其量程的情况下工作，例如，量程为 5 A 的电流表，就不能用来测量超过 5 A 的电流，否则，就会造成仪表的烧毁或损坏。为了测量更大的电流，就必须扩大仪表的量程。扩大直流电流表量程的方法，通常采用分流器。分流器实际上就是一个和电流表并联的低值电阻，用 R_{fL} 表示，如图 7-3(b)所示。扩大交流电流表量程的方法，常采用电流互感器，其接线如图 7-3(c)所示。不论是分流器还是电流互感器，其作用都是使电流表中只通过和被测电流成一定比例的较小电流，以达到扩大电流量程的目的。

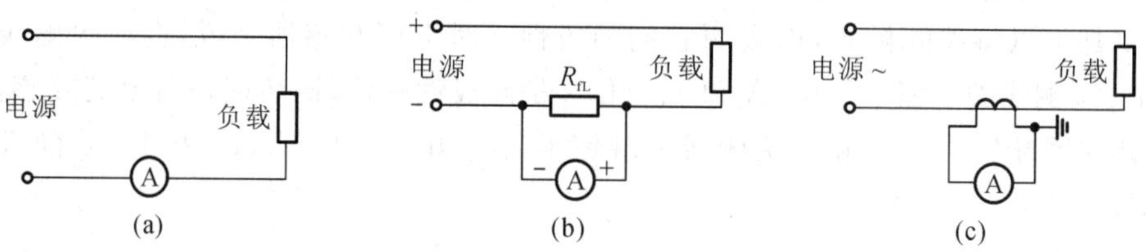

图 7-3 电流表的接线

(a)电流表的直接接入；(b)电流表与分流器并联接入；(c)交流电流表通过电流互感器接入

电流表按其量程，可分为安培表、毫安表和微安表等。检流计实际也是电流表，不过它不是用来测量电流的大小，而是用来检测电流的有无。在比较法测量中，指零仪就是由检流计构成的。

7.2.2 电压的测量

为了测量电压，电压表应跨接在被测电压的两端之间，即和被测电压的电路或负载并联，如图 7-4(a)所示。为了不影响电路的工作状态，电压表本身的内阻抗要尽量大，或者说与负载阻抗相比要足够大，以免由于电压表的接入而使被测电路的电压发生变化，形成不能允许的误差。

串联一个高值的附加电阻 R_{fj}，以及在交流电路中采用电压互感器，都可以使较高的被测电压按一定的比例变换成电压表所能承受的较低电压，从而扩大电压表的量程，其接线如

图 7-4(b)、(c)所示。

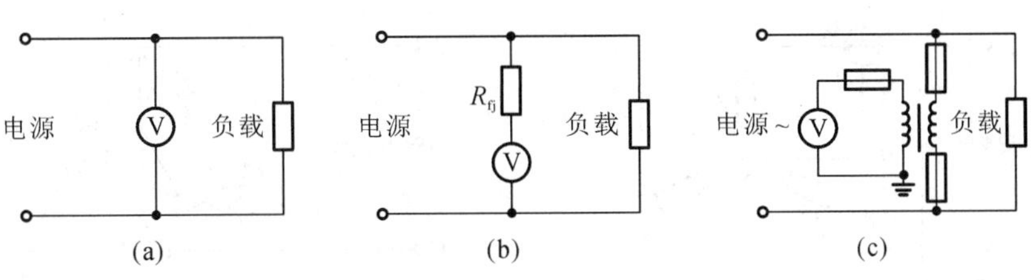

图 7-4 电压表的接线

(a)电压表的直接接入;(b)电压表通过附加电阻接入;(c)交流电压表通过电压互感器接入

电压表按量程,可分为伏特表、毫伏表等。

在直流电流和电压的测量中,由于磁电系机构具有准确、灵敏、功耗小和标度尺均匀等显著的优点,所以都采用磁电系仪表。磁电系电流表和电压表在接入电路时,要注意其端子的极性。

在交流电流和电压的测量中,安装式仪表通常采用电磁系测量机构。对铁磁电动系测量机构而言,因其可以做成偏转角为 240°的广角度安装式仪表,因此也得到应用。而交流便携式电流表和电压表,多采用电动系测量机构,以适应精密测量的要求。

7.3 三相有功功率的测量

单相有功功率的测量在第 6 章已作了介绍,这里介绍三相有功功率的测量。根据被测三相电路的性质,可以选择不同的测量方法,按照一定的测量原理还可以构成三相功率表。下面先介绍三相功率的测量方法,然后再介绍各种用途的三相功率表。

7.3.1 三相功率的测量方法

三相电路按电源和负载连接方式,可分为三相三线制和三相四线制两种系统,而每一种系统在运行时又有对称和不对称情况。不同的电路,其测量方法也不同,具体的测量方法如下。

1. 用一表法测量对称三相电路的有功功率

对于对称的三相三线制电路,利用一只单相功率表测量其任意一相的功率,然后将读数乘以 3,便可得到三相电路的总功率。对星形负载的电路,接线如图 7-5(a)所示;对三角形负载的电路,接线如图 7-5(b)所示。

如果星形负载电路的中点不便于接线,或三角形负载不能断开时,则可采用图 7-6 所示的人工中性点方法将功率表接入。使用时要注意:两个附加电阻 R_0 应与功率表电压支路的总电阻相等,从而使人工中性点电位为零。

2. 用两表法测量三相三线制电路的有功功率

1) 一般情况

在三相三线制电路中,可以用图 7-7(a)所示的两表法来测量它的功率。其三相总功率

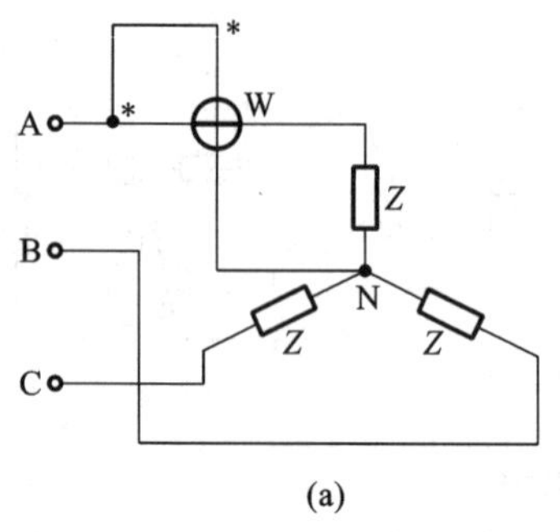

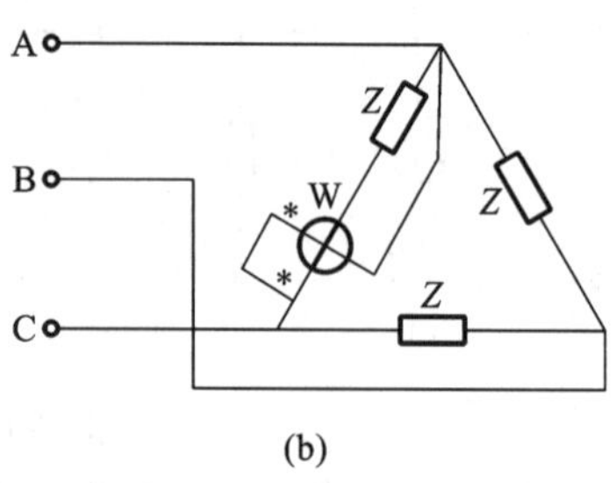

图 7-5　一表法测量对称三相电路的有功功率

(a)星形对称负载接法；(b)三角形对称负载接法

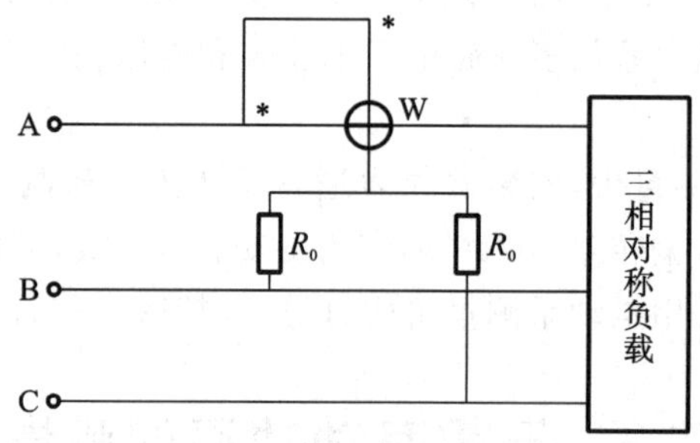

图 7-6　应用人工中点的一表法接线

P 为两个功率表的读数 P_1 和 P_2 的代数和，即 $P=P_1+P_2$，图 7-7(b)是对称情况下这种接线方法的相量图。

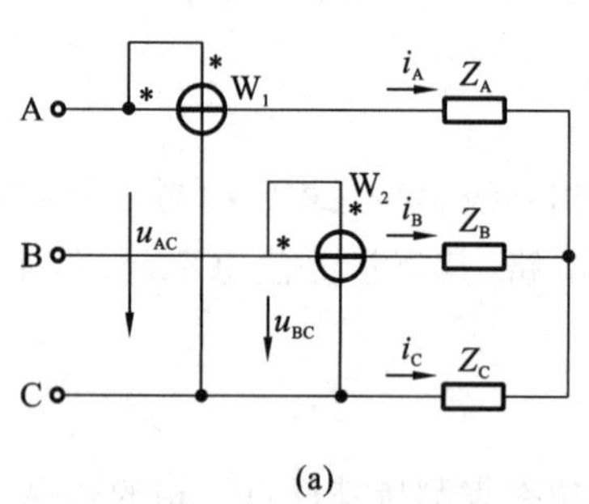

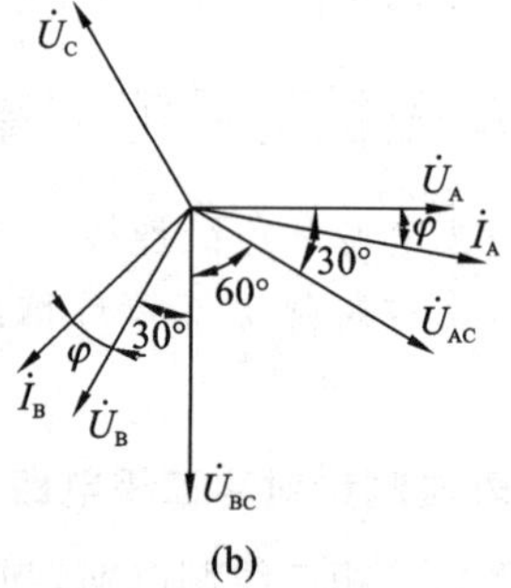

图 7-7　两表法测量三相三线电路有功功率的接线图与相量图

在图 7-7(a)中，功率表 W_1 的电流线圈串联接入 A 相，通过线电流 I_A，电压支路的发电机端也接在 A 相。而电压支路的非发电机端接至 C 相，这样加在功率表 W_1 上的电压为 U_{AC}。功率表 W_2 的电流线圈接在 B 相，通过线电流 I_B，电压支路发电机端也接在 B 相，非发电机端也接在 C 相，这样加在功率表 W_2 上的电压为 U_{BC}。在这样的连接方式下，可以证明两个功率表的读数之和就是三相电路的总功率。

根据功率表的工作原理，可知两功率表的读数分别为

$$\begin{cases} P_1 = \mathrm{Re}[\dot{U}_{AC} I_A^*] = U_{AC} I_A \cos(\varphi_{u_{AC}} - \varphi_{i_A}) \\ P_2 = \mathrm{Re}[\dot{U}_{BC} I_B^*] = U_{BC} I_B \cos(\varphi_{u_{BC}} - \varphi_{i_B}) \end{cases}$$

两功率表的读数之和为

$$P_1 + P_2 = \mathrm{Re}[\dot{U}_{AC} I_A^*] + \mathrm{Re}[\dot{U}_{BC} I_B^*] = \mathrm{Re}[\dot{U}_{AC} I_A^* + \dot{U}_{BC} I_B^*]$$

因为 $\dot{U}_{AC} = \dot{U}_A - \dot{U}_C, \dot{U}_{BC} = \dot{U}_B - \dot{U}_C, I_A^* + I_B^* = -I_C^*$，代入上式有

$$P_1 + P_2 = \mathrm{Re}[\dot{U}_A I_A^* + \dot{U}_B I_B^* + \dot{U}_C I_C^*] = \mathrm{Re}[\overline{S}_A + \overline{S}_B + \overline{S}_C] = \mathrm{Re}[\overline{S}] \tag{7-3}$$

可见，两个功率表读数之和为三相三线制电路中负载吸收的平均功率。

2）电路对称

若电路对称，令 $\dot{U}_A = U_P \angle 0°, \dot{I}_A = I_P \angle -\varphi$，则 $\dot{U}_{AC} = \sqrt{3} U_P \angle -30°, \dot{U}_{BC} = \sqrt{3} U_P \angle -90°$，$\dot{I}_B = I_P \angle (-120° - \varphi)$，如图 7-7(b)所示，则有

$$\begin{cases} P_1 = \mathrm{Re}[\dot{U}_{AC} I_A^*] = U_{AC} I_A \cos(-30° + \varphi) = U_l I_l \cos(\varphi - 30°) \\ P_2 = \mathrm{Re}[\dot{U}_{BC} I_B^*] = U_{BC} I_B \cos(-90° + 120° + \varphi) = U_l I_l \cos(\varphi + 30°) \end{cases} \tag{7-4}$$

式中：U_l 为线电压；I_l 为线电流；φ 为负载的阻抗角。可得对称三相三线制电路的总功率为

$$P = P_1 + P_2 = U_l I_l \cos(\varphi - 30°) + U_l I_l \cos(\varphi + 30°) = \sqrt{3} U_l I_l \cos\varphi$$

另外，因对称三相三线制电路的无功功率为

$$Q = \sqrt{3} U_l I_l \sin\varphi$$

故式(7-3)也可写为

$$\begin{cases} P_1 = U_l I_l \cos(\varphi - 30°) = \dfrac{\sqrt{3}}{2} U_l I_l \cos\varphi + \dfrac{1}{2} U_l I_l \sin\varphi = \dfrac{1}{2} P + \dfrac{1}{2\sqrt{3}} Q \\ P_2 = U_l I_l \cos(\varphi + 30°) = \dfrac{\sqrt{3}}{2} U_l I_l \cos\varphi - \dfrac{1}{2} U_l I_l \sin\varphi = \dfrac{1}{2} P - \dfrac{1}{2\sqrt{3}} Q \end{cases} \tag{7-5}$$

所以可有

$$Q = \sqrt{3}(P_1 - P_2) \tag{7-6}$$

可见，电路对称时，用“两表法”不仅能得到三相有功功率，还可得到三相无功功率。

3）讨论

实际上，不管电路是否对称，用两表法都可测出三相三线制电路的有功功率，因为导出式(7-3)时，并无电路对称性的要求，只有 $i_A + i_B + i_C = 0$ 的要求。因三相四线制电路不满足 $i_A + i_B + i_C = 0$ 这一要求，故“两表法”不适用于三相四线制不对称电路。不过，因三相四线制对称电路满足 $i_A + i_B + i_C = 0$ 的要求，故可用“两表法”测三相有功和无功功率。

现在来看看负载的阻抗角 φ 对两功率表读数的影响，以对称电路为例进行讨论。

电路对称时，从式(7-4)可以看出，两个功率表的读数与负载的功率因数之间存在着确定的关系：

(1) 如果负载为纯电阻性的，$\varphi = 0$，则两功率表的读数相等。

(2) 如果负载的功率因数等于 0.5，即 $\varphi = \pm 60°$，这时将有一个功率表的读数等于零。

(3) 如果负载的功率因数低于 0.5，$|\varphi| > 60°$，这时将有一个功率表的读数为负值。也就是说，在这种情况下，有一个功率表将出现反转。

由上可知，用两个功率表测量三相电路的功率时，有可能其中一个功率表出现读数为零

或负值的情况。针对读数为负值的情况，必须把该功率表的电流线圈的两个端钮对调反接，这时，该功率表的读数实为负值，故三相电路的总功率等于两个功率表读数之差。了解到这一点，我们就可以做到心中有数和有把握地去进行测量。

应用两表法测量三相三线制的有功功率时，应注意两点：

(1) 接线时应使两只功率表的电流线圈串联接入任意两线，使其通过的电流为三相电路的线电流，两只功率表的电压支路的发电机端必须接至电流线圈所在线，而另一端则必须同时接至没有接电流线圈的第三线。

(2) 读数时必须把符号考虑在内，当负载的功率因数大于 0.5 时，两功率表读数相加即是三相总功率；当负载的功率因数小于 0.5 时，将有一只功率表的指针反转，此时应将该表电流线圈的两个端钮反接，使指针正向偏转，该表的读数应计为负值，三相总功率即是两表读数之差。

3. 用三表法测量三相四线制的有功功率

在三相四线制电路中，不论其对称与否，都可以利用三只功率表测量出每一相的功率，然后将三个读数相加即为三相总功率，三表法的接线如图 7-8 所示。

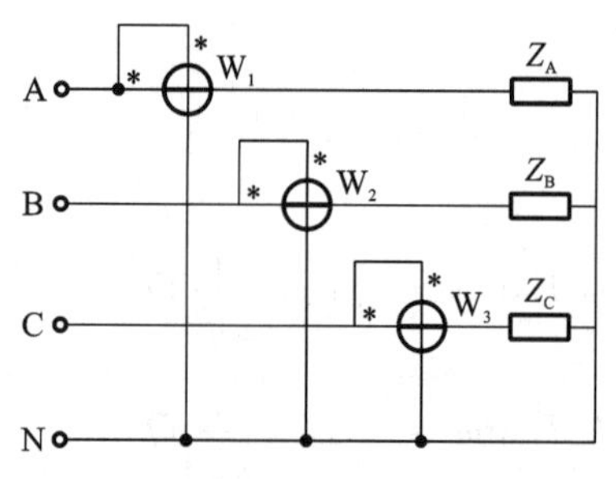

图 7-8　三表法测量三相四线制电路的有功功率接线图

7.3.2　三相有功功率表

三相有功功率表每个元件的工作原理与单相功率表的相同，在结构上分为“二元件三相功率表”和“三元件三相功率表”。

1. 二元件三相功率表

根据两表法原理就可构成二元件三相功率表，二元件三相功率表有两个独立单元，每一个单元就是一个单相功率表，这两个单元的可动部分机械地固定在同一转轴上。因此，用这种仪表测量时，其读数取决于这两个独立单元共同作用的结果。这种二元件三相功率表适用于测量三相三线制交流电路的功率。二元件三相功率表的内部线路如图 7-9 所示，对外有 7 个接线端钮，外部接线如图 7-10 所示。

接线时应遵循下列两条原则：两个电流线圈 A_1、A_3 可以任意串联接入被测三相三线制电路的两线；使通过线圈的电流为三相电路的线电流，同时应注意将“发电机端”接到电源侧。两个电压线圈 B_1 和 B_3 通过 U_1 端钮和 U_3 端钮分别接至电流线圈 A_1 和 A_3 所在的线上，而 U_2 端钮接至三相三线制电路的另一线上。

2. 三元件三相功率表

三元件三相功率表是根据三表法原理构成的，它有三个独立单元，每一单元就相当于一个单相功率表，三个单元的可动部分都装置在同一转轴上。因此，它的读数就取决于这三个单元的共同作用。三元件三相功率表适用于测量三相四线制交流电路的功率。

三元件三相功率表的面板上有 10 个接线端钮，其中电流端钮 6 个、电压端钮 4 个。接线时应注意将接中性线的端钮接至中性线上；三个电流线圈分别串联接至三根相线中；而三个电压线圈分别接至各自电流线圈所在的相线上，如图 7-11 所示。

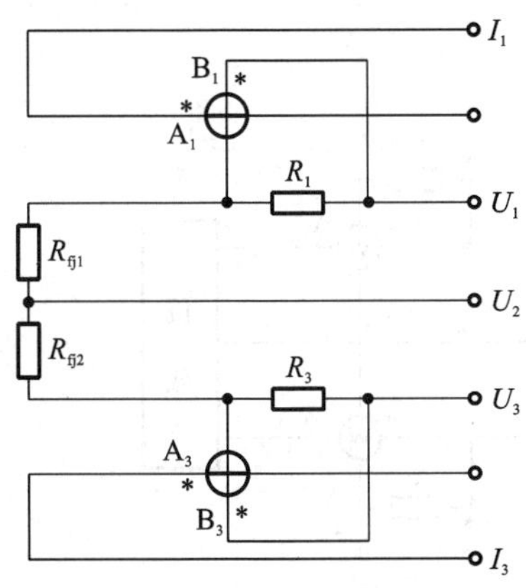

图 7-9 二元件三相功率表的内部线路

A_1，A_3—电流线圈；B_1，B_3—电压线圈；

R_{fj1}，R_{fj2}—附加电阻；R_1，R_3—电压线图分流电阻

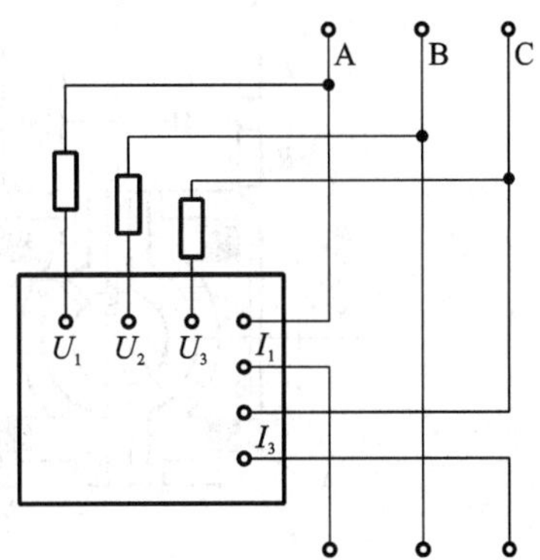

图 7-10 二元件三相功率表的外部接线图

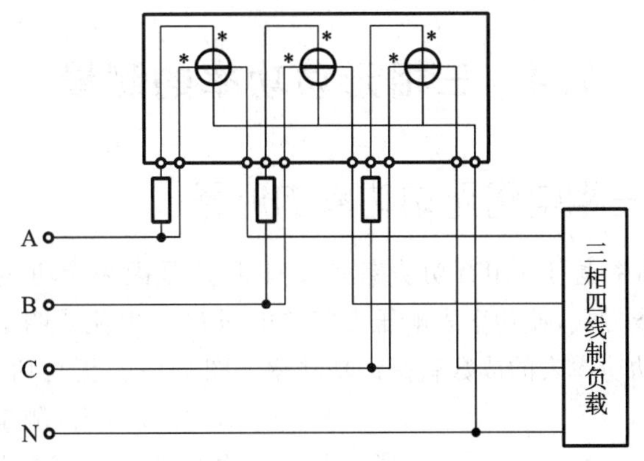

图 7-11 三元件三相功率表的接线

3. 铁磁电动系三相功率表

安装式三相有功功率表通常采用铁磁电动系测量机构，并制成两元件，如图 7-12(a)所示，其工作原理与两表法原理一样。它是由两套结构完全相同的元件构成，其中右侧元件由固定线圈 A_1、可动线圈 D_1 构成，E 形铁芯 1 和弓形铁芯 2 构成其磁路部分，R_1、R_2 串联后成为可动线圈的分压电阻，C_1 为补偿电容，用来补偿由于电压线圈的电感以及铁芯损耗所引起的误差。左侧元件在结构上与右侧元件的完全相同，但为了减少外磁场的影响，固定线圈 A_2 的绕向应与 A_1 的绕向相反。另外，电压支路分压电阻的接法与一般电动系功率表的不同，它们靠近电压支路的发电机端，若以 R_V 表示 R_1 和 R_3，其测量电路如图 7-12(b)所示。这样接线的好处是两个可动线圈的一端直接接到公共 V 相上，它们之间的电位差很小，绝缘要求低，便于制造。这种接法虽然使可动线圈与固定线圈之间存在较高的电位差，但是，利用铁芯与公共 V 相直接连接后的屏蔽作用，可以消除静电对仪表的影响。

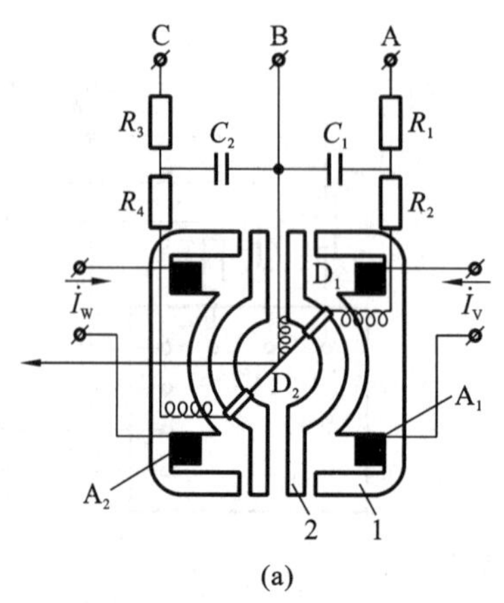

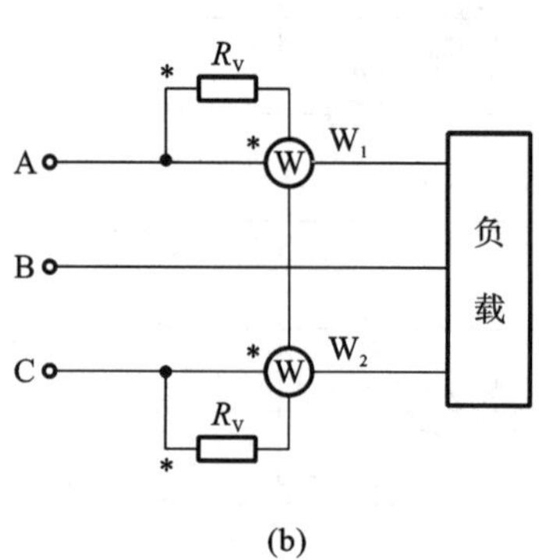

图 7-12　铁磁电动系三相功率表

(a)结构;(b)接线

1—铁芯;2—弓形铁芯

7.4　三相无功功率的测量

7.4.1　对称三相电路无功功率的测量

交流电路的无功功率也可以用有功功率表来测量,这是因为无功功率 $Q=UI\sin\varphi=UI\cos(90°-\varphi)$,如果改变接线方式,使功率表电压支路的电压 U 与电流线圈中的电流 I 之间的相位差为$(90°-\varphi)$,这时有功功率表的读数就是无功功率。图 7-13 是无功功率的测量原理相量图。

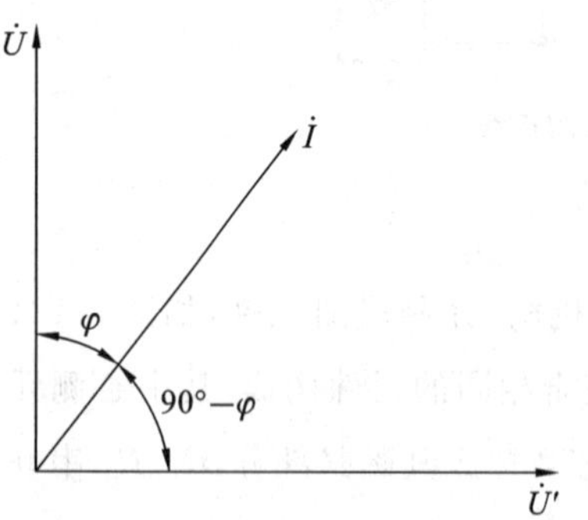

图 7-13　无功功率的测量原理相量图

从图 7-13 可以看出,测量有功功率时,加在电压支路上的电压为 U,而测量无功功率时,就应该在电压支路上加上电压 U'。在对称三相电路中,由电工学的知识可知,线电压 U_{BC} 与相电压 U_A 之间恰有 90°的相位差,也就是 U_{BC} 与 A 相电流 I_A 之间有$(90°-\varphi)$的相位差,如图 7-14(b)所示。如果将图 7-14(a)所示的单表法测量三相有功功率的线路中单相功率表的接线改为图 7-15(a)所示的电路,则加在电压支路上的电压为 U_{BC},它正好与 A 相中的线电流 I_A 相差$(90°-\varphi)$,此时,功率表的读数为

$$Q' = U_{BC}I_A\cos(90° - \varphi) = U_{BC}I_A\sin\varphi$$

而三相负载的电路中,无功功率为

$$Q = \sqrt{3}UI\sin\varphi$$

比较上述两式可知,只要把上述功率表的读数 Q' 乘以$\sqrt{3}$,就得到对称负载三相电路的总无功功率。

由式(7-6)可知,对称三相电路的总无功功率也可用两表法测得。

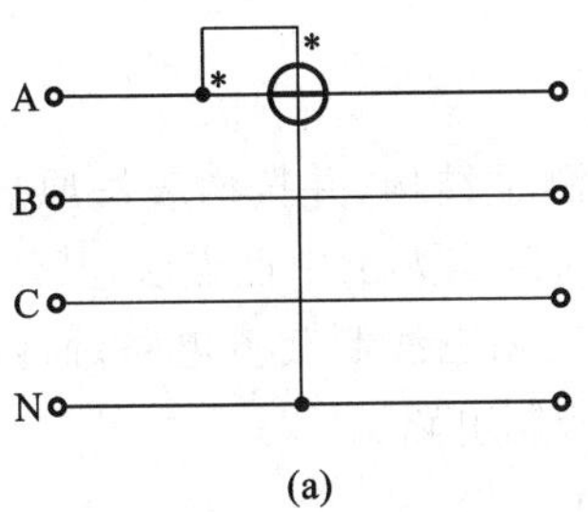

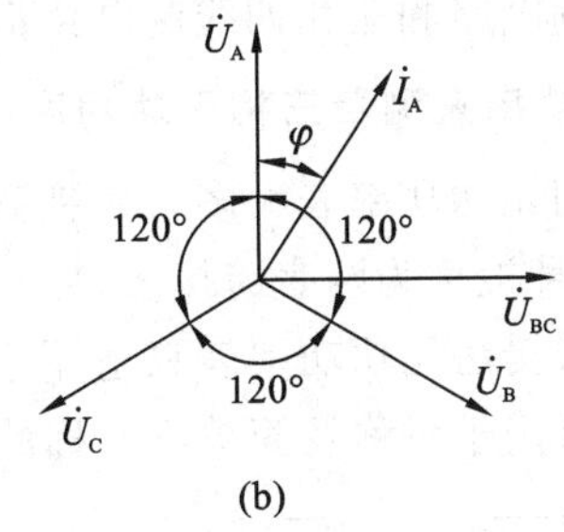

图 7-14 测量三相有功功率的接线图和相量图

(a)接线图;(b)相量图

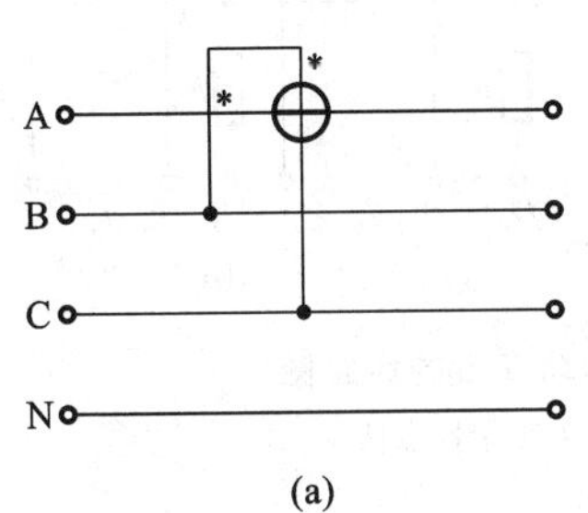

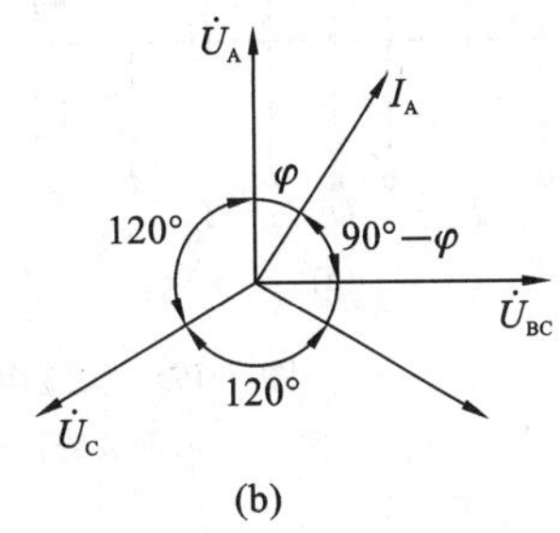

图 7-15 测量三相无功功率的接线图和相量图

(a)接线图;(b)相量图

7.4.2 不对称三相电路无功功率的测量

不对称三相电路无功功率的测量方法很多,这里介绍最常用的两种。

1. 用三个有功功率表测量三相无功功率

用三个有功功率表测量三相无功功率,接线如图 7-16 所示。该方法适用于电源电压对称,而负载对称或不对称的情况。

在这种方法中,每一只单相功率表所测得的无功功率分别为

$$Q_1 = U_{BC} I_A \cos(90^\circ - \varphi_A) = \sqrt{3} U_A I_A \sin\varphi_A = \sqrt{3} Q_A$$

$$Q_2 = U_{CA} I_B \cos(90^\circ - \varphi_B) = \sqrt{3} U_B I_B \sin\varphi_B = \sqrt{3} Q_B$$

$$Q_3 = U_{AB} I_C \cos(90^\circ - \varphi_C) = \sqrt{3} U_C I_C \sin\varphi_C = \sqrt{3} Q_C$$

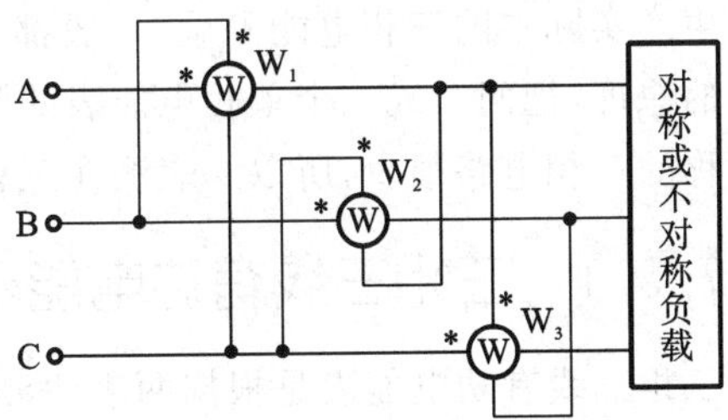

图 7-16 三块有功功率表测三相无功功率

故总的无功功率为

$$Q = Q_A + Q_B + Q_C = \frac{1}{\sqrt{3}}(Q_1 + Q_2 + Q_3)$$

由此可见,只要把三个表的读数相加后除以$\sqrt{3}$,就得到三相电路总的无功功率。这一结

论对三相三线制电路和三相四线制电路都适用。

2. 用无功功率表测量三相无功功率

安装式三相无功功率表大多采用铁磁电动系测量结构，并按两表法原理构成。常见的有两种线路：一种被称为两表跨接法；另一种被称为两表人工中性点法，其线路如图 7-17 所示。其中两表跨接法无功功率表只适用于对称的三相三线制交流电路；而两表人工中性点法无功功率表可用于对称及简单不对称的三相三线制电路。

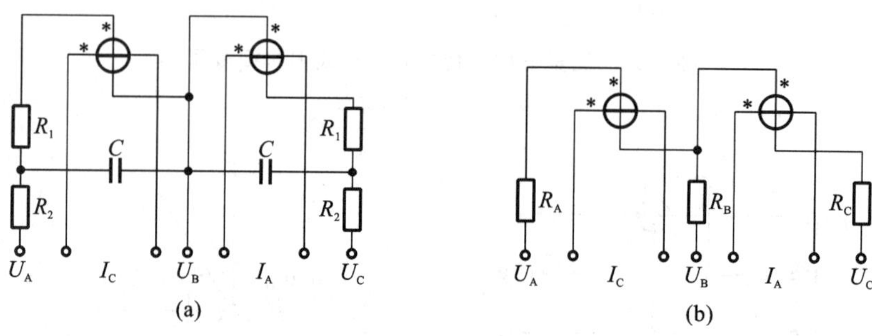

图 7-17 铁磁电动系无功功率表的线路图

(a)两表跨接法；(b)两表人工中性点法

7.5 三相有功电能的测量

尽管电能表和功率表在结构及用途上都不相同，但是，仅就测量负载功率这一点来讲，它们却是完全相同的，只不过电能的测量还需增加计度器，以计算负载耗能的使用时间。因此，对三相电路有功功率测量的各种方法和理论，同样适用于三相有功电能的测量。换句话说，三相电路有功电能的测量，也可用一表法、两表法、三表法来实现。值得注意的是，由于电能表中的电压线圈是一个阻抗而不是一个纯电阻，要获得完全平衡的人工中性点比较困难，因此在三相电能测量中，通常不采用人工中性点法。

生产实际中的三相电能测量，一般都采用三相电能表。三相电能表是根据两表法或三表法的原理，把两个或三个单相电能表的测量机构组合在一只表壳内构成。实际中，由于完全对称的三相电路很少，所以一表法在三相电能的测量中使用较少。

7.5.1 三相三线有功电能表

三相三线有功电能表是根据两表法测量三相功率的原理，由两只单相电能表的测量机构组合而成，其内部结构如图 7-18 所示。将它接入电路后，作用在转轴上的总转矩等于两组元件产生的转矩之和，并与三相电路的有功功率成正比。因此，铝盘的转数可以反映三相有功电能的大小，并通过计度器直接显示出三相电能的数值。国产 DS15、DS18、DS862 等型号的三相有功电能表，就采用了这种两组元件双盘的结构。但有的电能表做成两组元件单盘的结构(如 DS2 型)，这种电能表的结构较紧凑，体积较小。但由于两组元件间磁通和涡流的相互干扰，误差比双盘的大。

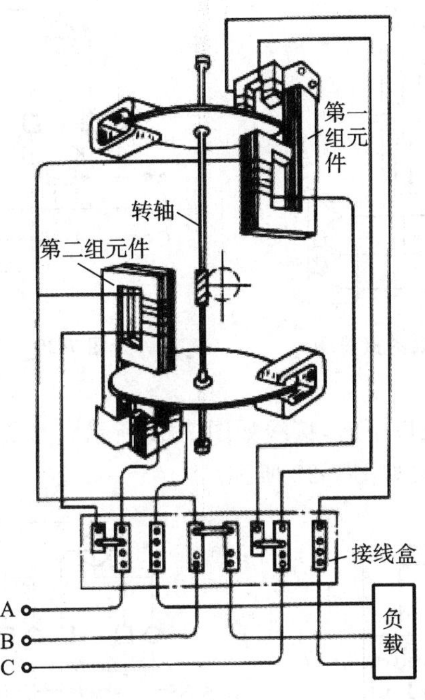

图 7-18 三相三线有功电能表

7.5.2 三相四线有功电能表

三相四线有功电能表实际上是按照三表法测功率的原理，由三只单相电能表的测量机构组合而成。常见的是具有三个驱动元件和两个铝盘结构的三相四线有功电能表，如 DT18 型电能表。它的特点是两组驱动元件共同作用在一个铝盘上，另一组元件单独作用在另一个铝盘上。此外，也有采用三元件单盘结构的电能表。铝盘越少，可动部分越轻，电能表体积越小，但误差也较大。

7.5.3 三相有功电能表的使用方法

1. 正确选择量程

选择三相有功电能表量程时，应使电能表额定电压与负载额定电压相符，电能表额定电流应大于或等于负载的最大电流。

2. 正确接线

1）三相三线有功电能表的接线

三相三线有功电能表的接线方法与两表法测量功率的接线方法相同，按规定，对低压供电线路，其负载电流为 80 A 及以下时，可采用直接接入式电能表，接线如图 7-19 所示。若负载电流为 80 A 以上时，宜采用经电流互感器接入式电能表，其接线如图 7-20 所示。

2）三相四线有功电能表的接线

目前常见的 DT862 型三相四线有功电能表的外形与三相三线有功电能表的外形基本

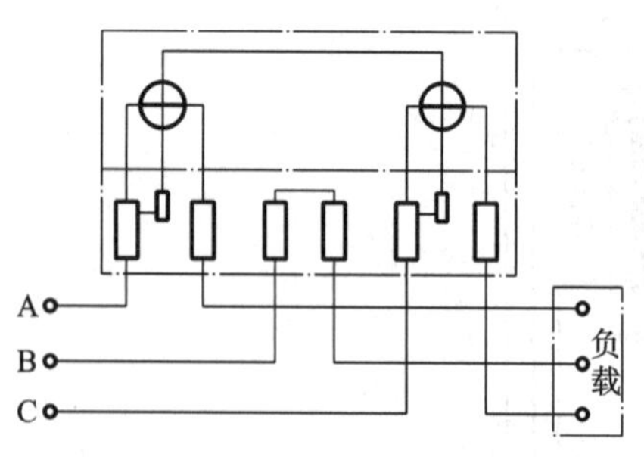

图 7-19　三相三线有功电能表的接线图

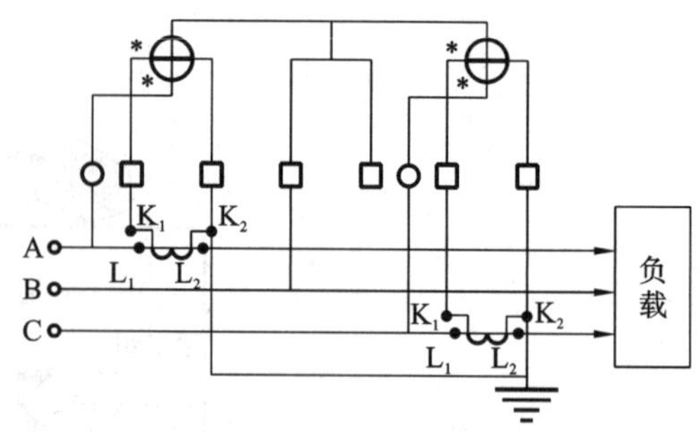

图 7-20　三相三线有功电能表配以电流互感器的接线图

一样，其负载电流为 80 A 及以下时，接线如图 7-21 所示。当负载电流为 80 A 以上时，也应配以电流互感器使用，其接线如图 7-22 所示。

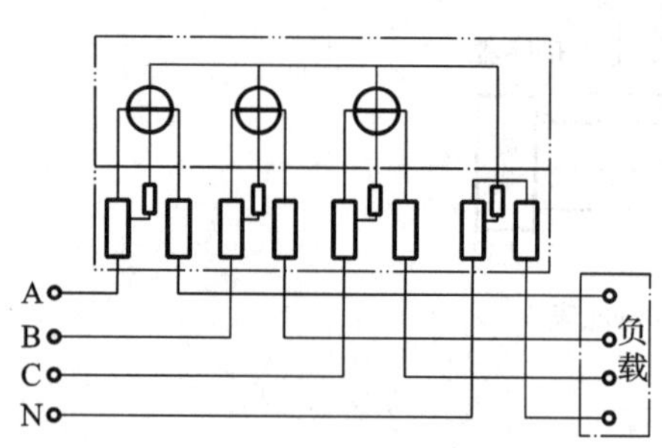

图 7-21　三相四线有功电能表的接线图

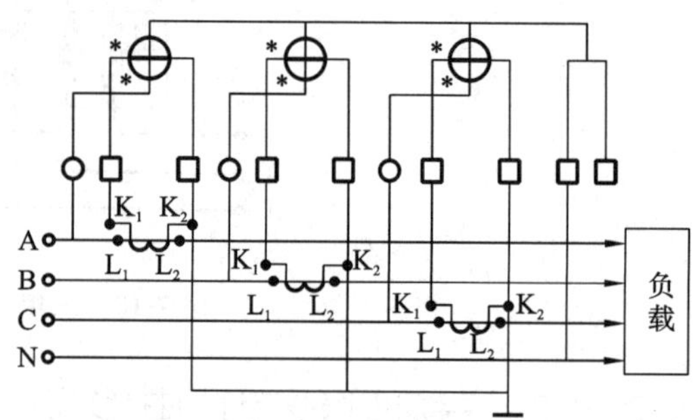

图 7-22　三相四线有功电能表配以电流互感器的接线图

实际使用时，如果按照接线图正确接线，发生了铝盘反转的情况，则可能出现了下列情况：

(1) 装在双路电源母线联络柜上的电能表，一段母线向另一段母线输出电能的方式变为另一段母线向这段母线输出电能。

(2) 用两只单相电能表测量三相三线有功负载，当 $\cos\varphi<0.5$ 时，其中一只电能表也会出现反转现象。

电能表在通过仪用互感器接入电路时，必须注意互感器接线端的极性，以便使电能表的接线仍能满足发电机端守则，否则可能会发生铝盘反转的情况。图 7-23 所示的为三相有功电能表和无功电能表与仪用互感器的联合接线方式。

习　　题

7-1　为什么在测量中要使用仪用互感器？

7-2　测量用互感器二次侧的额定电压和电流为何要做统一规定？是如何规定的？

7-3　什么是互感器的保护接地？

7-4　为什么电压互感器的一次侧、二次侧都必须装熔断器，而电流互感器的二次侧却

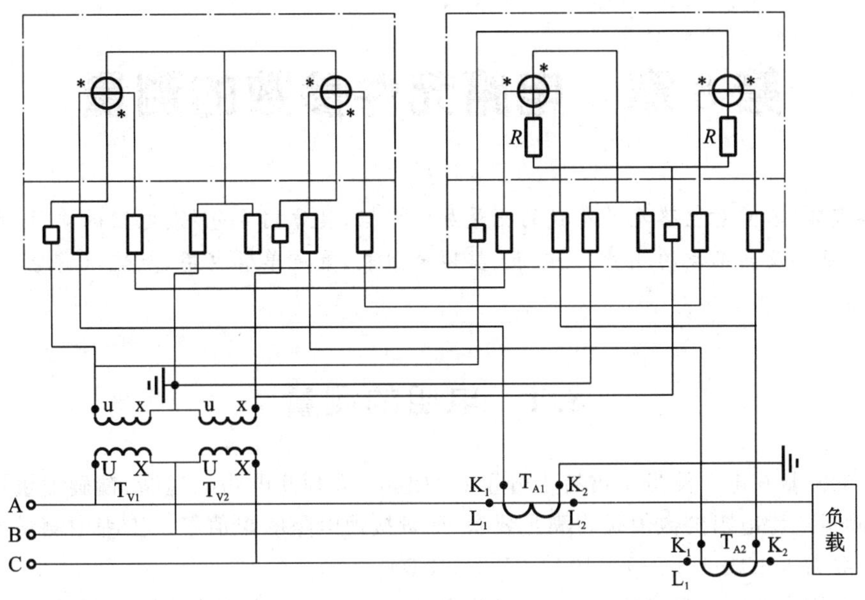

图 7-23　三相有功电能表和无功电能表与仪用互感器的联合接线

不能装熔断器？

7-5　简述电流和电压的测量方法。

7-6　用“两表法”测三相三线制电路的功率是否对电路有对称性要求？为什么？

7-7　写出用“两表法”测三相三线制对称电路有功功率和无功功率的计算式。

7-8　“两表法”能否用于三相四线制不对称电路的功率测量？为什么？

7-9　今有一台准确度为 1.0 级的电流互感器，其额定电流比为 100 A/5 A，测得二次侧的电流分别为 4.8 A 和 2.5 A。求：用额定电流比求得的原电流分别是多少？

7-10　用“两表法”测对称三相功率时，所用功率表均为 0.5 级，电压量程为 0～600 V，电流量程为 0～1 A。若两表读数分别为 $P_1=350$ W，$P_2=400$ W，求三相总有功功率 P、无功功率 Q、功率因数 $\cos\varphi$，并估算 P、Q、$\cos\varphi$ 的测量误差。

第 8 章　电路元件参数的测量

内容提要：本章对电路元件参数的测量加以介绍，具体内容包括：电阻的测量、电感和电容的测量、互感及同名端的测量、兆欧表、接地电阻表、直流单臂电桥、直流双臂电桥、万用电桥、调压器。

8.1　电阻的测量

电阻的测量在电工测量中占有十分重要的地位，如判断电路的通断、精确测量被测电阻的大小、测量绝缘电阻的数值是否满足要求、测量接地电阻的阻值等。工程中测量的电阻值的范围一般为 1 μΩ～1 TΩ(1×10^{-6}～1×10^{12} Ω)。

为了选用合适的测量电阻的方法，以达到减小测量误差的目的，通常将电阻按阻值的大小分为三类：1 Ω 以下为小电阻；1 Ω～100 kΩ 为中电阻；100 kΩ 以上为大电阻。生产实际中，除了可以用万用表的欧姆挡测量电阻外，还可以根据测量的要求采用不同的电工仪表进行测量，这些仪表包括兆欧表、接地电阻表、单臂电桥、双臂电桥等。

1. 电阻测量方法的分类

按获取测量结果的方式，电阻测量方法可分为直接法、比较法和间接法三种。

采用直读式仪表测量电阻的方法称为直接法。例如，用电流表测量电流等。其优点是方便快捷，缺点是准确度较低。

采用比较仪表测量电阻的方法称为比较法。例如，用直流电桥测量电阻。其优点是准确度高，缺点是操作麻烦。

先测量与电阻有关的量，然后通过有关公式计算出被测电阻的方法称为间接法。例如，用伏安法测量电阻。其优点是在一些特殊的场合使用很方便，缺点是测量准确度比其他方法的低。

按所使用的仪表，电阻测量方法可分为万用表法、伏安法、兆欧表法、单臂电桥法、双臂电桥法、接地电阻表法等。

万用表法适用测量中电阻，直接读数，使用方便，但测量误差较大。

伏安法适用测量中电阻，能测量工作状态下元器件的电阻值，尤其适用于对非线性元件(如二极管)电阻的测量。测量误差较大，测量结果需计算。

兆欧表法适用测量大电阻，直接读数，使用方便，测量误差较大。

单臂电桥法适用测量中电阻，准确度高，操作麻烦。

双臂电桥法适用测量小电阻，准确度高，操作麻烦。

接地电阻表法适用测量接地电阻，准确度较高，操作麻烦。

2. 伏安法测量电阻

下面对伏安法测量电阻做进一步介绍。

该方法就是把被测电阻接上直流电源，然后用电压表和电流表分别测得电阻两端的电压 U_X 和通过电阻的电流 I_X，再根据欧姆定律计算出被测电阻。具体分为电压表前接和电压表后接两种电路。

1）电压表前接电路

电压表前接电路如图 8-1 所示，这种电路适用于被测电阻很大（远大于电流表内阻）的情况。

在图 8-1 中，由于电压表接在电流表之前，电压表所测量的电压不仅包括被测电阻两端的电压，而且还包括电流表内阻上的电压。另外，由于电流表与被测电阻串联，故有 $I_A=I_X$。因此，按照伏安法计算出来的电阻

$$R'_X=\frac{U_V}{I_A}=\frac{U_X+I_Xr_A}{I_A}=R_X+r_A$$

由上式可以看到，测量结果包括了电流表的内阻 r_A，于是产生了方法上的误差。其结果导致测量值比实际值大，且误差为正值。显然，只有在 $R_X\gg r_A$ 的条件下，才有 $R'_X\approx R_X$，所以电压表前接电路适用于被测电阻很大（远大于电流表内阻）的情况。

2）电压表后接电路

电压表后接电路如图 8-2 所示，这种电路适用于被测电阻很小（远小于电压表内阻）的情况。

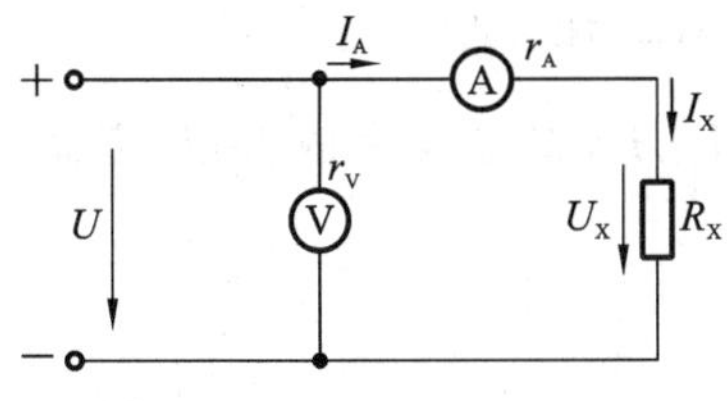

图 8-1　电压表前接电路

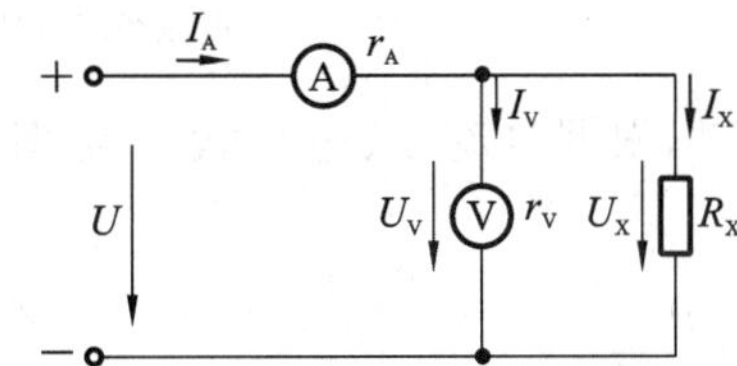

图 8-2　电压表后接电路

在图 8-2 中，由于电压表接在电流表之后，通过电流表的电流不仅包括通过被测电阻的电流 I_X，而且还包括了通过电压表的电流 I_V。另外，由于电压表与被测电阻直接并联，故有 $U_V=U_X$。因此，按照伏安法计算出来的电阻应等于

$$R'_X=\frac{U_V}{I_A}=\frac{U_X}{I_X+I_V}=\frac{1}{\dfrac{I_X+I_V}{U_X}}=\frac{1}{\dfrac{I_X}{U_X}+\dfrac{I_V}{U_V}}=\frac{1}{\dfrac{1}{R_X}+\dfrac{1}{r_V}}$$

由上式可以看到，测出的电阻值是被测电阻 R_X 和电压表内阻 r_V 并联的结果，因而也会产生误差。结果导致测量值比实际值 R_X 小，且误差为负值。只有在 $R_X\ll r_V$ 的条件下，才有 $R'_X\approx R_X$，所以电压表后接电路适用于被测电阻很小（远小于电压表内阻）的情况。

用伏安法测量电阻，需要计算且测量误差也较大，但它能在通电状态下测量，这在有些场合是很有实际意义的。例如，在测量非线性元件（二极管、三极管等）的电阻时就十分方便。实际上，二极管和三极管的特性曲线正是通过伏安法而得到的。

8.2 电感和电容的测量

在交流电路中，频率不同，元件的复阻抗就不同。此外，实际的电感线圈和电容也有损耗，不能简单地按照纯电感、纯电容来看待。实际电感线圈的等效电路可由电阻 R 和电感 L 两者串联组成，实际电容元件也可用电阻和电容的串联来等效，对电感、电容元件的测量主要针对这些参数进行。

1. 三表法

用功率表、交流电流表、交流电压表可以测量电感、电容元件的参数，其接线原理如图8-3所示。根据负载阻抗与仪表内阻的相对关系可选择电流表-功率表电流线圈后接方式，如图8-3(a)所示，或电流表-功率表电流线圈前接方式，如图 8-3(b)所示。其原理与用伏安法测电阻的原理相同，其目的主要是减小仪表内阻引起的误差。

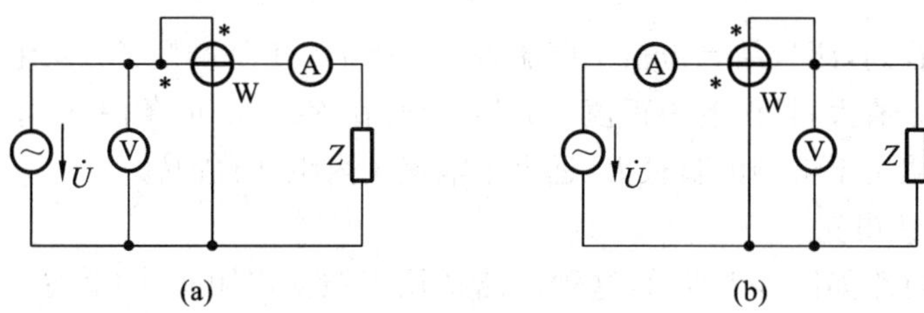

图 8-3　三表法原理

(a)电流线圈后接方式；(b)电流线圈前接方式

测量时，根据电流表、电压表和功率表读出 I、U、P，忽略仪表内阻，设激励源频率为 f，则

$$Z = R + \mathrm{j}X$$

$$R = \frac{P}{I^2}$$

$$|Z| = \frac{U}{I}$$

$$X = \sqrt{|Z|^2 - R^2} = \sqrt{\left(\frac{U}{I}\right)^2 - \left(\frac{P}{I^2}\right)^2} = \frac{1}{I}\sqrt{U^2 - \left(\frac{P}{I}\right)^2}$$

可得

$$L = \frac{1}{2\pi f I}\sqrt{U^2 - \left(\frac{P}{I}\right)^2}$$

$$C = \frac{I}{2\pi f\sqrt{U^2 - \left(\frac{P}{I}\right)^2}}$$

三表法测电感、电容属于间接测量，当 Z 和 R 的值相差不大时，会有很大的测量误差存在。同时，测量中还包括了仪表内阻的损耗，若已知仪表内阻，可从测量结果中将其剔除，以减小测量误差。此法常用于非线性元件(如带铁芯的电感线圈)的测量。

2. 伏安法

当忽略待测元件的损耗时，可用伏安法测量 L、C 的值，如图 8-4 所示。其原理同三表法，只不过因为忽略了元件的损耗，所以有功功率 P 等于 0，只需将三表法的公式中的 P 设为 0，就可得到待测元件的参数值，即

$$|X| = \frac{U}{I} = \omega L（或\frac{1}{\omega C}）$$

$$L = \frac{U}{2\pi f I}$$

$$C = \frac{I}{2\pi f U}$$

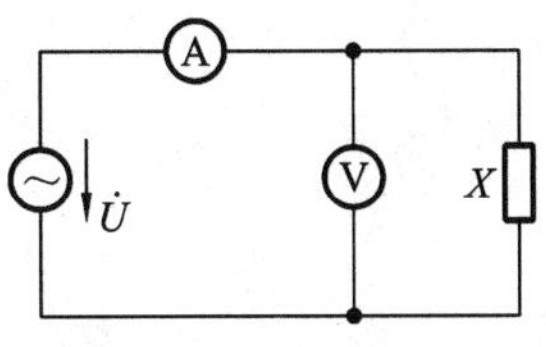

图 8-4　伏安法测 L、C

当待测元件的损耗即等效电阻不能忽略时，可采用其他方法如用欧姆表、直流电桥法先测得元件的电阻值 R，再根据下式求得 L、C：

$$L = \frac{1}{2\pi f}\sqrt{\left(\frac{U}{I}\right)^2 - R^2}$$

$$C = \frac{1}{2\pi f\sqrt{\left(\frac{U}{I}\right)^2 - R^2}}$$

3. 谐振法

利用电路谐振的原理，也可对电感或电容进行测量。其原理为将已知标准电感（或电容）与被测电容（或电感）和频率可变的信号源组成谐振回路。谐振时，有

$$f = f_0 = \frac{1}{2\pi\sqrt{LC}}$$

即可测得电感（电容）值为

$$C = \frac{1}{4\pi^2 f_0^2 L} \quad 或 \quad L = \frac{1}{4\pi^2 f_0^2 C}$$

4. 交流电桥法

当测量精度要求较高时，可采用交流电桥进行测量，其原理在后面的万用电桥内容中加以介绍。

8.3　互感及同名端的测量

两个有磁耦合的电感线圈之间存在互感。用同名端来表示互感磁链与自感磁链的方向。当电流均从同名端流进（或流出）耦合线圈时，互感磁链与自感磁链的方向一致。可以通过以下方法对互感和同名端进行测量、判定。

1. 伏安法

互感只与线圈的大小、匝数、相对位置及磁介质有关，与各线圈中所通电流无关。当一个线圈通有交流电流 I_1 时，由于互感的存在，另一个线圈中将产生感应电动势 E_2，利用电流表和电压表分别测出 I_1、E_2，并已知电源频率，即可算出互感的值。伏安法测互感的原理如

图 8-5 所示。假设 a、a′为一对同名端，则根据相量形式基尔霍夫定律，有

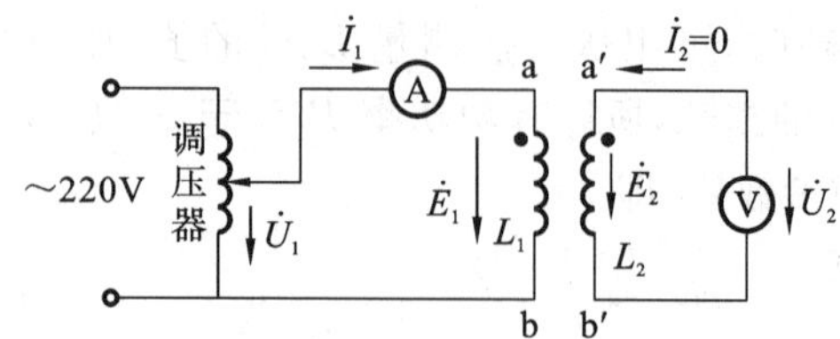

图 8-5　伏安法测互感

$$\dot{U}_1 = (R_1 + j\omega L_1)\dot{I}_1 + j\omega M\dot{I}_2$$
$$\dot{U}_2 = (R_2 + j\omega L_2)\dot{I}_1 + j\omega M\dot{I}_1$$

当二次侧开路时，$I_2=0$，则

$$\dot{U}_2 = \dot{E}_2 = j\omega M\dot{I}_1$$
$$M = \frac{E_2}{\omega I_1} \approx \frac{U_2}{\omega I_1} = \frac{U_2}{2\pi f I_1}$$

把两线圈的任一端相连，利用电压表分别测出 aa′、ab′、a′b 的电压 $U_{aa'}$、$U_{ab'}$、$U_{a'b}$，根据 $U_{aa'}=U_{ab'}\pm U_{a'b}$即可判断其同名端。

2. 三表法

利用前述三表测电感的方法也可测量互感和判断同名端，电路如图 8-6 所示。

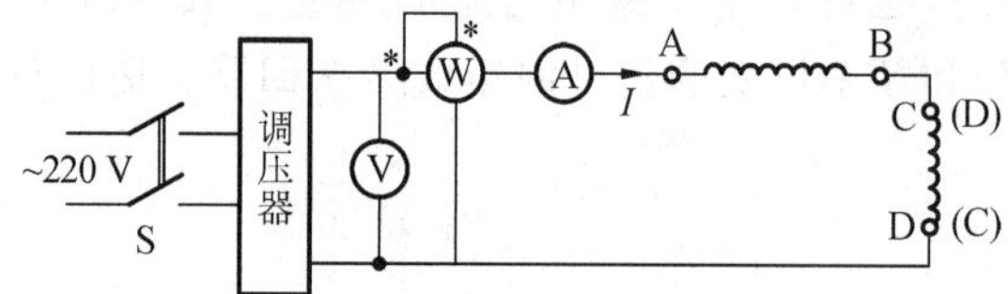

图 8-6　互感线圈的连接

利用三表法分别测出顺接串联和反接串联时的电感值 L'、L''($L' = L_1 + L_2 + 2M$，$L'' = L_1 + L_2 - 2M$)，则互感系数为

$$M = \frac{L' - L''}{4}$$

根据两种连接下电感值的大小可判断同名端。工程上也常用保持顺、反接时流过相同的电流，利用电压表测出两种接法下的端电压，通过电压大小来迅速简捷地判断同名端。

前面几节介绍了测量电路元件参数的各种传统方法，现在由于电子技术和计算机技术的发展，并大量应用于测量仪器上，使得测量电路元件参数的仪器迅速地向智能化、自动化和数字直读的方向发展。例如，过去用电桥测量元件参数，测量过程十分繁杂，从接上被测电阻，调节桥臂，到检测平衡，其中每一个步骤都十分费时，特别是检测平衡过程。为防止检流计被烧毁，还必须不断调节检流计的灵敏度，先从最小灵敏度开始，调节桥臂至平衡，再提高灵敏度，再继续调平衡，直至检流计的灵敏度调节到最大为止。现在这些工作完全都可以交给单片机完成，使得电桥的整个测量过程能自动且迅速地进行，并将测量结果以数字显示出来。所以数字直读式的电路参数测试仪已经成为电路参数测量的主流。

另外，现在大部分数字直读式电路元件参数测试仪都做成可携带式，如可携式电容测量仪等。

虽然电路元件参数测量仪器日新月异，但它的基本电路和基本原理并没有改变，只是在基本电路的基础上加上了计算机控制而已，或者采用专用集成电路，使仪器简单化。为此本章仍以介绍电路元件参数测量的基本原理为主，为选用或使用各种新型参数测量仪打下一个坚实的基础。

8.4 兆 欧 表

生产实际中，电气设备绝缘性能的好坏，直接关系到电气设备的正常运行和操作人员的人身安全，电气设备的绝缘性能通常是通过测量其绝缘电阻的大小来判断的。

绝缘电阻是指用绝缘材料隔开的两部分导体之间的电阻。为了保证人身安全和电气设备运行的安全，对不同相导电体之间或导电体与设备外壳之间的绝缘电阻都有一个最低的要求。例如，室内低压电气线路中对绝缘电阻的要求是相线对大地或对中性线之间不应小于 0.22 MΩ，相线与相线之间不应小于 0.38 MΩ。而对家用电器则规定基本绝缘电阻为 2 MΩ，加强绝缘电阻为 7 MΩ。对低压电机则规定应不低于 0.5 MΩ，对高压电机规定每千伏工作电压不低于 1 MΩ。实际中，影响绝缘电阻大小的因素主要有温度、湿度、外加电压大小和作用时间、绝缘体表面状况等。

实际中，不能用万用表欧姆挡测量电气设备的绝缘电阻。这是因为正常情况下，电气设备的绝缘电阻都非常大，通常在几兆欧到几百兆欧，远大于万用表欧姆挡的有效量程，在此范围内，欧姆表刻度的非线性就能造成很大的测量误差。另外，由于欧姆表内部的电池电压太低，在低电压下的测量值不能反映在高电压条件下真正的绝缘电阻。

兆欧表是一种专门用于测量绝缘电阻的仪表。它本身备有高压电源，测量绝缘电阻既方便又快捷。但使用不当会给使用者带来一定的安全隐患和测量误差，因此要掌握其正确的使用方法。

8.4.1 兆欧表的构造及工作原理

1. 结构

兆欧表是一种专门用来检查电气设备绝缘电阻的便携式仪表，又称绝缘电阻表或摇表，主要用来测量和检验电气设备、输电线和电缆等器材的绝缘电阻。

一般的兆欧表主要由手摇直流发电机、磁电系比率表以及测量线路组成。手摇直流发电机的额定电压主要有 250 V、500 V、1000 V、2500 V 等几种。

兆欧表的测量机构通常采用磁电系比率表。其结构包括一个永久磁铁和两个固定在同一转轴上且彼此相差一定角度的线圈，如图 8-7 所示。其基本工作原理是电路中的电流通过无力矩的游丝分别引入两个线圈，使其中一个线圈产生转动力矩，另一个线圈产生反作用力矩。仪表气隙内的磁场是不均匀的，这样的结构可以使仪表可动部分的偏转角 α 与两个线圈中电流的比率有关，故称为磁电系比率表。

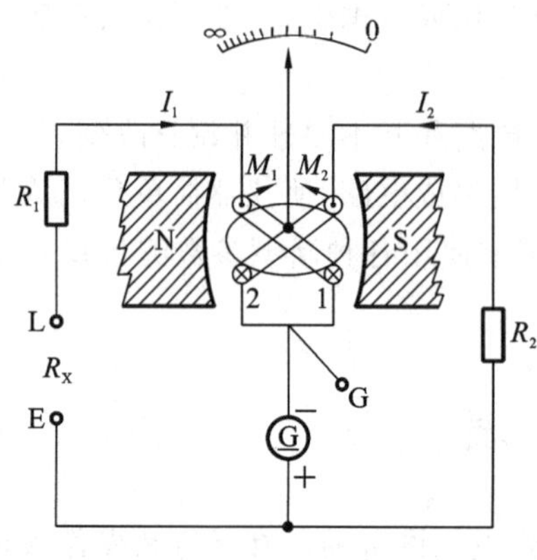

图 8-7　兆欧表内部构造示意图

2. 工作原理

将被测电阻 R_X 接入端钮“线路 L”和“接地 E”之间，这时手摇直流发电机手柄，电流将分为两个回路流动：其中的电流 I_1 从发电机正极→R_X→R_1→线圈 1→发电机负极；电流 I_2 从发电机正极→R_2→线圈 2→发电机负极。

在发电机电压 U 不变的情况下，流经线圈 1 的电流 I_1 随着被测电阻 R_X 的增大而减小，而线圈 1 在磁场中受到的转动力矩 M_1 的大小与通过线圈 1 的电流 I_1 大小以及线圈 1 所处的位置有关，即

$$M_1 = I_1 f_1(\alpha)$$

式中：$f_1(\alpha)$取决于线圈 1 所在位置磁场分布的情况。

同样，线圈 2 中也有电流 I_2 通过，它在气隙磁场中受电磁力产生反作用力矩 M_2，M_2 的大小与通过线圈 2 的电流 I_2 大小以及线圈 2 所处的位置有关，即

$$M_2 = I_2 f_2(\alpha)$$

式中：$f_2(\alpha)$取决于线圈 2 所在位置磁场分布的情况。

由于线圈 1 和线圈 2 的绕向相反，故转动力矩 M_1 和反作用力矩 M_2 的方向相反。当 $M_1=M_2$ 时，则

$$I_1 f_1(\alpha) = I_2 f_2(\alpha)$$

整理成

$$\frac{I_1}{I_2} = \frac{f_2(\alpha)}{f_1(\alpha)}$$

即

$$\alpha = F\left(\frac{I_1}{I_2}\right)$$

上式说明，仪表可动部分的偏转角 α 与两个线圈内所通入电流的比值有关，而与测量电路中的电源电压无关。因此，兆欧表的核心又称为“磁电系流比表”。

当电源电压发生变化时，两个电流 I_1 和 I_2 将同时变化，但两电流的比值并不会变化。但在实际中，如果电源电压太低，远远低于被测设备的耐压值，测量的结果将会有很大的误差。因此，测量时手摇发电机的转速应尽量保持在额定转速，以保证有足够的测量电压。

当电源电压 U 为一定值时，忽略两线圈的电阻，则

$$I_1 = \frac{U}{R_X + R_1}, \quad I_2 = \frac{U}{R_2}$$

代入偏转角公式，可得

$$\alpha = F\left(\frac{I_1}{I_2}\right) = F\left(\frac{R_2}{R_1 + R_X}\right)$$

上式说明，一旦仪表的结构确定，则 R_1、R_2 均为定值，此时，仪表可动部分的偏转角 α 只与被

测电阻 R_X 的大小有关。

兆欧表指针的偏转角 α 只取决于两个线圈电流的比值，而与其他因素无关。所以兆欧表能够克服手摇发电机电压不太稳定而对仪表指针偏转角产生影响的缺点。由于 I_2 的大小一般不变，而随被测绝缘电阻 R_X 的改变而变化，所以可动部分的偏转角 α 能直接反映被测绝缘电阻的数值。

8.4.2 兆欧表的选择和使用

兆欧表的额定电压一定要与被测电气设备或线路的工作电压相适应，可按表 8-1 进行选择。兆欧表的测量范围要与被测绝缘电阻的范围相符合，以免引起大的读数误差。

表 8-1 不同额定电压兆欧表的使用范围

测 量 对 象	被测设备的额定电压/V	兆欧表的额定电压/V
线圈绝缘电阻	＜500	500
	≥500	1000
电力变压器、电机线圈绝缘电阻	≥500	1000～2500
发电机线圈绝缘电阻	≤380	1000
电气设备绝缘电阻	＜500	500～1000
	≥500	2500
绝缘子	—	2500～5000

兆欧表有三个接线端钮，分别标有 L(线路)、E(接地)和 G(屏蔽)，使用时应按测量对象的不同来选用。当测量电气设备对地绝缘电阻时，应将 L 接到被测设备上，E 可靠接地。但当测量部件不干净或潮湿电缆的绝缘电阻时，为了能够准确测量其绝缘材料内部的绝缘电阻(即体积电阻)，就必须使用 G 端钮，接法如图 8-8 所示。这时，绝缘材料的表面漏电流 I_S 沿绝缘体表面经 G 端钮直接回流电源负极。而反映体积电阻的 I_V 则经绝缘电阻内部、L 接线路端、线圈 1 回到电源负极。所以，屏蔽端钮 G 的作用是屏蔽绝缘体表面的漏电电流。由于加接屏蔽 G 后的测量结果只反映绝缘电阻的大小，因而大大提高了测量的准确度。

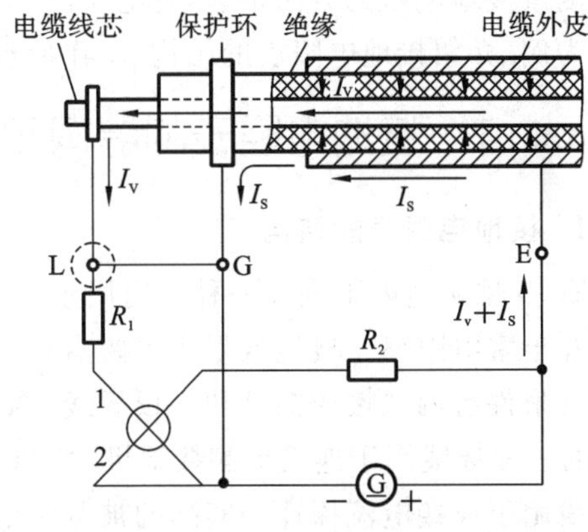

图 8-8 兆欧表屏蔽端钮的作用

兆欧表应放在平稳、牢固，且远离带大电流的导体和外磁场强的地方使用。测量前，应将被测电气设备和兆欧表的测量处擦拭干净，并保持被测物表面的清洁，尽量减少接触电阻，确保测量结果的准确性。

兆欧表使用之前，要先通过开路试验和短路试验来检查兆欧表的好坏。测量前必须将被测设备电源切断，并对地短路放电，绝不允许设备带电进行测量，以保证人身和设备的安全。对含有大电容的设备，不仅测量前应先进行放电，测量后也应及时放电，且放电时间不得小于 2 min，以保证将电放完。

读取兆欧表数据时，操作者应一手固定兆欧表，一手摇动兆欧表手柄。摇动兆欧表手柄时应由慢渐快至额定转速 120 r/min。测量时，绝缘电阻值随着测量时间的长短而不同，一般采用 1 min 以后的读数为准。在兆欧表未停止转动和被测设备未放电之前，不得用手触及被测设备的测量部分，也不得进行拆除导线的工作，以免发生触电事故。测量具有大电容设备的绝缘电阻，测量后不能立即停止摇动兆欧表，以防已充电的设备放电而损坏兆欧表。应在读数后一边降低手柄转速，一边拆去接地线，最后再停止转动兆欧表手柄。

8.5 接地电阻表

接地电阻表又称接地电阻测试仪，主要用于测量电气设备接地装置以及避雷装置的接地电阻。由于其外形与兆欧表相似，俗称接地摇表。接地装置必须进行定期检查和维修，以确保其安全可靠。例如，生产实际中要求接地装置的接地电阻值必须定期复测。其具体规定为：工作接地每隔半年至一年复测一次，保护接地每隔 1～2 年复测一次，当接地电阻值增大时，应及时修复，以免形成事故隐患。常用接地电阻的最低合格值是：电力系统中工作接地电阻不得大于 4 Ω，保护接地电阻不得大于 4 Ω，重复接地电阻不得大于 10 Ω。防雷保护时，独立避雷针不得大于 10 Ω；变配电所阀型避雷器不得大于 5 Ω。

测量接地电阻的方法很多，有电桥法、V-A 法、补偿法等。下面以常用的 ZC-8 型接地电阻表为例，介绍接地电阻表的结构、工作原理和使用方法。

8.5.1 接地电阻表的结构和工作原理

1. 接地电阻表的结构

ZC-8 型接地电阻表是一种专门用于测量接地电阻的便携式仪表，它也可以用来测量小电阻及土壤电阻率。接地电阻表主要由手摇交流发电机、电流互感器、电位器以及检流计组成。其附件有两根接地探针和三根导线。如图 8-9 所示，P′为电位探针，C′为电流探针。长 5 m 的一根导线用于连接被测接地极，长 20 m 的一根导线用于连接电位探针，长 40 m 的一根导线用于连接电流探针。实际的被测接地电阻 R 位于接地体 E′和 P′之间，但不包括 P′与 C′之间的电阻 R。当手摇交流发电机手柄时，手摇发电机能发出 110～115 Hz 的交流电压，摇动速度为 120 r/min。

2. 接地电阻表的工作原理

ZC-8 型接地电阻表采用了补偿法测量接地电阻的原理，如图 8-9 所示。手摇交流发电机手柄，发电机输出电流 I 经电流互感器 TA 的一次侧→接地体 E′→大地→电流探针 C′→发电机，构成闭合回路。当电流 I 流入大地后，经接地体 E′向四周散开。离接地体越远，电流通过的截面越大，电流密度越小。一般认为，到 20 m 处时，电流密度为零，电位也等于零，这就是电工技术中所指的零电位。电流 I 在流过接地电阻 R 时产生的压降 IR，在流经 R_C

时同样产生压降 IR_C。其电位分布如图 8-9 所示。

若电流互感器的变流比为 K，其二次电流为 KI，它流过电位器 R_P 时产生的压降为 KIR_S(R_S 是 R_P 最左端与滑动触点之间的电阻)。调节 R_P 使检流计指针为零，则有

$$IR_X = KIR_S$$

两边同时除以电流 I，得

$$R_X = KR_S$$

上式说明，被测接地电阻 R_X 的值由电流互感器的变流比 K 以及电位器的电阻 R_S 来确定，而与 R_C 无关。

ZC-8 型接地电阻表内部电路如图 8-10 所示。

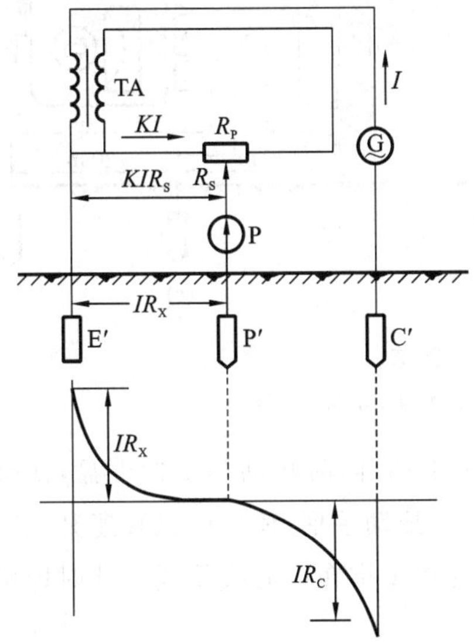

图 8-9　ZC-8 型接地电阻表原理示意图

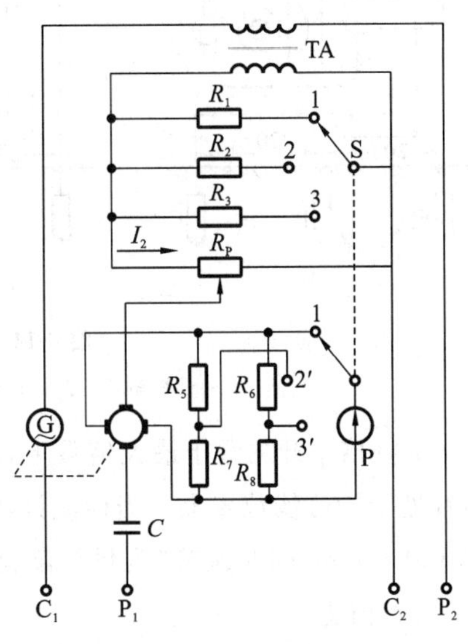

图 8-10　ZC-8 型接地电阻表内部电路

为减小测量误差，仪表设有 0～1 Ω、0～10 Ω 和 0～100 Ω 三个量程，用联动转换开关 S 同时改变电流互感器二次侧的并联电阻 R_1～R_3，以及与检流计并联的电阻 R_5～R_8，即可改变量程。

接地电阻表必须使用交流电源。这是因为土壤的导电主要依靠土壤中电解质的作用，如用直流电测量会产生极化电动势，以致造成很大的测量误差。但是由于用作指零仪的检流计是磁电系的，只能测量直流，所以，该仪器备有机械整流器(或相敏整流器)，以便将交流电整流成直流后送入检流计。图 8-10 中的电容 C 可用来隔断大地中的直流杂散电流。

8.5.2　接地电阻表的使用

用接地电阻表测量接地电阻的步骤如下：

(1) 拆开接地干线与接地体的连接点。

(2) 将一根探针插在离接地体 40 m 远的地下，另一根探针插在离接地体 20 m 的地下。两根探针和被测接地极成一直线分布。两根探针均需插入地下 0.4 m 深。

(3) 将仪表放平，检查检流计指针是否指在中心线上，否则可以用调零器将其调整于中

心线。

(4) 用导线将接地体 E′与仪表端钮 E 相接，电位探针 P′与端钮 P 相接，电流探针 C′与端钮 C 相接，如图 8-11(a)所示。如果使用的是四端钮接地电阻表，其接线方式如图 8-11(b)所示。

当被测接地电阻小于 1 Ω(如测量高压线塔杆的接地电阻)时，为消除接线电阻和接触电阻的影响，应使用四端钮表，接线如图 8-11(c)所示。

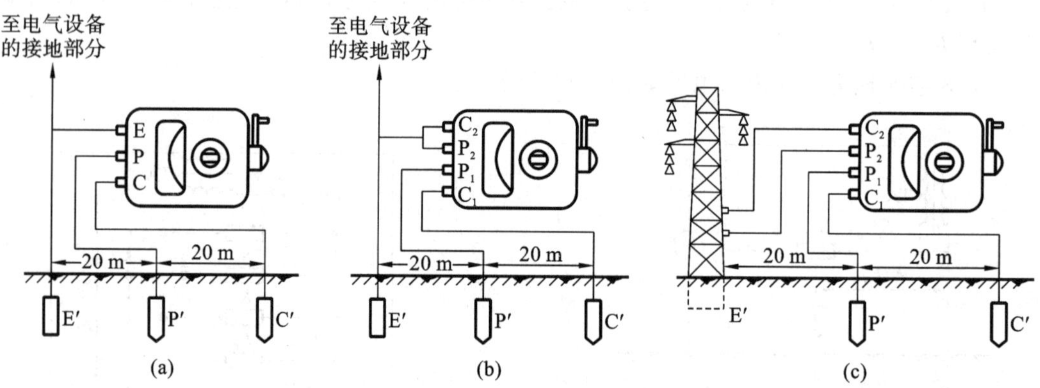

图 8-11　接地电阻表的使用方法

(a)三端钮表的接线；(b)四端钮表的接线；(c)测量小电阻的接线

(5) 将倍率开关置于最大倍数上，缓慢摇动发电机手柄，同时转动测量标度盘，使检流计指针处于中心线位置上。当检流计接近平衡时，要加快摇动手柄，使发电机转速升至额定转速 120 r/min，同时调节“测量标度盘”，使检流计指针稳定指在中心线位置。此时即可读取 R_S 的数值为

$$接地电阻\ R_S = 倍率 \times 测量标度盘读数$$

(6) 每次测量完毕后，将探针拔出后擦干净，将导线整理好以便下次使用。将仪表存放于干燥、避光、无振动的场合。

8.6　直流单臂电桥

电桥在实际生产中应用较广泛。电桥的种类很多，按照所测量的对象主要分为直流电桥和交流电桥两大类。直流电桥可分为单臂电桥和双臂电桥，交流电桥可分为电容电桥和电感电桥。其中，电容电桥可用于测量电容，电感电桥可用于测量电感。另外，还有能测量电阻、电容、电感的万能电桥。实际生产中，应用最广的是直流单臂电桥。

直流单臂电桥是一种常用的比较式电工仪表。与万用表相比，直流单臂电桥也适用于测量 1 Ω～100 kΩ 的电阻，但其测量精度比万用表的高得多。直流单臂电桥的内部采用准确度很高的标准电阻器作为标准量，然后用比较的方法去测量电阻，因此直流单臂电桥的准确度很高。

8.6.1 电路结构及工作原理

直流单臂电桥又称惠斯通电桥，是一种专门用来测量电阻的精密测量仪器。图 8-12 是它的原理图，R_X、R_2、R_3、R_4 组成电桥的四个臂，其中 R_X 称为被测臂，R_2、R_3 合在一起称为比例臂，R_4 称为比较臂。实际中，电阻 R_2、R_3、R_4 都做成可调的，以便于测量时调整和读数。

当接通开关 SB 后，调节标准电阻 R_2、R_3、R_4，使 c 点电位等于 d 点电位时，检流计指针指零。此时，桥上电流等于零，可视为开路，这种状态称为电桥的平衡。此时有：

$$I_1R_X = I_4R_4$$

$$I_2R_2 = I_3R_3$$

由于电桥平衡时，桥上电流为零，故有 $I_1 = I_2$，$I_3 = I_4$，代入上式，并将两式相除，可得

$$R_X = \frac{R_2}{R_3}R_4$$

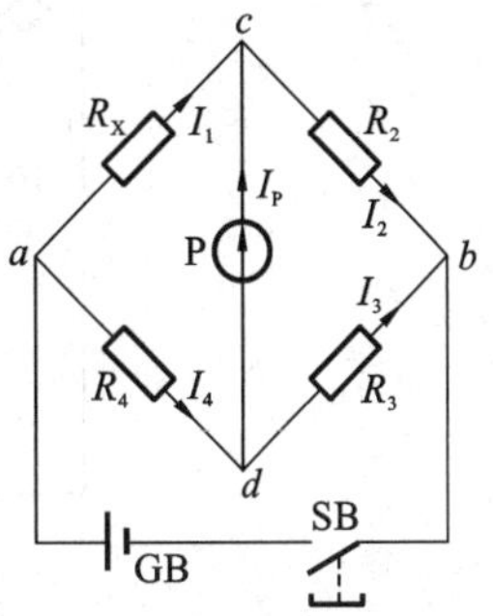

图 8-12 直流单臂电桥原理图

上式说明，电桥平衡时，被测电阻 R_X 等于比较臂电阻 R_4 和比例臂电阻$\frac{R_2}{R_3}$的乘积。所以测量时，只有当电桥处于平衡状态，即桥上电流为零时，被测电阻才等于比例臂电阻乘以比较臂电阻的值。

8.6.2 直流单臂电桥的使用

直流单臂电桥有多种型号，下面以 QJ23 型直流单臂电桥为例介绍相关内容。

1. QJ23 型直流单臂电桥

QJ23 型直流单臂电桥是采用惠斯通电桥线路设计的便携式直流电桥，仪器内置指零仪和内附电源，其内部电路如图 8-13 所示，与单臂电桥的原理图相比，它的比例臂电阻 R_2/R_3 由八个标准电阻组成，分为 0.001、0.01、0.1、1、10、100、1000 等七挡，由一个转换开关进行换接。比较臂 R_4 由四个可调标准电阻(9×1 Ω、9×10 Ω、9×100 Ω、9×1000 Ω)组成，它们分别由面板上的四个读数盘控制，可得到从 0～9999 Ω 范围内的任意电阻值，最小步进值为 1 Ω。在检流计支路上还串联有检流计按钮 SB_1，在电源支路上串联有电源按钮 SB_2 及 10 Ω 限流电阻，以防止电流过大。QJ23 型直流单臂电桥使用的电源电压为直流 4.5 V。

2. 使用方法

(1) 使用前先将检流计的锁扣打开，调节调零器使指针指在零位，如图 8-9 所示。

(2) 用万用表欧姆挡估计被测电阻的大致数值。

(3) 根据被测电阻估计值选择适当的比例臂，使比较臂的四挡电阻都能被充分利用，从而提高测量准确度。例如，用万用表测量的被测电阻估计值约为 5 Ω 时，应选用 0.001 的比例臂。由于被测电阻＝比例臂电阻×比较臂电阻，此时比较臂的四挡电阻将全部用上。若读数为 5231，比例臂为 0.001，则被测电阻＝0.001×5231 Ω＝5.231 Ω，可见用直流单臂电桥测量的准确度比用万用表欧姆挡测量的准确度要高得多。但是若此时选比例臂为 1，结果只能是被测电阻＝1×5 Ω＝5 Ω，比较臂只用了一个挡，其他三挡比较臂电阻都不能使用，因

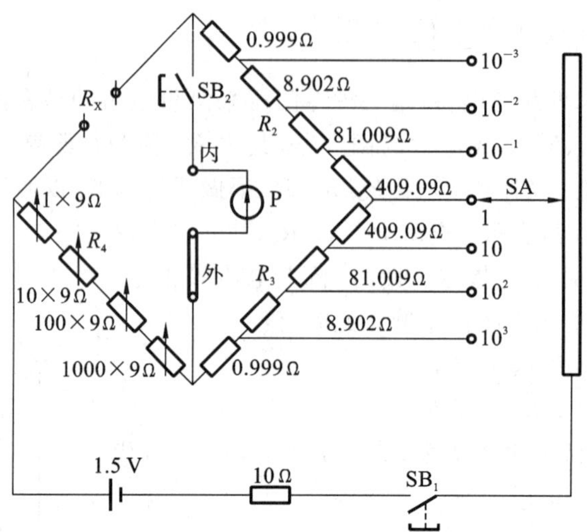

图 8-13　QJ23 型电桥内部电路

此也不能得到准确结果。

同理，被测电阻估计值为几十欧时，应选用 0.01 的比例臂；被测电阻为几百欧时，应选用 0.1 的比例臂；而被测电阻为几千欧时，应选用 1 的比例臂。

(4) 在接入被测电阻进行测量时，应采用较粗、较短的导线，并将接头拧紧，以减小接线电阻和接触电阻。

(5) 当测量电感线圈的直流电阻时，应先按下电源按钮，再按下检流计按钮；测量完毕，应先松开检流计按钮，后松开电源按钮，以免被测线圈产生自感电动势损坏检流计。

(6) 调节比较臂电阻。电桥电路接通后，若检流计指针向“+”方向偏转，应增大比较臂电阻；反之，若检流计指针向“−”方向偏转，应减小比较臂电阻。依次调节比较臂的×1000、×100、×10、×1 挡，直至检流计指针指零为止。此时，被测电阻＝比例臂读数×比较臂电阻。

(7) 电桥使用完毕，应先切断电源，然后拆除被测电阻，最后将检流计锁扣锁上。

8.7　直流双臂电桥

直流双臂电桥又称开尔文电桥。与直流单臂电桥相比，它能够消除接线电阻和接触电阻对测量结果的影响，因此，直流双臂电桥是专门用来精密测量 1 Ω 以下小电阻的仪器。实际中，直流双臂电桥可用于测量金属棒、电缆、导线、金属导体的电阻值；检查电流汇流排、金属壳体等焊接质量的好坏；对开关、电器、接触电阻的测定；对低阻标准电阻、直流分流器等的校验和调整；对各类型电动机、变压器绕组的直流电阻测量和温升实验等。

8.7.1　直流双臂电桥的构造及工作原理

直流双臂电桥的原理电路如图 8-14 所示。与单臂电桥不同，被测电阻 R_X 与标准电阻 R_4 共同组成一个桥臂，标准电阻 R_n 和 R_3 组成另一个桥臂，R_X 与 R_n 之间用一阻值为 r 的导线连接起来。为了消除接线电阻和接触电阻的影响，R_X 与 R_n 都采用两对端钮，即电流端钮 C_1、C_2、C_{n1}、C_{n2}，电位端钮 P_1、P_2、P_{n1}、P_{n2}。桥臂电阻 R_1、R_2、R_3、R_4 都采用阻值大于 10 Ω 的标准电阻。R 是限流电阻，可防止仪表中电流过大。

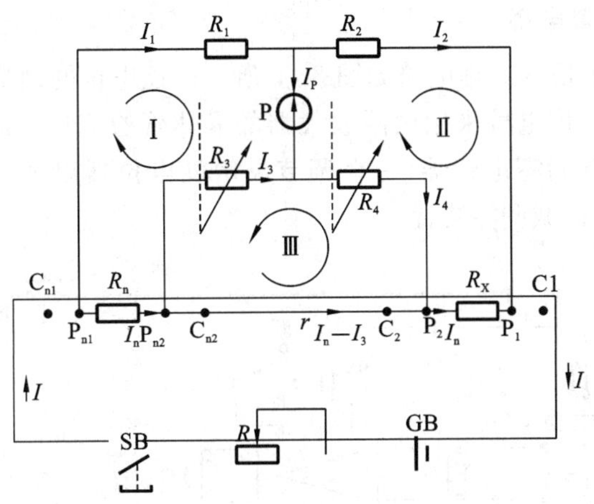

图 8-14　直流双臂电桥的原理电路

使用时首先调节各桥臂电阻，使检流计指零，即 $I_P=0$，此时 $I_1=I_2$，$I_3=I_4$。根据基尔霍夫第二定律可写出三个回路电压方程：

对Ⅰ回路

$$I_1R_1 = I_nR_n + I_3R_3$$

对Ⅱ回路

$$I_1R_2 = I_nR_X + I_3R_4$$

对Ⅲ回路

$$(I_n - I_3)r = I_3(R_3 + R_4)$$

解得

$$R_X = \frac{R_2}{R_1}R_n + \frac{rR_2}{r+R_3+R_4}\left(\frac{R_3}{R_1} - \frac{R_4}{R_2}\right)$$

由上式可以看出，用双臂电桥测量电阻时，R_X 由两项决定。其中第一项与单臂电桥基本相同，第二项称为“校正项”。为了使双臂电桥平衡时，求解 R_X 的公式与单臂电桥的相同，即 $R_X = \dfrac{R_2}{R_1}R_n$，就必须使校正项等于零。所以，要求 $R_3/R_1=R_4/R_2$，同时使 $r\to 0$。

此时，只要电桥平衡，被测电阻 R_X = 比例臂读数×比较臂读数。

为满足校正项等于零的条件，双臂电桥在结构上采取了以下措施：

(1) 将 R_1 与 R_3、R_2 与 R_4 采用机械联动的调节装置，使 R_3/R_1 的变化和 R_4/R_2 的变化保持同步，从而保证校正项等于零。

(2) 连接 R_n 与 R_X 的导线，尽可能采用导电性良好的粗铜母线，使 $r\to 0$。于是，$\dfrac{rR_2}{r+R_3+R_4}\left(\dfrac{R_3}{R_1} - \dfrac{R_4}{R_2}\right)\to 0$。

8.7.2 直流双臂电桥的使用

直流双臂电桥有多种型号，下面以 QJ44 型直流双臂电桥为例介绍相关内容。

1. QJ44 型直流双臂电桥

QJ44 型直流双臂电桥的原理电路如图 8-15 所示。该电桥的测量范围是 10 μΩ～11 Ω。为提高检流计的灵敏度，该电桥采用内附放大器的晶体管检流计。晶体管检流计包括一个调制型放大器、一个电气调零电位器、一个调节灵敏度电位器以及一个中心零位的指示表头。指示表头上还备有机械调零装置。

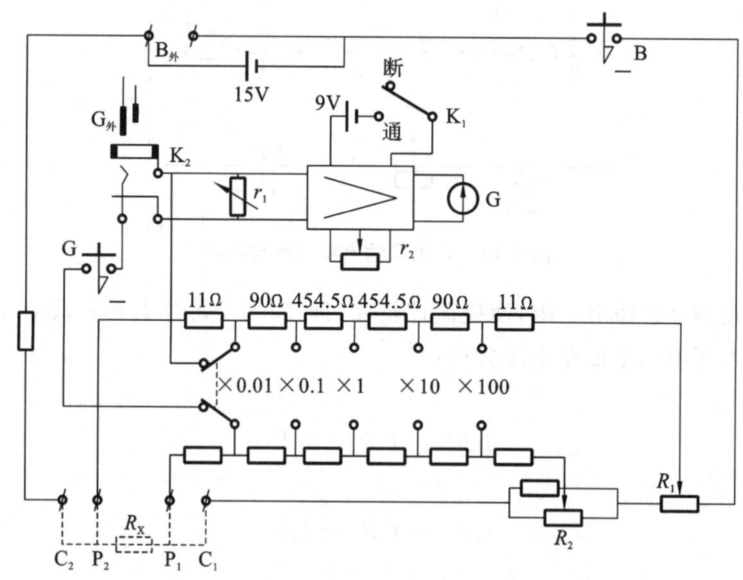

图 8-15 QJ44 型直流双臂电桥内部电路图

在测量前，应先进行机械调零，当放大器接通电源后，若表针不在中间零位，则可用电气调零电位器调整表针至中央零位。QJ44 型双臂电桥的比例臂由四个桥臂电阻做成固定倍率形式，通过机械联动转换开关的转换，可得到×100、×10、×1、×0.1 和×0.01 共 5 个固定倍率。标准电阻 R_n 由步进电阻和滑线电阻两部分组成，用面板上的步进读数盘和滑线读数盘调节，它们统称读数盘。测量时，调节倍率旋钮和 R_n 的调节旋钮使电桥平衡，检流计指零。此时，被测电阻＝倍率数×读数盘读数。

2. 使用方法

(1) 在仪器外壳底部的电池盒内，并联装入 1.5 V 一号电池 4～6 节供电桥工作用，并联装入 2 节 6F22 型 9 V 电池供晶体管检流计中的放大器用，所有并联线在仪表内部已经连接好，此时电桥就能正常工作。如用外接直流电源 1.5～2 V 时，电池盒内的 1.5 V 电池应提前全部取出。

(2) 将晶体管检流计的电源开关 K_1 拨到“通”的位置，预热 5 min 后，调节电气调零旋钮，使检流计指针指零，同时将灵敏度旋钮调至最低位置。

(3) 将被测电阻按四端钮法接入电桥的 C_1、P_1、P_2、C_2 接线柱，同时要注意电位端钮总是在电流端钮的内侧，且两个电位端钮之间的电阻就是被测电阻，如图 8-16 所示。如果被测电阻（如一根导体）没有电流端钮和电位端钮，则可按图 8-17 所示自行引出电流端钮和电位端钮，然后与电桥上相应的端钮相连接。

接入被测电阻时，应采用较粗、较短的导线连接。接线之间不得绞合，并将接头拧紧。

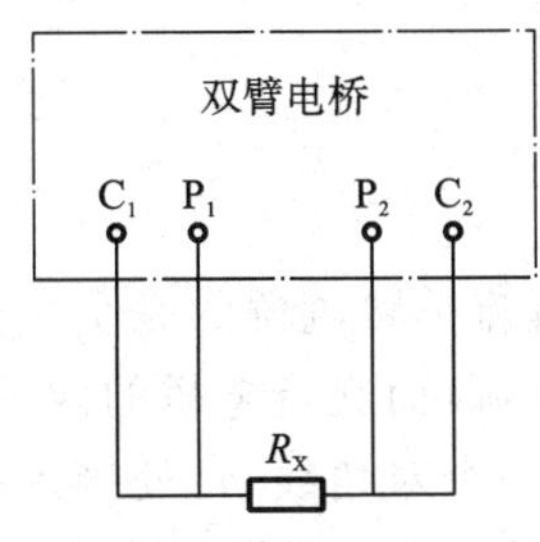

图 8-16　双臂电桥测量导线电阻的接线

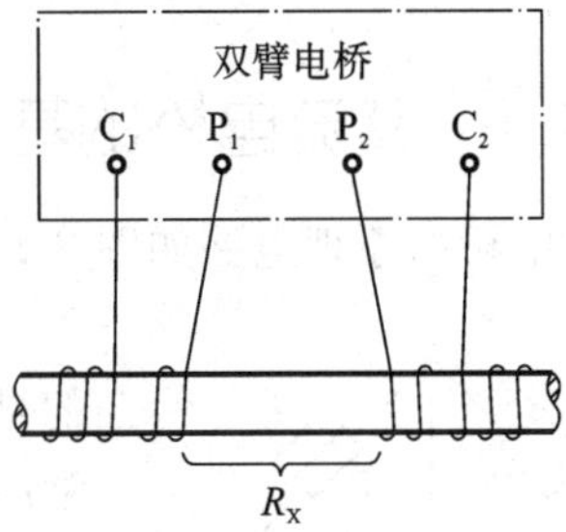

图 8-17　双臂电桥测量导线电阻的接线

(4) 估计被测电阻值大小，选择适当比例臂。被测电阻估计值与比例臂倍率挡的选择如表 8-2 所示。如估测电阻值为几欧时，倍率选×100 挡；估测电阻值为零点几欧时，倍率选×10挡；估测电阻值为零点零几欧时，倍率选×1 挡等。如果比例臂倍率挡选择不正确，则会产生很大的测量误差，从而失去精确测量的意义。

在测量未知电阻时，为了保护指零仪指针不被打坏，指零仪的灵敏度调节旋钮应放在最低位置，使电桥初步平衡后再增加指零仪的灵敏度。

表 8-2　双臂电桥比例臂倍率挡的选择

被测电阻估计值范围/Ω	应选倍率挡
1.1～11	×100
0.11～1.1	×10
0.011～0.11	×1
0.0011～0.011	×0.1
0.00011～0.0011	×0.01

(5) 先按下 G 按钮，再按下 B 按钮，调节步进盘和滑线盘，使指零仪指针指在零位上，电桥平衡，此时，被测电阻按下式计算：

被测电阻＝比例臂读数×(步进盘读数＋滑线盘读数)

由于双臂电桥在工作时电流较大，在上述调节过程中要求动作迅速，以免电池耗电量过大。另外，如果被测电阻不含电感，则也可同时按下（或松开）电源按钮和检流计按钮。

(6) 先断开检流计按钮，再断开电源按钮，然后拆除被测电阻。最后将开关 K_1 放在“断”位置，避免接通晶体管检流计放大器的工作电源。

(7) 每次测量完毕，将仪表盒盖盖好，存放于干燥、避光、无振动的场合。

8.8 万用电桥

万用电桥是指将直流电桥和交流电桥合为一体的电桥。由于前面已介绍了直流电桥，这里仅对交流电桥的情况做介绍。

交流电桥主要用于测量交流等效电阻、电容及其介质损耗、电感及其品质因数，也可用于将非电量参数转化为电量参数的精密测量。交流电桥通常将被测对象与标准度量器(如标准电感、标准电容等)进行比较，进而获得测量结果。因此，交流电桥能获得比较高的测量准确度。

8.8.1 交流电桥的基本原理

交流电桥的原理电路如图 8-18 所示。

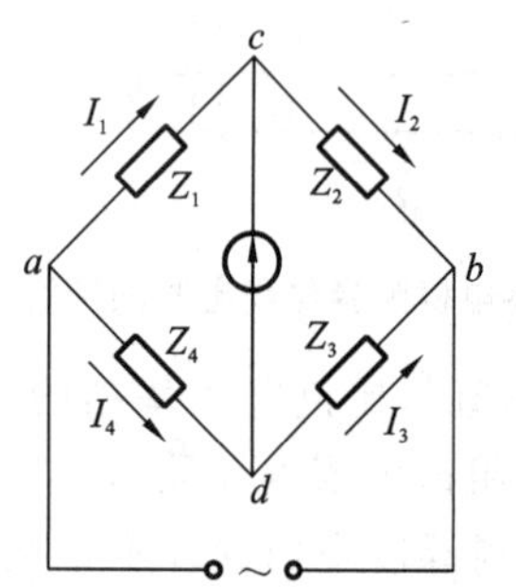

图 8-18 交流电桥的原理电路

交流电桥的基本结构与直流单臂电桥的完全一样，不同的是将直流电源换成了交流电源，而交流电桥的四个桥臂通常由阻抗元件组成，在电桥的一个对角线 cd 处接入指零仪，另一对角线 ab 处接入交流电源。通过调节各桥臂参数，可使检流计上的电流为零，此时电桥达到平衡，c 点与 d 点的电位相等。

通过推导可知，交流电桥平衡时有

$$Z_1 Z_3 = Z_2 Z_4$$

若第一桥臂由被测阻抗 Z_X 组成，则

$$Z_1 = Z_X = \frac{Z_2}{Z_3} Z_4$$

当 Z_2、Z_3、Z_4 已知时，通过上式即可求出 Z_X 的数值。

因为阻抗 Z 为复数，所以由 $Z_X = \frac{Z_2}{Z_3} Z_4$ 可得

$$|Z_X| \angle \varphi_X = \frac{|Z_2| \angle \varphi_2}{|Z_3| \angle \varphi_3} |Z_4| \angle \varphi_4 = \frac{|Z_2|}{|Z_3|} |Z_4| \angle \varphi_2 + \varphi_4 - \varphi_3$$

$$\varphi_X = \varphi_2 + \varphi_4 - \varphi_3$$

即

$$\varphi_X + \varphi_3 = \varphi_2 + \varphi_4$$

所以交流电桥除了要求相对臂的大小相等之外，还必须要求性质相同，才能使检流计指针指零。实际使用时，为使电桥结构简单和调节方便，通常将交流电桥的两个桥臂设计成纯电阻，而将另外两个桥臂设计成电容或电感。

常用的交流电桥有以下两种情况：

(1) 将相邻的两臂 Z_2、Z_3 取为纯电阻，此时，若 Z_X 为容性阻抗，则 Z_4 也必须是容性阻抗。

(2) 把相对的两臂 Z_2、Z_4 取为纯电阻，此时若 Z_X 为容性，则 Z_3 必为感性；若 Z_X 为感性，则 Z_3 必为容性。照此接法，即可较顺利地获得正确的测量结果。

另外，交流电桥的平衡调节需反复进行，也就是说，交流电桥的平衡调节要比直流电桥的调节困难一些。

相对于标准电感，标准电容的精确度更容易做得高一些，受外界影响也小，价格也较低。因此，在一般的交流电桥中，测量电容时常取相邻的两臂 Z_2、Z_3 为纯电阻；而测量电感时，常取相对的两臂 Z_3、Z_4 为纯电阻。这样就能保证电桥本身只需标准电容就行了，但是同时也

就有电容电桥和电感电桥之分了。

8.8.2 万用电桥的结构与使用

1. 万用电桥的组成

将几种不同类型的电桥组合起来，成为能够测量电阻、电感和电容元件参数的仪器，这种仪器称为万用电桥。万用电桥主要由电桥主体、音频振荡器、交流放大器和指示检流计等组成。

QS18A 型万用电桥由电阻电桥、交流电容电桥和交流电感电桥组合而成，其结构示意图如图 8-19 所示。图中的电桥主体为电桥的核心，它由标准电阻和标准电容以及转换开关组成。交流电源为晶体管音频振荡器，其输出频率为 1 kHz，输出电压为 1.5 V 和 0.3 V，供测量电容、电感以及 0.1～10 Ω 电阻之用。当测量大于 10 Ω 电阻时，可用电桥内附的 9 V 直流电源。电桥还备有外接电源插孔。交流指零仪由交流放大器、二极管整流器和检流计组成，也称为晶体管检测放大器。

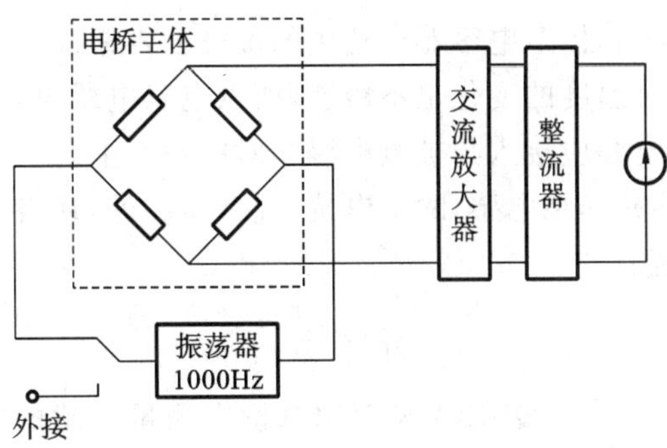

图 8-19 QS18A 型万用电桥的结构示意图

2. 交流电容电桥

交流电容电桥主要用于测量电容器的电容量及介质损耗角。

QS18A 型万用电桥测量电容时的原理电路如图 8-20 所示，由图可见，标准电容 C_n 与标准电阻 R_n 串联在一起，故称为串联电阻式电桥，也称为维纳电桥。

被测电容器可等效为 C 和 R_X 的串联支路，接入电桥的一个臂，与被测电容相比较的标准电容 C_n 接入相邻的桥臂，同时与 C_n 串联一可变电阻 R_n，桥的另外两臂接入纯电阻 R_2 和 R_3。当电桥平衡时，由式

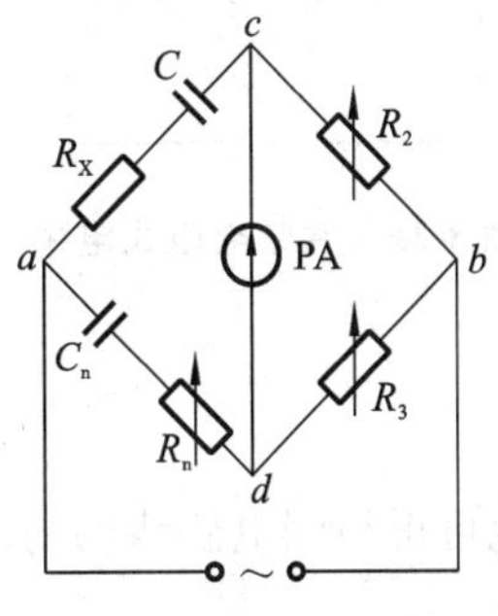

图 8-20 串联电阻式电桥

$$Z_1 = Z_X = \frac{Z_2}{Z_3} Z_4$$

可得

$$\left(R_X + \frac{1}{j\omega C_X}\right) = \frac{R_2}{R_3}\left(R_n + \frac{1}{j\omega C_n}\right)$$

令上式两边实部与虚部分别相等，得到

$$\begin{cases} R_X R_3 = R_n R_2 \\ \dfrac{R_3}{C_X} = \dfrac{R_2}{C_n} \end{cases}$$

整理得

$$\begin{cases} R_X = \dfrac{R_2}{R_3} R_n \\ C_X = \dfrac{R_3}{R_2} C_n \end{cases}$$

可得被测电容的损耗因数

$$D = \tan\delta = \omega C_X R_X = \omega C_n R_n$$

由以上讨论可知，要使电桥平衡，至少应调节两个参数。通常标准电容做成固定的，因此 C 不能连续变动，这样就必须同时调节 R_3/R_2 比值以及 R_n，同时兼顾上述两式。

3. 交流电感电桥

交流电感电桥用于测量电感器的电感量及其品质因数。

由于制造工艺上的原因，标准电容器可达到的准确度常常高于标准电感，加上标准电容器不受外界磁场的影响，对温度的变化也不敏感，所以电感电桥也常用标准电容作为比较元件。前面已知，这个标准电容应接入与被测电感相对的桥臂上。

实际应用中的电感器并非纯电感，除了电抗 $X_L = \omega L$ 外，还有电阻 R，这一性质可以用电感的品质因数 Q 来描述：

$$Q = \frac{\omega L}{R}$$

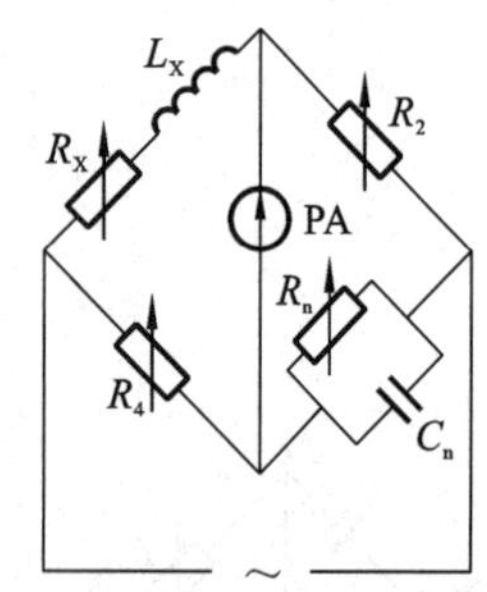

图 8-21　并联电阻式电桥

QS18A 型万用电桥中测量电感的电路如图 8-21 所示。由于标准电容 C_n 与标准电阻 R_n 并联在一起，故称为并联电阻式电桥，也称为麦克斯韦电桥，简称为麦氏电桥。它主要适于 $Q<10$ 的电感元件。当电桥平衡时，有

$$(R_X + j\omega L_X)\left(\frac{1}{\dfrac{1}{R_n} + j\omega C_n}\right) = R_2 R_4$$

展开上式，并使等式两边实部与实部相等，虚部与虚部相等，联立求解，可得

$$\begin{cases} R_X = \dfrac{R_2}{R_4} R_n \\ L_X = R_2 R_4 C_n \end{cases}$$

由此可得被测电感线圈的品质因数为

$$Q = \frac{\omega L_X}{R_X} = \omega R_n C_n$$

可见，麦氏电桥的平衡条件与频率无关。即当电源为任何频率或非正弦时，电桥都能平衡。但实际使用中，由于电桥上各元件的相互影响，电桥的使用频率仍然受到一定限制。

8.8.3 万用电桥的使用

1. QS18A 型万用电桥的技术特性

QS18A 型万用电桥的主要技术特性如表 8-3 所示。

表 8-3 QS18A 型万用电桥的主要技术特性

被测元件	测量范围	基本误差 （按量程最大值计算）	损耗范围	使用电源
电容	0 pF～110 pF 110 pF～110 μF 100 μF～1100 μF	±(2%±0.5 pF) ±(1%±△) ±(2%±△)	D 值 0～0.1 0～10	内部 1 kHz
电感 （分 5 挡）	1.0～11 μH 10～110 μH 100 μH～1.1 H 1～11 H 10～110 H	±(5%±0.5 μH) ±(2%±△) ±(1%±△) ±(2%±△) ±(5%±△)	Q 值 0～10	内部 1 kHz
电阻 （分 3 挡）	10 mΩ～1.1 Ω 1 Ω～1.1 MΩ 1～11 MΩ	±(5%±5 mΩ) ±(1%±△) ±(5%±△)		10 mΩ～10 Ω 用内部 1 kHz；大于 10 Ω 用内部直流 9 V 电源

2. QS18A 型万用电桥的面板布置

QS18A 型万用电桥的面板布置如图 8-22 所示。

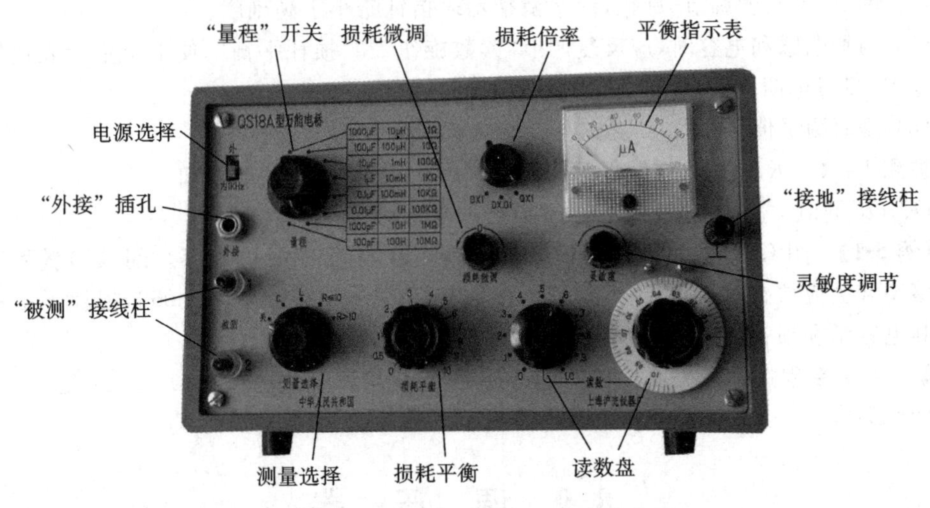

图 8-22 QS18A 型万用电桥的面板布置图

QS18A 型万用电桥的各旋钮作用分别如下。

（1）“被测”接线柱：用来连接被测元件。

(2)“外接”插孔:当需要使用外接音频电源时,可由此插孔引入。

(3)“电源选择”开关:用来转换电桥电源,分为内 1 kHz 和外接两挡。

(4)“量程”开关:用来选择测量范围,上面各挡的标示值是指读数在满度时的最大值。

(5)读数盘:由一个步进式测量盘和一个连续可调的测量盘组成。

(6)测量选择:用于转换测量功能,以进行电感、电容或电阻的测量,它又兼电源开关,测量完毕后应置于“关”的位置。

(7)平衡指示表:用以指示电桥的平衡状态,调节损耗平衡和读数旋钮时,应使指针向零位偏转,当指针接近零点时,可认为电桥近于平衡状态。

(8)“灵敏度调节”旋钮:用于调节电桥放大器的放大倍数,开始测量时,应降低灵敏度使平衡指示表指示小于满刻度,当电桥接近平衡时,再逐渐增大灵敏度。

(9)损耗倍率:用于选择损耗平衡的读数范围,分为 Q×1、D×0.01、D×1 等 3 挡。测量电感线圈时,此开关放在 Q×1 处;测量小损耗电容时,此开关放在 D×0.01 处;测量大损耗电容时,此开关放在 D×1 处;测量电阻时,此开关不起作用,可放在任意位置。

(10)损耗微调:用于微调平衡时的损耗值,一般情况下,应放在“0”的位置。

(11)损耗平衡:被测电感或电容元件的损耗读数由此旋钮指示,此读数盘上的指示值再乘以倍率开关的示值,即为测得的损耗示值。

(12)“接地”接线柱。

3. 使用方法

(1)把被测元件接在测量接线柱上,根据被测元件的性质,将“测量选择”旋钮转至相应的位置。

(2)估计被测元件的大小,将“量程”开关置于合适的挡位。

(3)根据被测元件的性质,合理选择“损耗倍率”的挡位。

(4)调节“灵敏度调节”旋钮,使平衡指示表指针略小于满刻度。

(5)测量电感和电容时,应反复调节“读数旋钮”和“损耗平衡”,使平衡指示表指针最接近于零点,测量电阻时,只调节“读数旋钮”即可。

(6)读取测量值。

被测 L_X、C_X、R_X 的值=“量程”开关读数×两个“读数盘”读数之和。

D_X、Q_X 的值=“损耗倍率”读数×“损耗平衡”读数。

【例 5-1】 用 QS18A 型万用电桥测量一标称值为 470 pF 的电容。问:(1)量程选择的损耗倍率开关应放在什么位置?(2)若两读数盘示值分别为 0.4 和 0.056,损耗平衡示值为 1.2,其电容量和损耗值各为多少?

解 (1)量程选择开关应放在 1000 pF 处,损耗倍率开关应放在 D×0.01 处。

(2)$C=1000\times(0.4+0.056)\text{pF}=456\ \text{pF}$;$D=0.01\times1.2=0.012$。

8.9 调 压 器

实验室的交流电源电压可认为是固定不变的,但可通过调压器来加以改变。调压器其实是自耦变压器,只能在交流电路中使用。

8.9.1 单相调压器

单相调压器就是单相自耦变压器，其原理电路如图 8-23 所示。

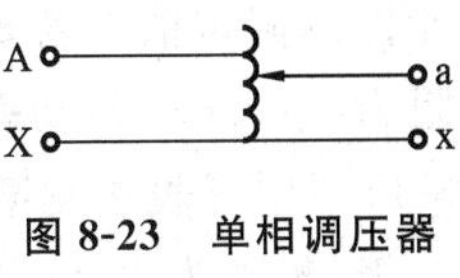

图 8-23 单相调压器

使用时原边的 A、X(或 1、2)两端连接至电源，而副边的 a、x(或 3、4)两端连接至电路，合上电源刀闸后，慢慢转动手轮，可使 a、x 两端电压逐渐变到所需要的值，其最小输出电压为 0，最大输出电压可略大于输入电压。

使用时注意事项：

(1) 接至 A、X 两端间的输入电压和输入电流不得超过额定值，这些额定值每个变压器的铭牌上都有注明。

(2) 接线时，输入端 A、X 和输出端 a、x 不能颠倒，否则，将使电源短接或烧坏变压器。

(3) 接线时注意 A(或 1)端应接火线，X(或 2)端接电源的零线，这样当调压器的输出电压为零时，负载电路电位为零，不致发生人身和设备事故。

(4) 在电源刀闸合上或拉开之前，必须先把手轮转到指示盘上的零位，以免发生意外事故。

8.9.2 三相调压器

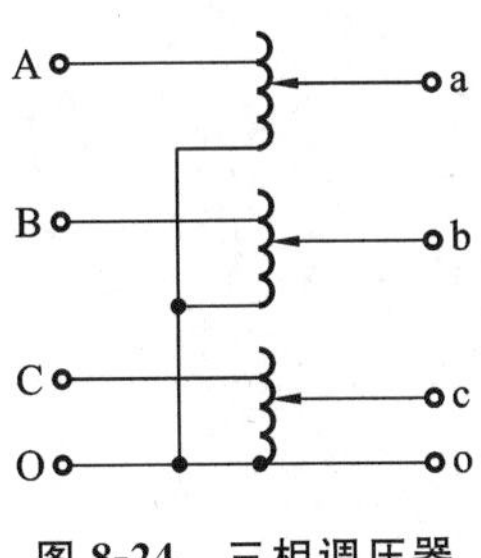

图 8-24 三相调压器

三相调压器由三个单相调压器组成，通常，它的三个绕组接成星形，如图 8-24 所示。

A、B、C、O 为输入端，它与电源连接；a、b、c、o 为输出端，它们与负载连接。当转动手轮时，能同时调节三相输出电压，并保证输出电压的对称性。

三相调压器的连线端钮较多，接线时要一一核对清楚。根据星形连接的特点，三组调压器的中点是连在一起的，并与电源中线相接。其他注意事项与单相调压器的类似。

习 题

8-1 如何将电阻按阻值的大小分类？

8-2 电阻的测量方法有哪些？

8-3 用伏安法测电阻，什么情况下应使用电压表前接电路？什么情况下应使用电压表后接电路？为什么？

8-4 用伏安法测晶体二极管的正反向电阻时，前接方式适合测何种电阻？后接方式适合测何种电阻？

8-5 为什么不能用万用表的欧姆挡测量电气设备的绝缘电阻？

8-6 为什么接地电阻表必须使用交流电源？

8-7 为什么用电桥测电阻的准确度比用万用表的要高得多？

8-8 说明用万用电桥测量电感器和电容器参数的方法及步骤。

8-9　用伏安法测电阻，若被测电阻为 200 Ω，采用 R_V＝2 kΩ 的电压表，R_A＝0.03 Ω 的电流表，计算电压表前接、后接两种方式对应的测量误差。

8-10　用三表法测某元件的交流参数，三表读数分别为 P＝400 W、U＝220 V、I＝2 A，求该元件的阻抗值。若要扣除仪表内阻对测量的影响，已知电压表内阻 R_V＝2.5 kΩ，电流表内阻 R_A＝0.03 Ω，功率表内阻 R_{WA}＝0.1 Ω、R_{WV}＝15 kΩ，则该元件的阻抗值为多少？

8-11　用三表法测某电感线圈的参数，用 50 Hz 交流电源供电，所用仪表如下：电流表为 1.0 级，量限为 1 A；电压表为 1.0 级，量限为 150 V；低功率因数功率表为 0.5 级，电压量限为 150 V，电流量限为 1 A，$\cos\varphi_m$＝0.2，α_m＝150 DIV。如仪表读数分别为 1 A、100 V、100 DIV，计算 R_X、L_X，并估算测量误差。

8-12　用三表法测量线圈互感 M 时，测得两线圈顺接串联时的电压 U'＝85 V，I'＝1 A，P'＝11 W；反接串联时，调节电源电压使得电流仍为 1 A，测得 P''＝11 W，U''＝85 V，用 50 Hz 交流电供电，计算互感 M。

8-13　用伏安法测量两线圈的互感 M，线圈的额定电流为 0.5 A。要求测量结果的基本误差小于±4%，现有电流表、电压表各 2 只，规格如下：电流表 1 为 0.5 级，量程为 0～2 A；电流表 2 为 1.0 级，量程为 0～0.5 A；电压表 1 为 0.5 级，量程为 0～75 V；电压表 2 为 2.5 级，量程为 0～10 V。设原线圈中所通电流恰好为其额定值，电压表读数为 10 V，试问应选择哪支电流表和电压表才能满足测量准确度要求？并计算两线圈的互感。

第 9 章　数字式与智能式仪表

内容提要：本章对数字式与智能式仪表加以介绍，具体内容包括：数字式万用表、数字式功率表、数字式电能表、智能式电能表。

9.1　数字式万用表

数字式万用表是一种新型的可以测量多种电量，具有多种量程的便携式仪表。普通的数字式万用表主要用来测量直流电流、交直流电压和电阻，但现在许多数字式万用表还能够测量交流电流、电感、电容、晶体三极管的参数值等。

9.1.1　数字式万用表的基本组成

常见数字式万用表的基本组成框图如图 9-1 所示，其组成可分为量程选择开关、测量电路、数字式电压基本表三部分。

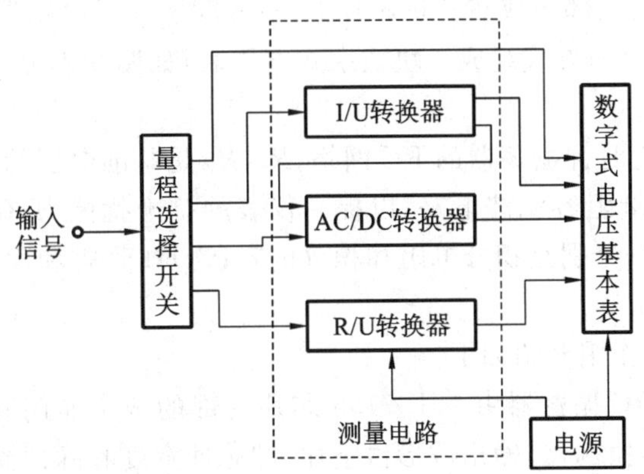

图 9-1　数字式万用表的基本组成

1. 量程选择开关

量程选择开关的作用是当其置于不同位置时，配合不同的插座，可接通不同的测量电路，把被测的信号按照被测量的不同连接到不同的测量电路中。

2. 测量电路

测量电路的作用是把各种不同大小的被测信号转换为能被数字式电压基本表接收的微小直流电压信号，它包括衰减器、前置放大器、各种转换器等。如电压高于仪表基本量程，必须经衰减器对输入电压进行衰减后，再送入数字式电压基本表；如电压低于仪表基本量程，可通过前置放大器对输入电压进行放大后，再送入数字式电压基本表，从而显示出被测量的数值。

转换器主要包括：

I/U(电流/电压)转换器——作用是把被测的电流信号转换为直流电压信号。

AC/DC(交流/直流)转换器——作用是把被测的交流信号转换为直流电压信号。

R/U(电阻/电压)转换器——作用是把被测的电阻值转换为直流电压信号。

另外，还包括 f/U(频率/电压)转换器、T/U(温度/电压)转换器等。

3. 数字式电压基本表

数字式电压基本表是数字式万用表的核心，它相当于指示类仪表的测量机构。

数字式电压基本表的任务是用 A/D(模拟/数字)转换器把被测的电压模拟量转换成数字值，并送入计数器中，再通过译码器，最后驱动显示器显示出相应的数值。

对数字式仪表，能显示 0～9 十个数码的数位称为满位，否则，称为半位或$\frac{1}{2}$位。例如，最大显示数字为 9.999 的称为 4 位数字电压表，最大显示数字为 19.999 的称为 $4\frac{1}{2}$位数字电压表。

常见的数字式电压基本表的量程是 200 mV，显示的位数有 $3\frac{1}{2}$和 $4\frac{1}{2}$两种。

A/D 转换器种类繁多，ICL 7106 型是目前应用较广的一种 $3\frac{1}{2}$位 A/D 转换器。这种 A/D 转换器把有关电路全部集成在一块芯片上，只要配上 5 个电阻器、5 个电容器和一个液晶显示器，就能以最简单的方式组成一块数字式电压表，如图 9-2 所示，其原理框图如图 9-3 所示。

图 9-2 中，R_3、C_4 为时钟振荡器的 RC 网络；R_1、R_4 是基准电压的分压电阻，供片内 A/D 转换用；R_5、C_5 为输入端阻容滤波电路，以提高仪表的抗干扰能力；C_1、C_2 分别是基准电容和自动调零电容；R_2、C_3 分别是积分电阻和积分电容；COM 管脚和面板上的表笔插孔 COM 连接。

图 9-3 中的方框的作用介绍如下。

(1) RC 振荡器　RC 振荡器由 ICL 7106 芯片内部的两个非门和外部元件 R、C 组成。它属于两级反相的阻容振荡器，输出波形占空比(即脉冲宽度和脉冲周期的比值)为 50%。

(2) LCD 显示器　显示器采用 LD-B7015A 型显示块，其内部接线示意图如图 9-4 所示。图中引线箭头所指的数码中，带圆圈的是四异或非门 4077B 的管脚号，用于驱动显示三个小数点和电池电压低指示信号，其余数码表示 ICL 7106 型 A/D 转换器的管脚号，未带箭头的表示空脚。它属于七段(a、b、c、d、e、f、g)显示，但千位数只使用 a、b 段(当电压表过载时，即超量限时显示过载符号“1”低三位数字各段全灭，否则显示被测电压最高位)和 g 段(用来显示负号“－”)。

晶振器经四分频器分频，给二-十进制计数器提供 10 kHz 的计数脉冲。A/D 转换结果，即计数器所累计 BCD 码值，首先进入锁存器锁存，然后经译码器译成显示器显示的七段笔画码，再经由异或门组成的驱动器驱动，最后在显示器上显示出来。

(3) 逻辑控制器　逻辑控制器的主要作用是识别积分器的工作状态，适时地发出控制信号，使各模拟开关接通或断开，A/D 转换能循环进行。其次，控制器还能识别输入电压极

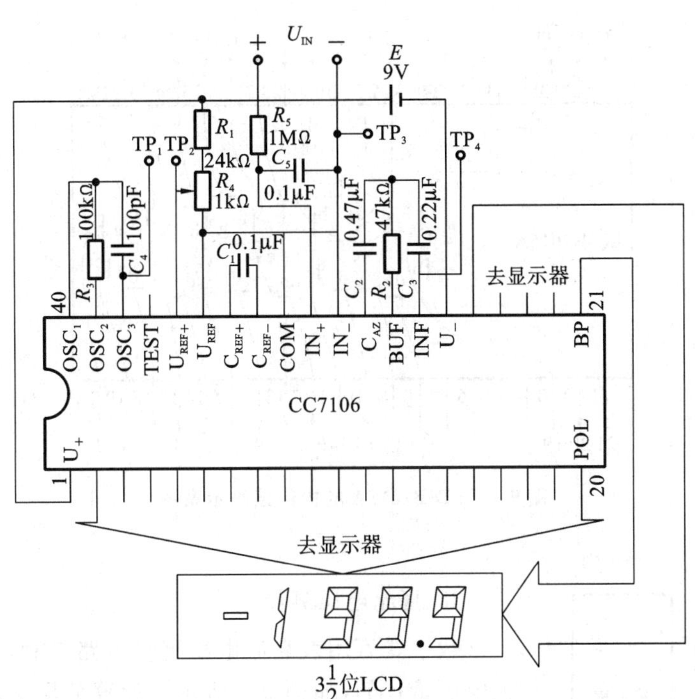

图 9-2　由 ICL 7106 构成的数字式电压基本表电路

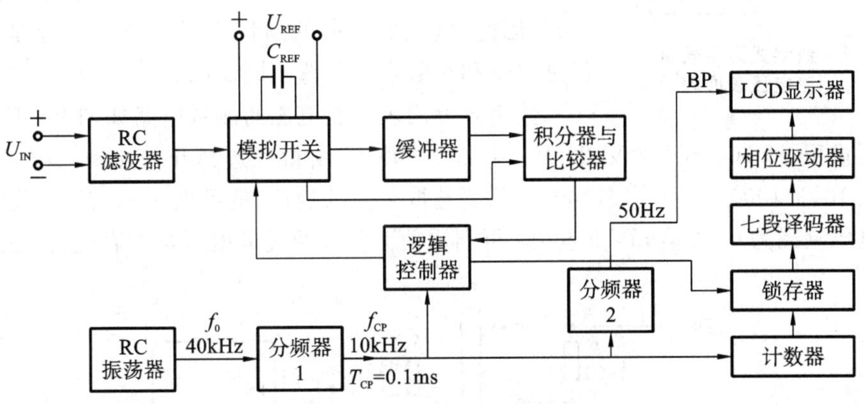

图 9-3　数字电压表原理框图

性，控制 LCD 显示器的负号显示，并且当输入电压超量限时，使千位数显示“1”，其余数码全部熄灭，指示电压表溢出信号。

9.1.2　数字式万用表的工作原理

数字式万用表的测量机构一般采用数字式电压基本表，而数字式电压基本表的量程一般只有直流 200 mV，灵敏度很高，只能测量很小的直流电压，因此称为数字式万用表的基本表或基准挡。实际应用中要通过串、并联电路来扩大它的量程，这与指针式万用表的基本原理一样。国内外生产的数字式万用表种类繁多，型号各异，组成的电路也不尽相同，但工作

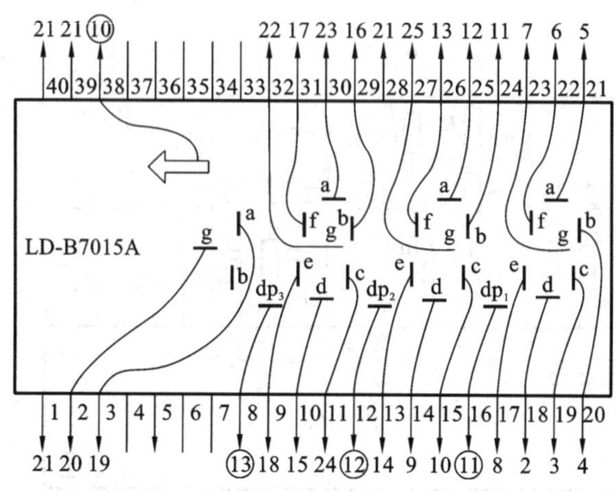

图 9-4　LD-B7015A 的内部接线示意图

原理大致相同。

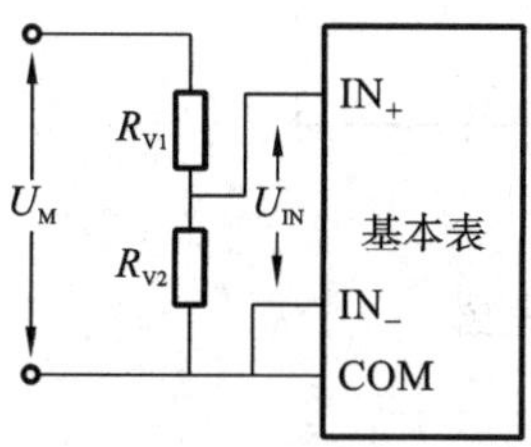

图 9-5　数字式万用表直流电压表原理

1. 直流电压测量

数字式万用表直流电压测量电路是利用分压电阻来扩大电压量程的，如图 9-5 所示。计算分压电阻时，应遵照下列原则：①由于数字式电压基本表的输入电阻极大，故可认为输入端开路；②由于数字式电压基本表的最大显示值是 1999，因此，量程扩大后的满量程显示值也只能是 1999，仅仅是单位和小数点的位置不同而已。

数字式万用表直流电压的测量电路如图 9-6 所示，对应五个电压量程，即 200 mV、2 V、20 V、200 V、2000 V，由量程选择开关控制，其分压比依次为 1/1、1/10、1/100、1/1000、1/10000。只要选取合适的挡位，就可把 0～2000 V 范围内的任何直流电压衰减为 0～200 mV 的电压，再利用前面已介绍过的电压基本表进行测量。

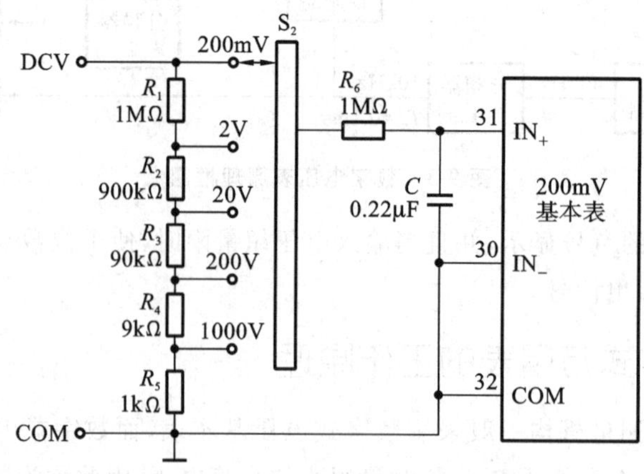

图 9-6　数字式万用表直流电压测量电路

2. 交流电压测量

数字式万用表的交流电压测量电路如图 9-7 所示。为提高测量交流信号的灵敏度和准确度，采用了先将被测交流电压降压后，经线性交流/直流转换器（AC/DC 转换器）变换成微小直流电压，再送入电压基本表中进行显示的方法。采用线性 AC/DC 转换器具有下列优点：由于运算放大器 N 的放大作用，即使输入信号很弱，也能保证二极管 VD_7、VD_8 在较强的信号下工作，从而避免二极管在小信号整流时所引起的非线性失真。

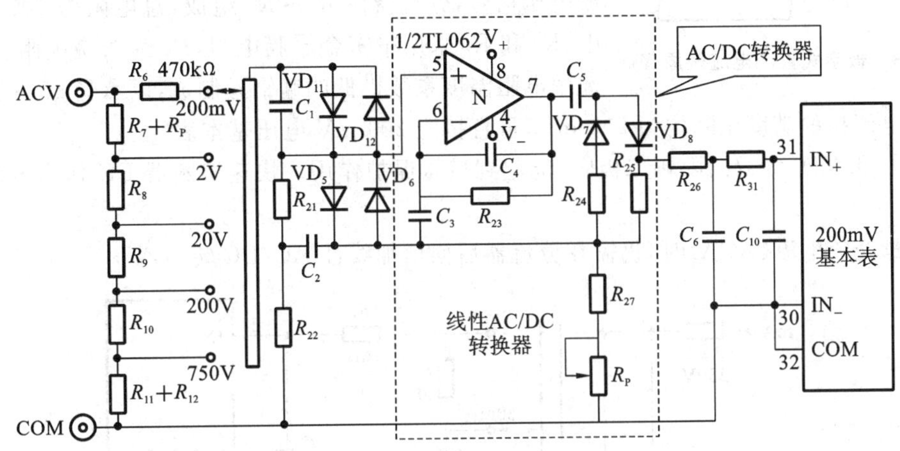

图 9-7 数字式万用表交流电压测量电路

图 9-7 中，分压电阻 R_7～R_{12} 与直流电压挡共用。VD_5、VD_6、VD_{11}、VD_{12} 接在 AC/DC 转换器输入端做过压保护。C_1、C_2 是输入耦合电容器，R_{21}、R_{22} 是输入电阻器。AC/DC 转换器的输出端接 R_{26}、C_6、R_{31}、C_{10} 构成的电容器，R_{21}、R_{22} 是输入电阻器。AC/DC 转换器的输出端接 R_{26}、C_6、R_{31}、C_{10} 构成的阻容滤波器，进行滤波。

线性 AC/DC 转换器如图 9-7 中虚线框所示，运算放大器 N 和二极管 VD_7、VD_8 组成半波整流电路。由于读数按照正弦平均值与有效值的关系定义，因此所构成的仪表仅适合于测量不失真的 40～400 Hz 的正弦波电压。R_{23} 是运算放大器的负反馈电阻，用于稳定静态工作点。C_5 是充、放电电容器，并有隔直流作用。VD_8、R_{25}、R_{27} 及 R_P 构成分压器，调整 R_P 可改变其输出电压大小，供校正仪表时使用。

线性 AC/DC 转换器的工作过程如下：当输入信号电压 u_X 为正半周时，先经运算放大器 N 放大后，再通过 C_5→VD_8→R_{25}→R_{27}→R_P→COM 对电容器 C_5 进行充电，经 VD_8 整流后的电压再经阻容滤波器后送入数字式电压基本表。当 u_X 为负半周时，经 COM→R_P→R_{27}→R_{24}→VD_7→C_5→N，此时 C_5 缓慢地放电。显然，这属于半波整流电路。调节 R_P 的大小，使输出电压的平均值等于输入交流电压的有效值，然后送入数字式电压基本表，就能构成一个数字式交流电压表。

3. 直流电流测量原理

测量时，只要使被测电流在分流电阻上产生压降，并以此作为电压基本表的输入电压，即可显示出被测电流的大小。所以，数字式直流电流表是由数字式电压基本表和分流电阻并联组成的，如图 9-8 所示。数字式电压基本表的输入阻抗极高，可视为开路，对电流的分

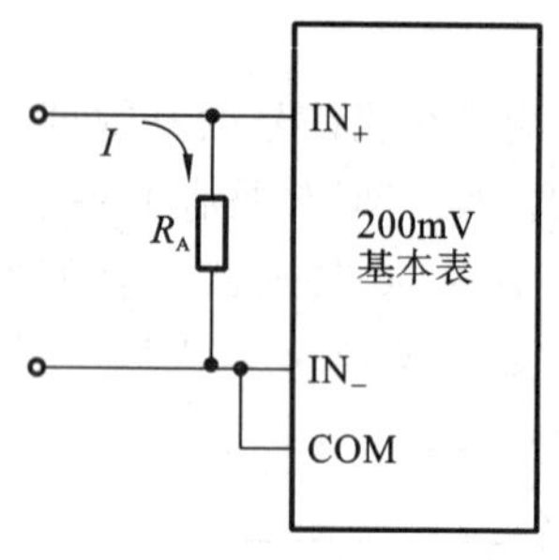

图 9-8 数字式直流电流表原理

流作用近似等于零。所以,这里的分流电阻 R_A 主要起到将被测电流 I 转换为输入电压的作用。

用欧姆定律可以方便地计算出分流电阻 R_A 的阻值。

数字万用表的直流电流挡(DCA)一般设置 4 挡,即 2 mA、20 mA、200 mA、20 A,电路如图 9-9 所示。其中,20 A挡专用一个输入插孔。被测电流经过分流器可转换成电压信号,分流器由 $R_1 \sim R_4$ 组成,总电阻为 100 Ω。其中,R_1 和 R_2 采用精密金属膜电阻,R_3 为线绕电阻。R_4 需选用电阻温度系数极低的锰铜丝制成,以承受 20 A 的大电流。各电流挡的满度压降均为 200 mV,可直接配 200 mV 电压基本表。

VD_1 和 VD_2 为双向限幅二极管,能起到过压保护作用。快速熔断器 FU 作为过流保护元件。

测量交流电流(ACA)时,仍需在分流器后面增加线性 AC/DC 转换器。

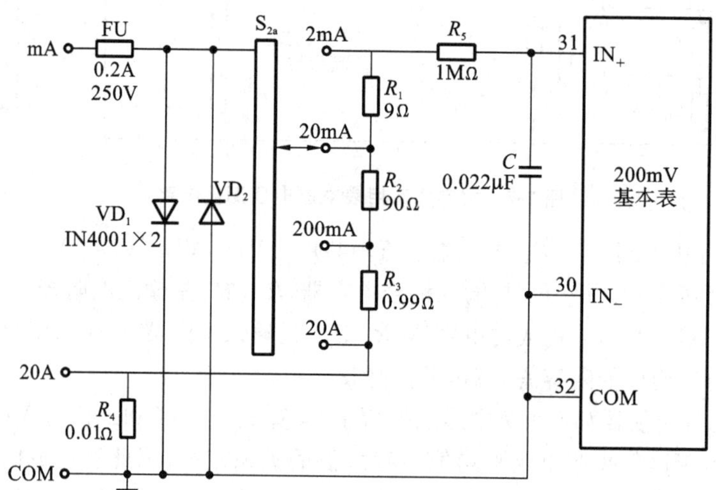

图 9-9 直流电流测量电路

4. 电阻的测量

早期生产的数字式万用表,大多采用恒流法测量电阻,不仅电路复杂,而且成本高。现在生产的数字式万用表,绝大多数都采用比例法来测量电阻,具有电路简单、准确度高等优点,能充分发挥 A/D 转换器本身的优良特性,实现 R/U 转换。即使基准电压存在偏差或发生波动,也不会增加测量误差。

比例法测量电阻原理如图 9-10 所示。被测电阻(R_X)与标准电阻(R_0)串联后接在 ICL 7106 的 U_+ 端与 COM 端之间。U_+ 与 U_{REF+} 连接,U_{REF-} 与 IN_+ 连接,IN_+ 与 COM 端接通。将 ICL 7106 内部+2.8 V 基准电压源(E_0)作为测试电压,向 R_0 和 R_X 提供测试电流。然后以 R_0 两端的压降作为基准电压 U_{REF},R 两端的压降作为仪表输入电压 U_{IN},有关系式

$$\frac{U_{IN}}{U_{REF}} = \frac{U_{R_X}}{U_{R_0}} = \frac{IR_X}{IR_0} = \frac{R_X}{R_0}$$

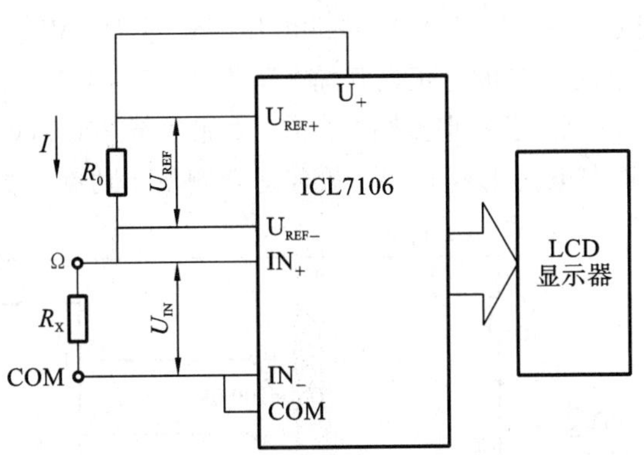

图 9-10　比例法测电阻的原理

根据 ICL 7106 的比例读数特性，当 $R_X = R_0$，即 $U_{IN} = U_{REF}$ 时，仪表显示值 N 应等于 1000。$R_X = 2R_0$ 时为满量程，仪表开始溢出。通常情况下，仪表显示值

$$N = \frac{U_{IN}}{U_{REF}} \times 1000 = \frac{R_X}{R_0} \times 1000$$

这表明显示值仅取决于 R_X 与 R_0 的比值，故称为比例法。此法对各种单片 A/D 转换器均适用。以 200 Ω 电阻挡为例，取 $R_0 = 100$ Ω，并代入上式可得到

$$N = 10R_X$$

将小数点定在十位上即可直读结果。对于其他电阻挡，只需改变电阻单位（kΩ、MΩ）及小数点位置，就能直读结果。

多量程电阻测量，其原理接线如图 9-11 所示。图中 R_X 是被测电阻，$R_1 \sim R_6$ 是基准电阻。

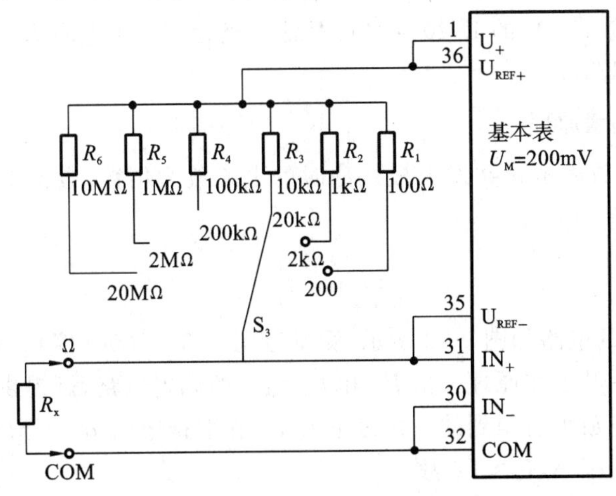

图 9-11　数字式万用表的电阻挡电路

5. 二极管的测量

利用数字式万用表的二极管挡可以测量二极管的正向压降，测量电路如图 9-12 所示。其工作原理是：首先把被测二极管的正向压降 U_Z 转换成直流电压，然后将该直流电压用数

字电压基本表测量并显示出来。+2.8 V 基准电压源经过 R_1、VD_1、R_2 向被测二极管 VD_3 提供大约 1 mA 的工作电流。二极管正向压降 U_Z 为 0.55～0.7 V(硅管)或 0.15～0.3 V(锗管),需经过 R_3、R_4 分压后衰减到原来的 1/10,才能送至 200 mV 电压基本表,最终显示出 U_Z 值。由于二极管正向电流 $I_Z \approx 1$ mA,故仅适合测量小功率二极管的正向压降。

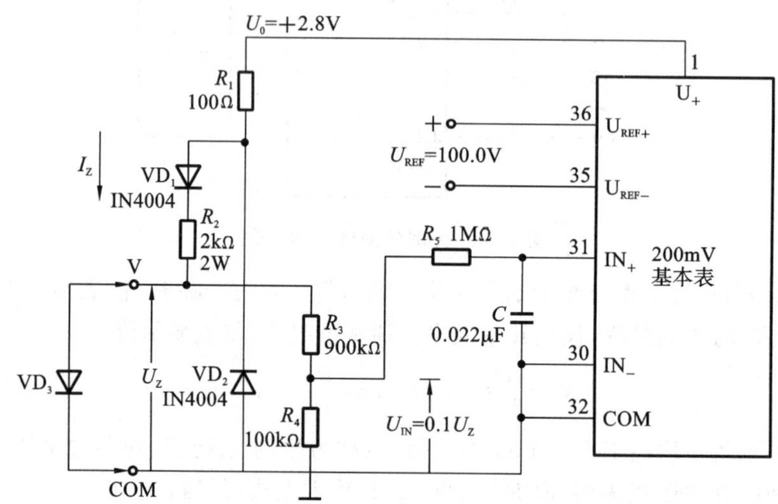

图 9-12 二极管测量电路

二极管测量电路中采用了由 VD_1、VD_2 和 R_2 组成的保护电路。如果不小心误用该电路测量 220 V 交流电压,则正半波时 VD_1 反向偏置而截止,电路不通;负半波时电流通过 COM→VD_2→VD_1→R_2 形成回路,可保护电压基本表不受损坏。可以看出,此时的回路电流 $I=220\ V/R_2=220\ V/2\ k\Omega=110$ mA,限制电阻 R_2 应选 2 kΩ/2 W 的氧化膜电阻,VD_1、VD_2 则采用耐压值为 400 V 的 IN4004 型硅整流二极管。分压电阻 R_3 和 R_4 应选用误差为 ±1%的金属膜电阻器。

6. 三极管 h_{FE} 测量原理

三极管的 h_{FE} 参数表示在共发射极接法时的电流放大倍数,数值上等于集电极电流 I_C 与基极电流 I_B 的比值,即

$$h_{FE}=\frac{I_C}{I_B}$$

测量三极管 h_{FE} 的电路如图 9-13 所示,测量范围是 0～1000(倍)。现以图 9-13(a)所示的 NPN 管为例,说明其工作原理。由 R_1 和 R_P 组成的偏置电路,可提供大约 10 μA 的基极电流 I_B。通过三极管放大后得到的发射极电流 I_E,在取样电阻 R_2 上形成压降,作为仪表输入电压 U_{IN}。因为 I_B 很小,$I_E \approx I_C$,故

$$U_{IN}=I_E R_2=I_C R_2=h_{FE} I_B R_2$$

将 $I_B=10\ \mu A$,$R_2=10\ \Omega$ 代入上式,并将 U_{IN} 的单位取 mV,即可得到

$$U_{IN}=0.1 h_{FE}(\text{mV})$$

即

$$h_{FE}=10 U_{IN}$$

显然，选择 200 mV 数字电压基本表，将 U_0 的单位取 0.1 mV，再令小数点消隐后即可直读 h_{FE} 值。由于 U_+ 输出的 2.8 V 基准电压源 U_0 可提供的电流有限，规定 $I_C \leqslant 0.1$ mV，$h_{FE}=0 \sim 1000$。

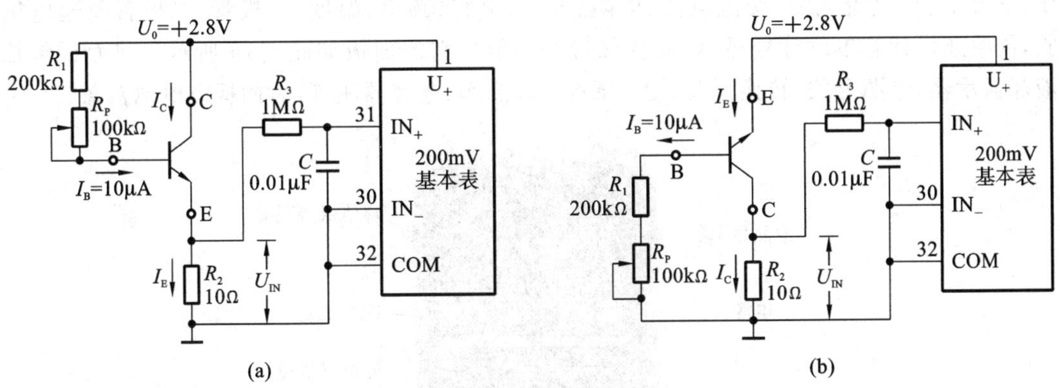

图 9-13 测量三极管 h_{FE} 的电路

(a)NPN 型晶体管测量电路；(b)PNP 型晶体管测量电路

设计 PNP 管的 h_{FE} 测量电路时，需改变 U_0 的极性，并将 R_2 移至集电极电路中，如图 9-13(b)所示。

带 h_{FE} 插口的测量电路如图 9-14 所示，其特点是利用一个 8 孔 h_{FE} 插座来分别测量 PNP、NPN 管的 h_{FE}。为简化电路，基极偏置电路由固定电阻 R_1 或 R_2 组成。R_3 为取样电阻。为便于插入被测管，h_{FE} 插座上有 4 个发射极 E 插孔，每一侧的两个 E 孔在内部互相连通，使用时可任选其一。

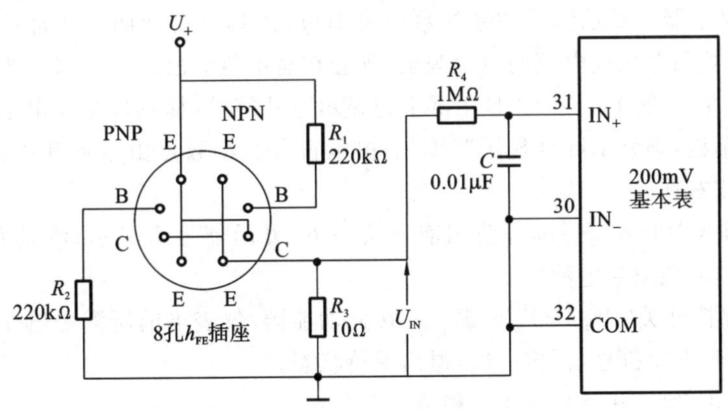

图 9-14 带 h_{FE} 插口的测量电路

9.1.3 VC9808 型数字万用表

数字万用表种类繁多，但使用方法大同小异。现以常用的 VC9808 型数字万用表为例，对数字万用表的面板和使用方法做介绍。

1. 面板

VC9808 型万用表是一种性能稳定、高可靠性的 $3\frac{1}{2}$ 位数字万用表，可用来测量直流电压、交流电压、直流电流、交流电流、电阻、电感、电容、频率、温度、三极管、二极管及通电试验，同时还设计有单位符号显示、峰值保持等功能。它的面板如图 9-15 所示。前面板包括液晶显示器、电源开关、转换开关、输入插孔、h_{FE}插座、电容插座等，后面板有电池盒盖。

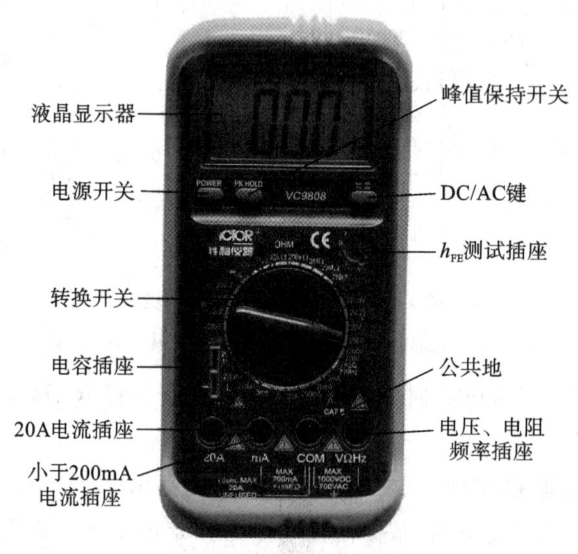

图 9-15　VC9808 型数字式万用表面板

各部分的作用说明如下。

(1) 液晶显示器　显示测量结果的数值及单位，还具有自动调零和自动显示极性的功能。测量时，若被测电压或电流的极性为负，则会在显示值前出现“－”号。当仪表所用电源电压(正常值为 9 V)低于 7 V 时，显示屏上将显示“一”符号，提示应更换电池。若测量时输入量超过仪表量程，则显示屏会显示“OL”的提示符号。小数点由量程开关进行同步控制，使小数点左移或右移。

(2) 电源开关“POWER”键　使用前要按一下，显示器上有显示；测量完毕，要再按一下，显示器关闭，以免空耗电池。

(3) 峰值保持开关“PK HOLD”键　按此功能键，仪表当前所测峰值保持在液晶显示器上，显示器出现 PH 符号，再按一次，退出保持状态。

(4) “DC/AC”键　用于选择 DC 和 AC 工作方式。

(5) h_{FE}测试插座　用于测量晶体三极管电流放大倍数的数值。采用 8 芯 h_{FE}插座，旁边分别标有 B、C、E。其中 E 孔有两个，在内部连通。测量时，应将被测晶体管三个极对应插入 B、C、E 孔内。

(6) 转换开关　用于改变功能及量程。位于面板中央的转换开关可提供 30 种测量功能和量程，供使用者选择。

(7) 电容插座　用于测量电容量或电感量的大小。测量时应将被测电容(或电感)插入

该插座，再配合相应的电容(或电感)量程，即可进行测量。

(8) 输入插孔　输入插孔共有 4 个，位于面板右下方。使用时，黑表笔插在公共地"COM"插孔，红表笔应根据被测量的种类和量程不同，分别插在"V · Ω · Hz""mA"或"20 A"的插孔内。

(9) 电池盒　电池盒位于数字式万用表后盖的下方。为便于检修，起过载保护的 0.5 A 快速熔丝管也装在电池盒内。

2. 使用方法

(1) 使用前，应仔细阅读数字式万用表的说明书，熟悉电源开关、功能及量程转换开关、各种功能键、输入插孔、专用插口(如三极管插口、电容器插座等)、旋钮及附件(如感温探头、高压插头等)的作用，了解仪表的极限参数，熟悉过载显示、极性显示、低电压显示、其他标志符号显示以及声光报警的特征，掌握小数点位置的变化规律。

(2) 检查表笔绝缘棒有无裂纹，表笔线的绝缘层是否破损，表笔位置是否插错，以确保操作人员和仪表的安全。

(3) 每一次准备测量前，必须明确要测量的种类和该怎样测量，根据需要选择合适的测量种类和量程。在拿起表笔开始测量前，要再次核对测量种类和量程开关的位置是否正确，插孔位置是否正确，以防止损坏万用表。若事先无法估计被测电压(电流)的大小，则应先将转换开关拨至最高电压(电流)量程试测一次，再根据情况选择合适的量程。若最高位显示"1"或"OL"，其他位均消隐，则表明万用表已发生过载现象，应选择更高的量程。

(4) 刚开始测量时，显示屏会出现跳数现象，应等显示值稳定后再读数。

(5) 要注意操作安全。在进行高电压测量或测量点附近有高电压时，一定要注意人身和仪表的安全。在做高电压及大电流测量时，严禁带电切换转换开关，否则有可能损坏转换开关。

另外，数字万用表用完之后，应及时关断电源开关，以防发生意外而损坏仪表。

9.2 数字功率表

9.2.1 单相有功功率的数字测量

根据电路原理，在正弦交流电路中设负载两端的电压和流过的电流分别为

$$u(t) = U_{\mathrm{m}}\sin(\omega t) = \sqrt{2}U\sin(\omega t)$$

$$i(t) = I_{\mathrm{m}}\sin(\omega t - \varphi) = \sqrt{2}I\sin(\omega t - \varphi)$$

式中：U_{m}、U 分别为交流电压的幅值和有效值；I_{m}、I 分别为交流电流的幅值和有效值；ω 为角频率；φ 为交流电压与交流电流的相位差。

瞬时功率为

$$\begin{aligned} p(t) &= u(t)i(t) = 2UI\sin(\omega t)\sin(\omega t - \varphi) \\ &= UI\cos\varphi - UI\cos(2\omega t - \varphi) \end{aligned}$$

而有功功率为瞬时功率在一个周期 T 内的平均值，所以有功功率为

$$P=\frac{1}{T}\int_0^T p(t)\mathrm{d}t=\frac{1}{T}\int_0^T u(t)i(t)\mathrm{d}t$$
$$=\frac{1}{T}\int_0^T[UI\cos\varphi-UI\cos(2\omega t-\varphi)]\mathrm{d}t=UI\cos\varphi$$

比较以上两式可知，测量有功功率可以由一个乘法器求得瞬时功率 $p(t)$，再经一个低通滤波器，滤掉 $p(t)$中的两倍工频成分 $UI\cos(2\omega t-\varphi)$ 来完成。

在有功功率的数字测量中，常用将脉宽调制和幅值调制结合在一起的时分割乘法器来完成求瞬时功率 $p(t)=u(t)i(t)$ 的乘法运算。在实际应用中，常将电流 $i(t)$经过一个固定阻值电阻，在电阻两端便得到与 $i(t)$成线性比例关系的电压，而电压 $u(t)$也要经输入电路变成与之正比的电压信号，即

$$u_x=k_xU_\mathrm{m}\sin(\omega t)$$
$$u_y=k_yI_\mathrm{m}\sin(\omega t)$$

式中：k_x、k_y 代表实际与仪表可接受信号间的比例常数，从而可用 u_x、u_y 的乘积代替 $u(t)$与 $i(t)$的乘积。常见的时分割乘法器有采用基准三角波的乘法器、采用基准方波的乘法器、采用自激多谐振荡器的乘法器和采用磁饱和振荡器的乘法器。

采用基准三角波的时分割乘法器为核心部件的数字式单相有功功率表的原理框图如图 9-16(a)所示，图中，通过运算放大器 A_1、A_2、A_3 和 A_4 完成时分割乘法运算，图 9-16(b)是时分割乘法器各点电压波形图。图 9-16(a)中，u_y 通过运算放大器 A_2 实现调宽，u_x 通过运算放大器 A_1、A_3 实现调幅，已调波的直流分量经低通滤波器取出后经 A/D 转换变成数字量后，便可在显示器上显示出被测有功功率。

时分割乘法器是模拟乘法器的一种，此外，还有 1/4 平方乘法器、热偶乘法器、霍尔效应乘法器等多种类型。

9.2.2 单相无功功率的数字测量

在交流电路中，有功功率 P 和无功功率 Q 的定义为

$$P=UI\cos\varphi$$
$$Q=UI\sin\varphi$$

式中：U、I 分别为电压、电流的有效值；φ 为电压超前电流的角度，$\varphi>0$ 时电压超前电流，$\varphi<0$ 时电流超前电压。

若将输入电压顺时针相移而幅值不变，则移相后的电压和电流进行有功功率测量，有

$$P'=UI\cos(\varphi-90°)=UI\sin\varphi=Q$$

由上式可知，对输入电压作相移后再进行有功功率测量，测量结果为原来电压、电流的无功功率。参考前面刚讲的有功功率测量方法，不难得到单相无功功率的数字测量方法。数字式单相无功功率测量原理框图如图 9-17 所示，限于篇幅，对电压移相电路不再介绍。

在实际应用中，当采用运算放大器实现电压的 90°相移时，工频频率波动将引起相移移位不准。为此，常将电压相移$-45°$，电流相移 45°，来等效代替$-90°$电压相移。这样，当工频在 50 Hz 附近变化时，所引起的合成相移变化量约为零值，也就是说，数字式无功功率表的相移电路在工频附近没有误差。

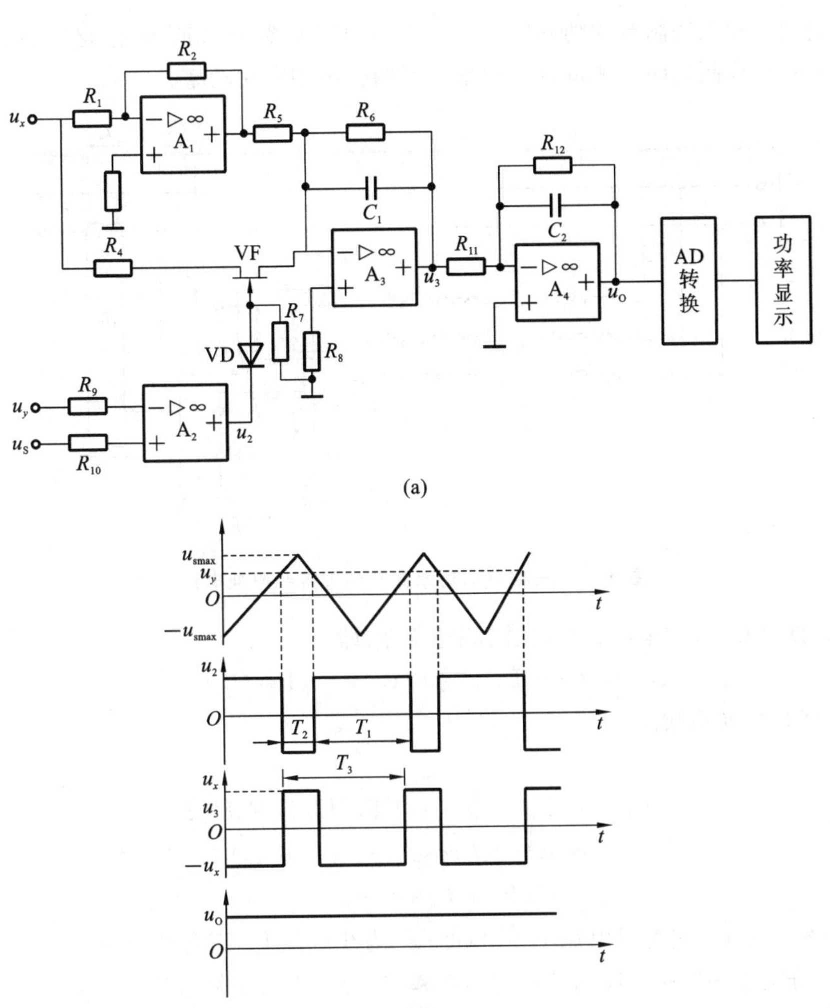

图 9-16 数字式单相有功功率表

(a)原理框图;(b)电压波形图

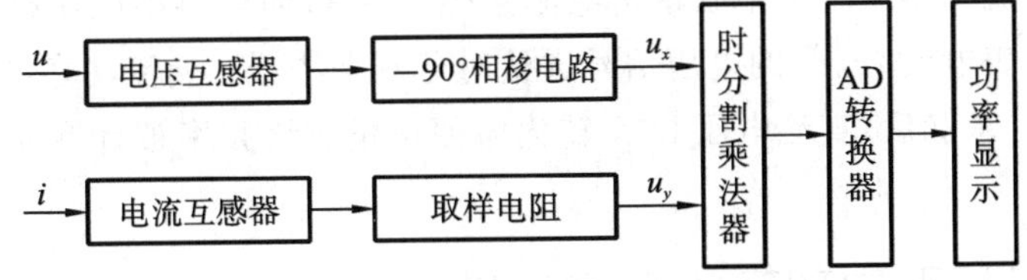

图 9-17 数字式单相无功功率测量原理框图

9.2.3 三相有功功率的数字测量

三相有功功率的数字测量方法与用电动系功率表的测量方法基本一样,仍可分为一表法、二表法和三表法,只是功率表内部结构不同。下面以二表法测量三相三线制有功功率为例来说明。

二表法测三相三线制有功功率的外围接线原理图如图 9-18 所示，该接线适合于对称或不对称的三相三线制电路中测量有功功率或者两个单相有功功率。

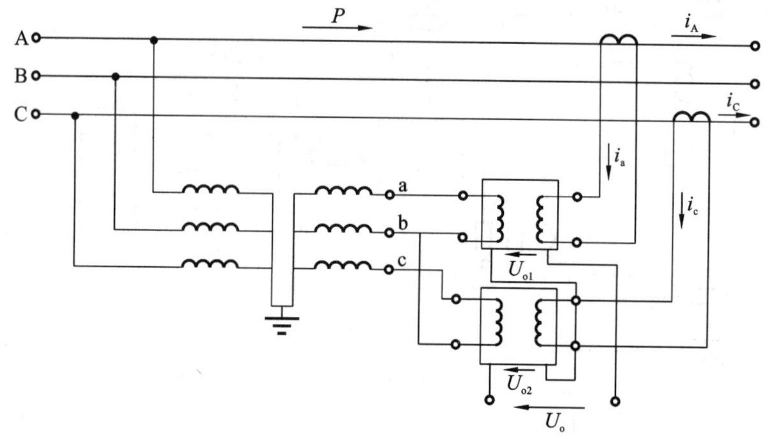

图 9-18　三相有功功率数字测量接线原理电路

测量元件(即时分割乘法器)有相同的外特性，即

$$U_{o1}=K\mathrm{Re}[\dot{U}_{ab}\dot{I}_a^*],\quad U_{o2}=K\mathrm{Re}[\dot{U}_{cb}\dot{I}_c^*]$$

式中：K 为线性变换系数。

于是有

$$\begin{aligned}U_o=U_{o1}+U_{o2}&=K\mathrm{Re}[\dot{U}_{ab}\dot{I}_a^*+\dot{U}_{cb}\dot{I}_c^*]\\&=K(U_{ab}I_a\cos\varphi_1+U_{cb}I_c\cos\varphi_2)\\&=K(P_1+P_2)=KP\end{aligned}$$

式中：φ_1 为线电压 $\dot{U}_{ab}$ 超前线电流 $\dot{I}_a$ 的角度；φ_2 为线电压 $\dot{U}_{cb}$ 超前线电流 $\dot{I}_c$ 的角度；P_1、P_2 分别为两时分割乘法器所对应的被测有功功率；P 为三相三线制总有功功率。

由此可见，输出电压 U_o 与三相有功功率成正比，由此可测得电路的三相有功功率。在实际应用中，常将两有功功率表合成在一起，做成一块数字式三相有功功率表，其内部结构原理图如图 9-19 所示。电压互感器副边电压 u_{ab}、u_{cb} 再经过精密隔离电压互感器送至时分割乘法器单元；电流互感器副边串联精密电流互感器 TA，而后再串联小标准电阻在 TA 的副边，用来获取代表电流 i_A、i_C 的电压信号送给时分割乘法器。交流功率经过时分割乘法器转换为直流电压。求和后，直流电压 U 又转化为频率量。该频率被计数器计数显示被测有功功率。

9.2.4　三相无功功率的数字测量

三相无功功率的测量可采用电动系有功功率表测无功功率的方法，即跨相的接线方法。对于三相三线制无功功率的测量可仅采用两个时分割乘法器进行测量，并能和有功功率测量共用一套电压取样元件；只是相乘的电流电压组合与测量有功功率时不一样。其外围接线原理图如图 9-20 所示，注意图中两个电流线圈的匝数比是 2∶1 的关系。

两时分割乘法器输出相加后的总输出电压为

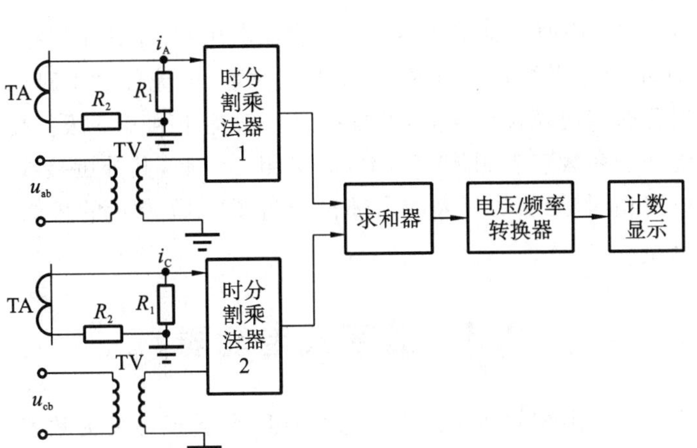

图 9-19　三相有功功率数字测量原理框图

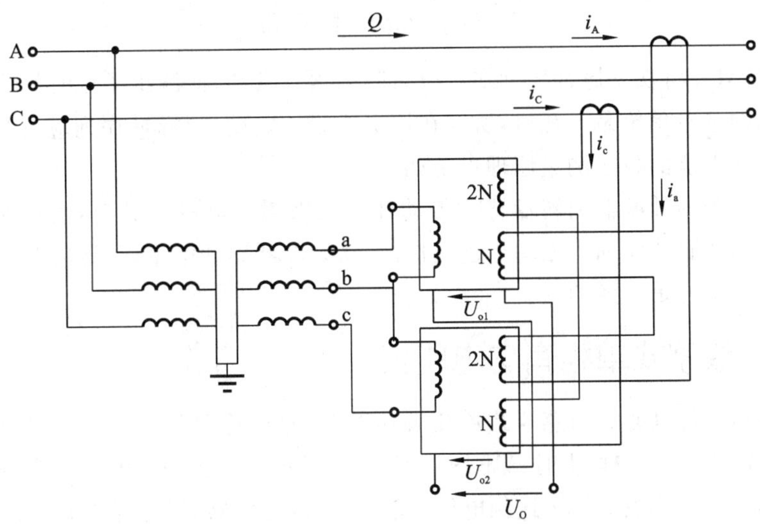

图 9-20　三相无功功率数字测量接线原理电路

$$
\begin{aligned}
U_o = U_{o1} + U_{o2} &= K\mathrm{Re}[\dot{U}_{bc}(2\dot{I}_a^* + \dot{I}_c^*) + \dot{U}_{ab}(2\dot{I}_c^* + \dot{I}_a^*)] \\
&= K\mathrm{Re}[\dot{U}_{ab}(\dot{I}_c^* - \dot{I}_b^*) + \dot{U}_{bc}(\dot{I}_a^* - \dot{I}_b^*)] \\
&= K\mathrm{Re}[\dot{U}_{ab}\dot{I}_c^* + \dot{U}_{bc}\dot{I}_a^* + \dot{U}_{ca}\dot{I}_b^*]
\end{aligned}
$$

在三相电压对称时有

$$
\begin{aligned}
U_o &= \sqrt{3}K\mathrm{Re}[\dot{U}_a\dot{I}_a^*\mathrm{e}^{-j90^\circ} + \dot{U}_b\dot{I}_b^*\mathrm{e}^{-j90^\circ} + \dot{U}_c\dot{I}_c^*\mathrm{e}^{-j90^\circ}] \\
&= \sqrt{3}K[U_aI_a\cos(\varphi_a - 90^\circ) + U_bI_b\cos(\varphi_b - 90^\circ) + U_cI_c\cos(\varphi_c - 90^\circ)] \\
&= \sqrt{3}K(U_aI_a\sin\varphi_a + U_bI_b\sin\varphi_b + U_cI_c\sin\varphi_c) \\
&= \sqrt{3}K(Q_a + Q_b + Q_c) \\
&= \sqrt{3}KQ
\end{aligned}
$$

式中：K 为线性比例常数；Q 为三相总无功功率。

由上式可见，图 9-20 中时分割乘法器输出总直流电压 U_o 正比于三相总无功功率。

采用图 9-20 所示的方法测无功功率时，在电压对称、电流任意不对称的情况下无接线误差。在电压不对称时将出现接线误差，其准确度一般达不到 0.5 级。在测量准确度要求较高时必须采用无功功率数字表测无功功率，对三相三线制，其外围接线与图 9-18 所示的测量有功功率的电路相同，无功功率表的内部接线与图 9-19 所示的相似，只是在时分割乘法器前增加移相电路。

9.3 数字式电能表

电压信号形式的三相系统的功率经电压/频率(U/f)转换后变为频率 f(频率正比于电压 U 的脉冲系列)，该频率与有功功率 P 成正比，即 $P=Kf$。这里 K 为常数。因此，系统总的有功能量可表示为

$$W=\int_0^t P\mathrm{d}t=\int_0^t Kf\,\mathrm{d}t$$

也就是说，只要将功率脉冲序列在一段时间内累积求和，便测出了该时间段内消耗的电能。因为电能的基本单位是千瓦时，所以在用上式累计之前，对脉冲序列应进行 36×10^5 的分频。对于无功电能的数字测量原理也是如此。

感应式电能表的计度器由转盘转动带动计度器来累计电量。对于数字式电能表，一般采用分频后的功率脉冲序列去驱动步进电机，带动计度器累计电量，其计度器与感应式电能表的计度器原理结构是一样的。

9.3.1 数字式单相有功电能表

数字式单相有功电能表与感应式单相有功电能表(俗称单相电度表)的外形尺寸、外观形状和接线盒接线基本一样，其原理框图如图 9-21 所示。取自分压器和分流器上的信号取样，送到乘法器电路，乘积信号再送到电压/频率(U/f)转换器，经分频电路输出脉冲去驱动步进电机，带动机电计度器累计电量，或采用电子计度器累加电能。常用的单片计量芯片有德国 EasyMeter 公司的 SPM3-20 芯片和美国 ANALONG DEVICES 公司的 AD7755 芯片等。

数字式单相有功电能表的性能指标一般优于传统的感应式单相有功电能表。随着专用集成电路集成度的提高和价格的下降，数字式电能表取代感应式电能表将成为趋势。数字式和感应式单相有功电能表综合指标比较如表 9-1 所示。

表 9-1　数字式和感应式单相有功电能表综合指标比较

序　　号	比 较 内 容	感应式电能表	数字式电能表
1	准确度	2 级	1 级
2	功耗	3 W	0.7 W

续表

序　　号	比 较 内 容	感应式电能表	数字式电能表
3	过载能力	2～4 倍	6 倍
4	高次谐波影响	较大	较小
5	工作位置	垂直悬挂±3°	无特殊要求
6	可靠性	10 年	20 年
7	防窃电性能	差	好
8	反接指示	无	有
9	止逆功能	无	有

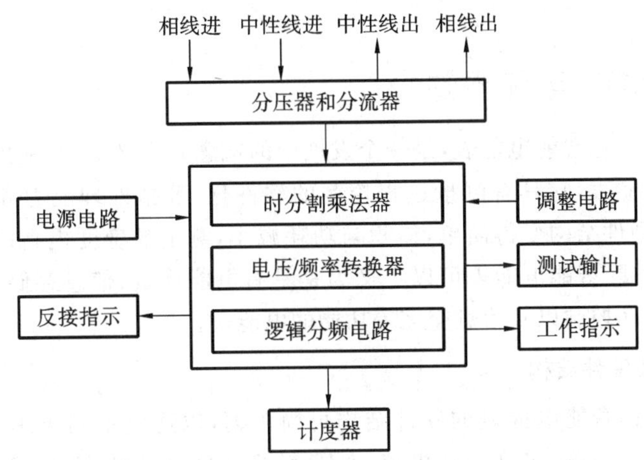

图 9-21　数字式单相有功电能表原理框图

表 9-1 中的止逆功能和反接指示是指若交换进线和出线，电能表不能倒转和指示告警的功能，此功能可防止人为窃电。

9.3.2　数字式三相电能表

数字式三相电能表的准确度等级一般为 0.5 级、1.0 级和 2.0 级，额定电压分别为 57 V、100 V 和 220 V，额定电流为 5 A 或 6 A。数字式三相电能表一般分为三相三线有功电能表、三相三线无功电能表、三相四线有功电能表、三相四线无功电能表、三相三线有功无功一体电能表、三相四线有功无功一体电能表。数字式三相电能表的原理示意框图如图 9-22所示。

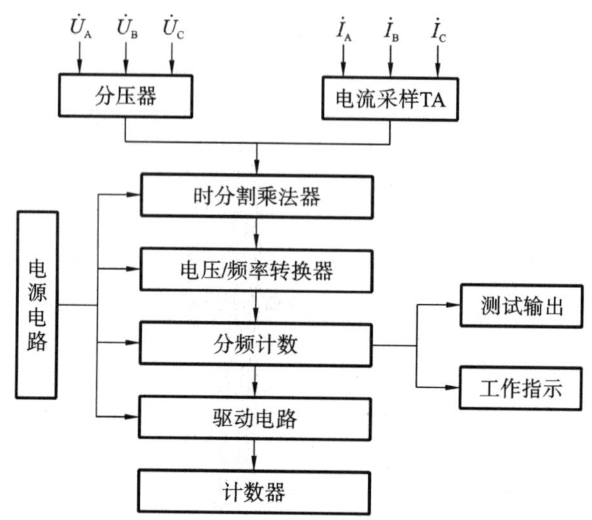

图 9-22 数字式三相电能表原理示意框图

9.4 智能式电能表

9.4.1 智能式电能表简介

智能式电能表简称智能电能表，是一个发展中的概念。广义上，智能电能表可以定义为内置微处理器的电能表，它具有测量过程控制的软件化、数据处理能力和功能多样化的特点，从而使电能表硬件结构变得简单，体积与功耗减小，测量准确度提高；狭义上，随着电子信息技术的飞速发展，智能电能表可以定义为是具有电能计量、信息存储和处理、网络双向通信、实时监测、自动控制以及信息交互等功能的电能表。

1. 智能电能表硬件结构

内置微处理器的智能电能表的硬件结构可简可繁，以适应不同应用场合的实际需要。简单结构应包括输入电路、采样保持电路、A/D 转换电路、RAM、EPROM、微处理器、监控输出、键盘、日历时钟、读卡电路和显示器等。复杂结构还可包括专用计量芯片、通信接口等。

1）简单智能电能表的硬件结构

简单智能电能表的硬件结构如图 9-23 所示。下面介绍各部分的功能。

（1）微处理器（MPU） 微处理器是将计算机的 CPU、RAM、ROM、定时/计数器和 I/O 接口集成在一片芯片上形成的芯片级微计算机。微处理器是仪表的核心，它根据编制的程序完成数据传送、各种数学计算等功能。目前 MPU 的品种繁多，选择合适的 MPU 对降低仪表造价、简化硬件结构是至关重要的。

（2）智能电能表存储器 智能电能表存储器有 RAM 和 ROM 两类。RAM 是随机存取存储器，用来存储电能计量过程中的数据，MPU 可以将数据写入 RAM，也可以从 RAM 中

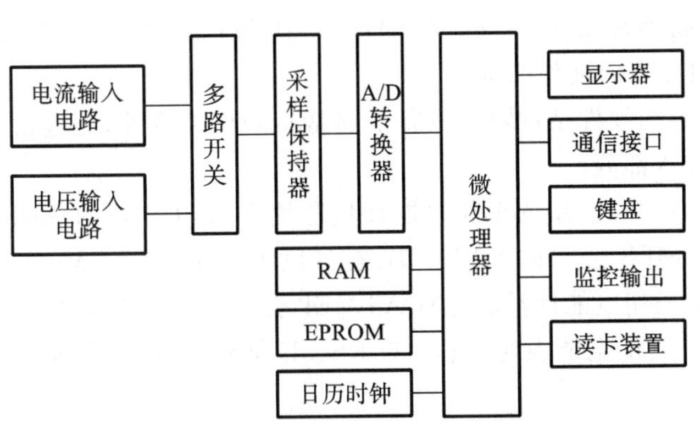

图 9-23 简单智能电能表的结构图

读出。ROM 是只读存储器，常常作为程序存储区使用，把事先编制好的程序用专用设备固化在 ROM 中，MPU 只能从其中读，但不能在里面写。ROM 有多种形式，除了最早期的掩膜 ROM（MASK ROM）外，现在用得最多的是 EPROM（紫外线擦除只读存储器）、EEPROM（电擦除只读存储器）和 FLASH ROM（闪速存储器）等。

(3) 日历时钟 日历时钟给 CPU 提供准确的年、月、日、时、分、秒，如 DALLAS 公司的 DS12887 时钟芯片。

(4) 显示器 显示器一般使用液晶 LCD 显示屏或数码管 LED 显示块，可显示总累计电量、累计峰电量、累计平电量、累计谷电量等数据。

(5) 通信接口 通过通信接口可将表内数据通过专用通信线、电话线、电力线等传给上级用电管理部门，用电管理部门也可对该表进行远程参数设置、负荷控制等。另外一种工作方式是通信接口以远红外方式与抄表器通信，实现自动抄表。

(6) 键盘 通过键盘可实现时钟校时，计费按平、峰、谷时段划分等功能。

(7) 监控输出 当电卡电量快用尽时，发出报警信号。当超功率运行时间大于给定延时时，给出跳闸信号。还可实现过电流（过载）保护跳闸。

(8) 读卡装置 对预付费电表，CPU 可通过读卡装置对电卡（又称智慧卡或 IC 卡）或磁卡进行读写，实现先买电、后用电的电费预付制。

(9) 输入电路 模拟电压经幅值衰减送多路开关，电流经幅值衰减和电流/电压转换送入多路开关。

(10) 多路开关 多路开关又称多路模拟电子开关，它有多个信号输入端以及一个信号输出端，并根据 CPU 给定的地址选择信号，将多个输入信号中与地址信号相对应的一路输入作为输出信号。

(11) A/D 转换器 A/D 转换器将模拟量变换成数字量，以便 CPU 进行数字量处理。常用的 A/D 转换器有逐次逼近型、双积分型和 $\sum$-Δ 型等类型。

(12) 采样保持器 数字仪表和智能电能表只能处理数字量，所以必须把模拟量变成数字量，但是在转换过程中应保证被测电压不变，因此测量一个随时间变化的电压时，应把要测量的瞬间电压暂时寄存起来以供 A/D 进行转换，寄存的时间必须大于 A/D 转换的时间，完成寄存电压瞬间值的器件称为采样保持器。采样保持器有分立元件的，也有单片集成的。

单片集成式采样保持器常见的有 LF198、AD582、AD583 及 SHA 系列等。

2）复杂智能电能表的硬件结构

复杂智能电能表的硬件结构除了具备上述基本硬件结构外，还包括专用的智能电能表计量芯片、通信芯片等部分。

（1）专用计量芯片　常用的单相电能计量芯片有 ADI 公司的 ADE7756、Cirrus Logic 公司的 CS5463、SAMES 公司的 SA9903B、复旦微电子公司的 FM7755、上海贝岭公司的 BL0921 等。常用的三相电能计量芯片有 ATMEL 公司的 AT73C500/501 等。

（2）通信芯片　智能电能表通信芯片有 RS-485 通信芯片、红外通信芯片、GPRS 通信芯片、电力载波通信芯片等。

2. 智能电能表软件与算法

智能电能表的程序（软件）可分为几大模块，如上电初始化模块、数据采集模块、数据运算处理模块、显示模块、通信模块、键处理模块、自检模块等。具体编写时可编成主程序、子程序和中断服务程序三大类程序块。按模块化处理，程序可读性好、增删容易。

3. 智能电能表网络通信技术

电能表通信技术经历了简单的本地通信、远程通信及其电能自动采集系统的发展历程，现在电能表通信技术逐步走向大规模联网的网络化阶段。

对于配电台区上行的通信信道，电能自动采集系统采用的通信方式有 PSTN 共用电话网、GPRS 无线、GSM 无线、光纤等。对于配电台区下行的通信信道，电能自动采集系统采用的通信方式主要有 RS-485 总线、低压电力线载波、无线及混合方式。

9.4.2 智能电能表的功能及其发展

广义的智能电能表应该具备数字式或电子式电能表的基本功能。随着电子信息技术的发展和当前建设智能电网的需求，智能电能表向更高级别发展，进一步适应远程自动抄表系统、能量管理系统以及双向计量的要求，具备一些新的功能。除了基本的电能计量功能以外，智能电能表的其他主要功能有以下几点。

1. 复费率电能计量功能

复费率电能计量是指由多个计度器分别在规定的不同费率时段内记录交流有功或无功电能。具备复费率电能计量的电能表称为复费率电能表。复费率电能表集有功、分时计费于一体，表中设有多种费率、多个时段；一般具有遥控器红外编程、掌上电脑红外抄表及 RS-485 通信接口有线抄表功能。

费率计度器由存储器（用作存储信息）和显示器（用作显示信息）二者构成的电-机械装置或电子装置，能记录不同费率的有功或无功电能量。

电能测量单元由被测量输入回路、测量等部分构成，进行有功或无功电能计量。

费率时段控制单元由费率计度器（含驱动电路）、时间开关及逻辑电路等构成，进行费率时段电能测量和显示。

峰、平、谷电量计量及显示。电力系统日负荷曲线高峰时段的电量称为峰电量，低谷时段的电能量称为谷电量，计量峰、谷时段以外的电能量称为平电量，三者之和为总电量。一般具有峰平谷指示灯来显示峰、平、谷电量。

除了峰谷电量计量之外，智能电能表还应具备不同类型的阶梯电价、分时电价计量等实际需要，促进电能的合理配备和使用。

2. 预付费电能计量功能

预付费电能计量是在普通单相数字电能表基础上增加了微处理器、IC 卡接口和表内跳闸继电器实现的。它通过 IC 卡进行电能表电量数据以及预购电费数据的传输，通过继电器自动实现欠费跳闸功能，为解决抄表收费问题提供了有效的手段。

测量模块为单相预付费电能表的核心，微处理器接收到测量部分的功率脉冲进行电能累计，并且存入存储器中，同时进行剩余电费递减，在欠费时给出报警信号并控制跳闸。它随时监测 IC 卡接口，判断插入卡的有效性以及购电数据的合法性，将购电数据进行读入和处理。

显示采用液晶显示（LCD）或数码管显示（LED）。继电器一般为磁保持继电器，可以通断较大的电流。电能表中可扩展 RS-485 接口，进行数据抄读。

在预付费电能表中，IC 卡技术是一个关键技术。IC 卡是集成电路卡（Intergrated Circuit Gard）的简称，它将集成电路镶在塑料卡片上。它与磁卡比较有接口电路简单、保密性好、不易损坏、存储容量大、寿命长等特点。IC 卡中的芯片分为不挥发的存储器（也称存储卡）、保护逻辑电路（也称加密卡）和微处理单元（也称 CPU 卡）三种。在电能表上使用的卡，这三种都有，接口往往采用串行方式的接触式卡。

3. 网络通信功能

智能电能表应该具备下列通信功能的一种或多种：标准 RS-485 通信接口、红外通信、GPRS 通信（内置或外配）、无线传感通信模块，GSM 通信模块等。为了实现远程抄表系统的需求，根据不同的计量要求，选择合适的通信手段。

4. 控制功能

智能电能表应具备计量量程自动切换功能、自校验和自诊断功能、失压报警、失流报警、电压越限报警、超负载报警、停电抄表、电能质量检测以及系统升级等功能。

5. 人机交互功能

智能电能表一般配备键盘输入和液晶显示部件，可以实现键盘参数设置和显示电能信息的功能。

智能电能表的全屏显示画面可以直观地显示不同时段（本月、上月、上上月），三相或单相有功、无功、正向或反向、尖峰平谷电量，功率因数，实时电压、电流、功率，负载曲线，越限记录（总/A 相/B 相/C 相、起始时间、累计次数、累计时间、累计电量），失压失流等信息。

6. 双向电能计量功能

为了适应智能电网和新能源接入的要求，智能电能表还应具备电能双向计量的功能。实现双向电能计量功能是实现分布式电源并网、需求侧智能管理系统、供用电双向互动服务的前提和基础。智能电能表可以用来实现用户和供电公司之间真正的双向通信和信息互享，而且具备付费模式可变、支持微型分布式发电等功能，能够满足智能化家庭中用电管理模式的要求。从这个角度来讲,智能电能表是智能电网建设的起点和必要前提。

习　　题

9-1　画出数字式万用表的基本组成框图。

9-2　数字式电压基本表的任务是什么?

9-3　画出数字式单相有功电能表的原理框图。

9-4　画出简单智能电能表的结构框图。

9-5　某 $5\frac{1}{2}$ 位数字电压表,最大显示数字为 199999,最小量程为 0.2 V,问它的分辨力是多少?(提示:分辨力是指最低量程时末位一个字对应的电压,该题和下面几题可参阅 3.2.3 节内容)

9-6　甲、乙两台数字电压表,显示器最大显示值:甲为 999,乙为 19999。求:(1)它们各是几位数字电压表?(2)若乙的最小量程为 200 mV,其分辨力等于多少?(3)若乙的工作误差为 $\pm 0.02\% + 1$ 个字,分别用 2 V 挡和 20 V 挡测量 $U_X = 1.56$ V 电压时,绝对误差、相对误差各为多少?

9-7　某 $4\frac{1}{2}$ 位(最大显示数字为 19999)数字电压表测电压,该表 2 V 挡的误差为 $\pm 0.025\%$(示值)$+2$ 个字,现测得值分别为 0.0012 V 和 1.9888 V,求两种情况下的绝对误差和示值相对误差各为多少?

9-8　某 $6\frac{1}{2}$ 位数字电压表,其误差表达式为 $\Delta U = \pm(0.003\% U_X + 0.002\% U_m)$,选用直流 1 V 量程测一标称值为 1.5 V 的直流电压,显示值为 1.499876 V,求此时的示值相对误差是多少?

第 10 章 常用电子仪表

内容提要:电子仪器是指利用电子技术原理并利用电子元件构成的仪表、仪器及装置的总称,种类繁多,用途和性能各异。本章对常用电子仪表加以介绍,具体内容包括:函数信号发生器、晶体管毫伏表、双踪示波器、直流稳压电源。

10.1 函数信号发生器

函数信号发生器实际上是一种多波形信号源,一般能产生正弦波、方波、三角波,有的还可以产生锯齿波、矩形波、正负脉冲、半正弦波等波形。由于其输出波形都能用数学函数来描述,故命名为函数信号发生器。函数信号发生器除了作为正弦信号源使用外,还可以用来测试各种电路和机电设备的瞬态特性、数字电路的逻辑功能、A/D 转换器、压控振荡器以及锁相环的性能,广泛应用于生产测试、仪器维修和电工电子实验室等场合。

10.1.1 函数信号发生器的组成和工作原理

函数信号发生器产生信号的方法通常有三种:第一种是脉冲式,用施密特电路产生方波,然后经变换得到三角波和正弦波;第二种是正弦式,即先产生正弦波,再经过变换得到方波和三角波;第三种是三角式,即先产生三角波,再转换为方波和正弦波,这是近年来比较流行的一种组成方式。

1. 脉冲式函数信号发生器

图 10-1 是脉冲式函数信号发生器的工作框图。由图可见,其工作过程是:双稳态触发器产生方波信号;再用积分器将方波信号变换成三角波信号;最后用正弦波形成电路将三角波信号变换成正弦波信号。这三种信号通过各自独立的输出电路同时输出,也可使用同一输出电路,用开关实现输出波形的转换。上述变换过程简化为:方波→三角波→正弦波。

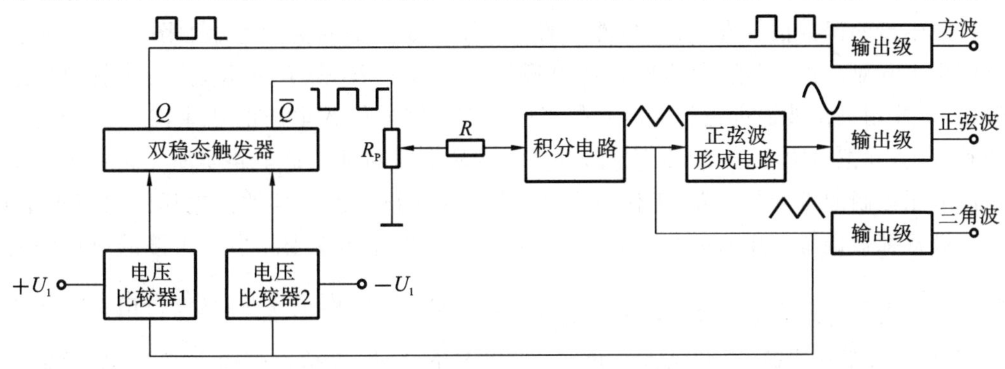

图 10-1 脉冲式函数信号发生器的工作框图

1）方波和三角波的产生

在脉冲式函数信号发生器中，产生方波和三角波的电路主要由双稳态触发器、积分电路和两个电压比较器组成。其原理如下：设双稳态触发器工作在第一稳态，此时双稳态电路的输出端Q的电压 U_1 为正，因此，Q输出端为负，积分电路的输出电压 U_2 将直线下降，当 U_2 下降到等于参考电压 $-U_1$ 时，电压比较器2输出一信号使双稳态触发器翻转到第二稳态，此时，输出电压 U_1 由正变负，同时积分电路的输出电压 U_2 将线性上升。当 U_2 上升到等于参考 U_1 时，电压比较器1使双稳态触发器又翻回到第一稳态，完成一个循环周期。不断重复上述过程，从双稳态触发器输出端就能得到方波信号。该方波信号分两路输出：一路经输出级直接输出方波信号；另一路则送入积分电路，经积分后得到三角波信号，然后三角波再经正弦波形成电路得到正弦波。

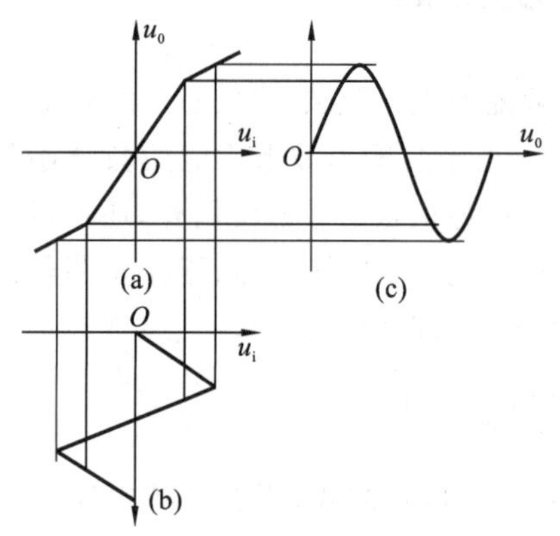

图 10-2　三角波变换正弦波原理图

(a)某输入、输出特性曲线；
(b)输入信号；(c)输出信号

2）三角波到正弦波的变换

将三角波变成正弦波，最简便的方法是利用低通滤波器滤除掉三角波中的高次谐波，使之成为正弦波，这种方法虽然比较简单，但不适合于宽的频率范围。目前生产的函数信号发生器中，常用的三角波到正弦波的变换一般都是利用函数变换网络完成。输入和输出信号之间有确定关系的网络，称为函数变换网络。函数变换网络主要用来变换信号波形，如积分电路能把方波变成三角波，就属于函数变换网络的一种。将三角波变成正弦波的函数变换网络是利用分段逼近法来实现波形变换的。实际上正弦曲线可以看成由很多斜率不同的直线段组合而成。将三角波另行加到由很多不同偏置二极管组成的整形网络中，形成许多不同斜度折线段，便可形成正弦波。显然特性曲线中折线的段数越多，电路输出波形就越接近正弦波。图10-2是三角波变换正弦波的原理图，其中图10-2(a)所示的是某一个电路的输入、输出特性曲线，图10-2(b)所示的是该电路输入信号，图10-2(c)所示的是该电路的输出信号。较之输入信号，输出信号向正弦波逼近了一大步。

目前生产的函数信号发生器中，常见的正弦波形成网络的实际电路如图10-3所示。该电路使用了6对二极管，正、负直流稳压电源和电阻 $R_1 \sim R_7$ 及 $R_8 \sim R_{14}$ 为二极管提供适当的偏压，以控制三角波逼近正弦波时转折点的位置。随着输入电压的变化，6对二极管依次导通和截止，并把电阻 $R_A \sim R_F$ 依次接入电路，或从电路断开。该电路实质上是一个由输入三角波电压控制的可变分压器，工作过程是：当由A端输入的三角波的电压瞬时值很小时，所有二极管都被偏置电压所截止，输入三角波直接送到输出端B。当三角波的电压瞬时值正向上升到 $\dfrac{ER_1}{R_1+R_2+R_3+R_4+R_5+R_6+R_7}$ 时，二极管 VD_1 导通，这使得由电阻 R、R_A、R_1 组成的分压器被接通，因此输入三角波将通过该分压器，再传送到输出端B。随着输入三角波电压瞬时值的不断升高，二极管 $VD_2 \sim VD_6$ 将依次导通。这使得分压器的分压比逐渐减小，从而使三角波趋向于正弦波。在三角波的正峰值以后，随着输入三角波电压瞬时值的降低，二极管 $VD_6 \sim VD_1$ 又相继截止。在三角波的负半波，二极管 $VD_7 \sim VD_{12}$ 也按照同样方式相继导通和截止，从而在 B 得到正弦波。

由以上分析可以看出，电路中每个二极管可产生一个转折点。转折点越多，由这种正弦波形成网络所获得的正弦信号失真越小。实践证明，用 5 对二极管时，正弦信号失真度可小于 1%；用 6 对二极管时，正弦信号失真度小于 0.25%。

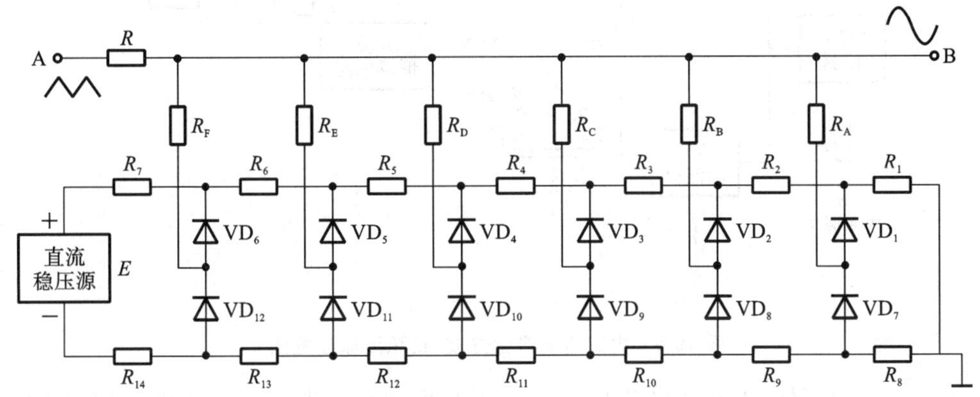

图 10-3 常见的正弦波形成网络的实际电路

2. 正弦式函数信号发生器

正弦式函数信号发生器的原理方框图如图 10-4 所示。由图可见，正弦式函数信号发生器主要由正弦波振荡器、射极跟随器、方波形成电路、积分电路、输出级组成。该仪器中振荡器通常采用文氏电桥振荡器，因此能输出较好的正弦波。其工作频率为 1 Hz～1 MHz。

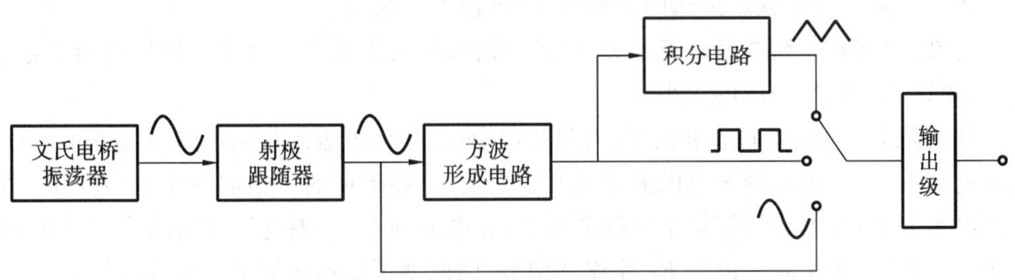

图 10-4 正弦式函数信号发生器的原理方框图

正弦式函数信号发生器的工作过程如下：正弦波振荡器输出正弦波，经过射极跟随器隔离后，分为两路信号输出：一路直接送往输出级输出正弦波信号；另一路作为方波形成电路的触发信号。方波形成电路通常由双稳态电路组成，它也输出两路信号：一路送输出级放大后输出标准方波信号；另一路送积分电路变换为三角波。三个波形的输出由选择开关控制输出。

3. 三角式函数信号发生器

三角式函数信号发生器是先产生三角波，然后产生方波和正弦波。它由三角波发生器、方波形成电路、正弦波形成电路、输出级等部分组成，是近年来函数信号发生器中使用较多的一种组成方式，其原理框图如图 10-5 所示。

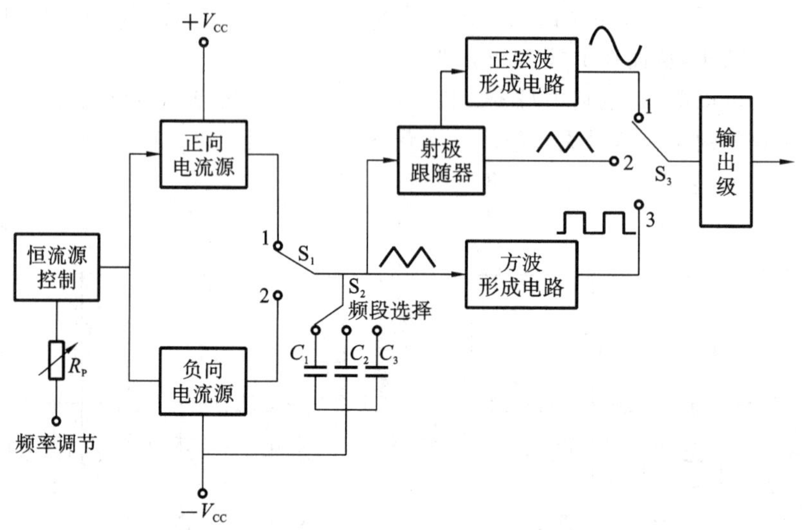

图 10-5　由三角波产生方波、正弦波原理框图

三角式函数信号发生器是利用正、负电流源对积分电容进行充、放电的原理制成的，能产生线性很好的三角波。改变正、负电流源的激励电压，能够改变电流源的输出电流值，从而改变积分电容的充、放电速度，使三角波的重复频率得到改变，实现频率调谐。

正、负电流源的工作转换由转换开关 S_1 控制，可用来交替切换送往积分器的充电电流正、负极性，使缓冲放大器输出一定幅度的三角波信号。S_2 为频段选择开关，通过切换不同容量的电容器，可以改变三角波的频率。将三角波送到方波形成电路，就能输出一定幅度的方波。将三角波再经正弦波形成网络整形，即可输出正弦波。

三角波、方波和正弦波经选择开关 S_3 送往输出放大级放大后输出。输出端一般还接有衰减器，用以调节输出电压的大小。

可调电阻 R_P 为频率调节电位器，当调节该电位器时，恒流源控制电路会改变正、负电流源输出电流的大小，电容器充电电流就会发生变化，电路形成的三角波频率也会变化。如电流源的电流变大，在电容器容量不变的情况下，充电充到上、下限电压所需的时间就短，形成的三角波周期短、频率高。由于 R_P 能连续调节，因此就可以连续调节三角波的频率。

10.1.2　EE1641B 型函数信号发生器/计数器

本仪器由南京新联电子有限公司出品，是一种精密的测量仪器，能够输出连续信号、扫频信号、函数信号、脉冲信号等多种信号，并具有外部测频功能。输出频率由 LED 数码管显示，清晰直观，其频率范围为 0.2 Hz～2 MHz，共分 7 挡；函数输出有正弦波、三角波、方波；TTL 同步输出有脉冲波。

1. 工作原理

EE1641B 工作原理框图如图 10-6 所示，主要工作如下：

(1) 控制函数发生器产生的频率；

(2) 控制输出信号的波形；

(3) 测量输出的频率或外部输入的频率并显示；

(4) 测量输出信号的幅度并显示。

函数信号由专用的集成电路产生，该电路集成度高，线路简单、精度高，并易于与微机接口，使得整机指标得到可靠保证。扫描电路由多片运算放大器组成，以满足扫描宽度、扫描速度的需要。宽带直流功放电路的选用，保证输出信号的带负载能力以及输出信号的直流电平偏移，均可受面板电位器控制。整机电源采用线性电路以保证输出波形的纯净性，具有过压、过流、过热保护。

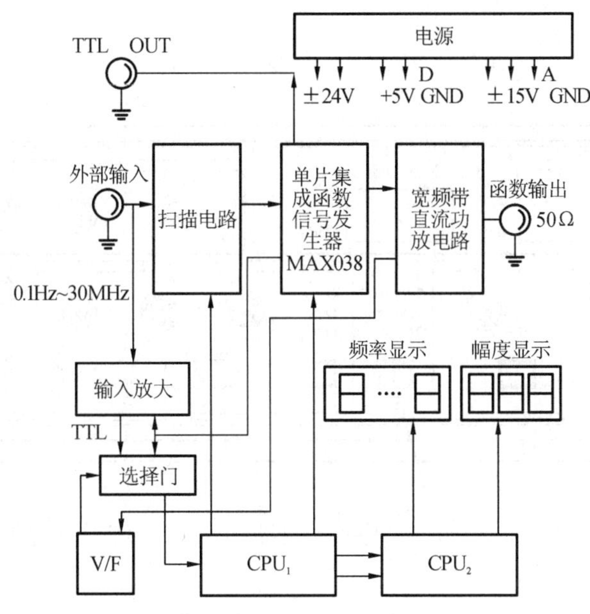

图 10-6 EE1641B 工作原理框图

2. 面板结构特征和调节控制机构的功能

EE1641B 的面板及布局如图 10-7 所示。

各调节控制机构的功能如下。

(1) 频率显示窗口：显示输出信号的频率或外测频信号的频率。

(2) 幅度显示窗口：显示函数输出信号的幅度(50 Ω 负载时的峰值)。

(3) 扫描宽度调节旋钮：调节此电位器可以改变内扫描的时间长短。在外测频时，逆时针旋到底(绿灯亮)，为外输入测量信号经过衰减“20 dB”进入测量系统。

(4) 扫描速率调节旋钮：调节此电位器可以改变内扫描的速率大小。

(5) 外部输入插座：当“扫描/计数”按钮(13)功能选择在外扫描、外计数状态时，外扫描控制信号或外测频信号由此输入。

(6) TTL 信号输出端：输出标准的 TTL 幅度的脉冲信号，输出阻抗为 600 Ω。

(7) 函数信号输出端：输出多种波形受控的函数信号，输出幅度 $20V_{p-p}$(1 MΩ 负载)、$10V_{p-p}$(50 Ω 负载)。

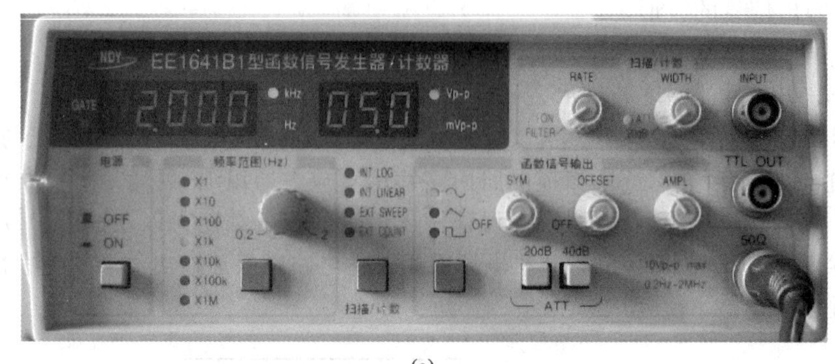

(a)

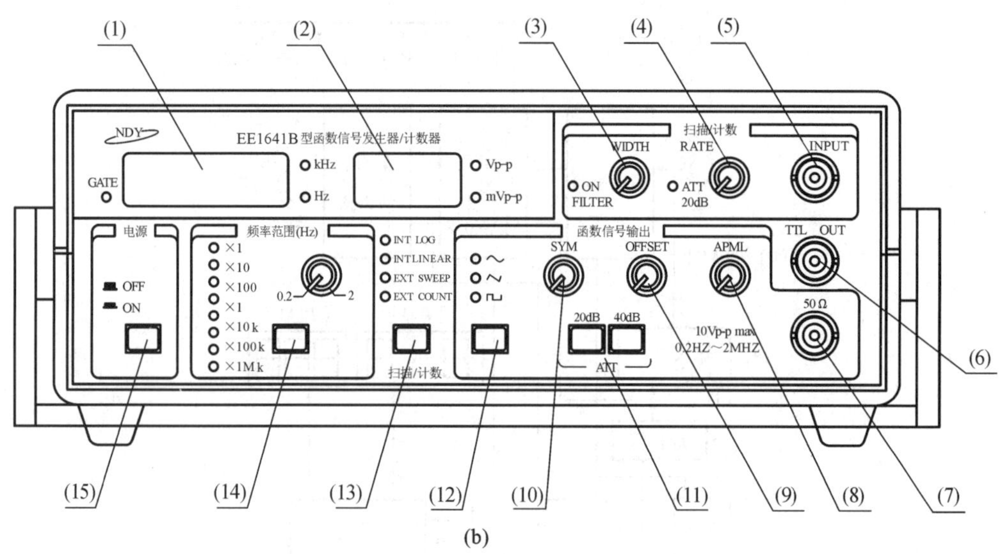

(b)

图 10-7 EE1641B 面板及布局

(a)面板;(b)布局

(8) 函数信号输出幅度调节旋钮:调节范围为 0～20 dB。

(9) 函数信号输出信号直流电平预置调节旋钮:调节范围为－5～＋5 V(50 Ω 负载),当电位器处在中心位置时,则为 0 电平。

(10) 输出波形对称性调节旋钮:调节此旋钮可改变输出信号的对称性。当电位器处在中心位置时,则输出对称信号。

(11) 函数信号输出幅度衰减开关:“20 dB”“40 dB”键均不按下,输出信号不经衰减,直接输出到插座口。“20 dB”“40 dB”键分别按下,则可选择 20 dB 或 40 dB 衰减。

(12) 函数输出波形选择按钮:可选择正弦波、三角波、脉冲波输出。

(13)“扫描/计数”按钮:可选择多种扫描方式和外测频方式。

(14) 频率范围选择旋钮:调节此旋钮可改变输出频率的 1 个频程。

(15) 整机电源开关:此按键按下时,机内电源接通,整机工作。此键释放为关掉整机电源。

3. 函数信号输出

1) 50 Ω 主函数信号输出

(1) 以终端连接 50 Ω 匹配器的测试电缆,由前面板函数信号输出端(7)输出函数信号。

(2) 由频率范围选择旋钮(14)选定输出函数信号的频段,由频率调节器调整输出信号频率,直到所需的工作频率值。

(3) 由函数输出波形选择按钮(12)选定输出函数的波形,分别获得正弦波、三角波、脉冲波。

(4) 由函数信号输出幅度衰减开关(11)和函数信号输出幅度调节旋钮(8)选定和调节输出信号的幅度。

(5) 由函数信号输出信号直流电平预置调节旋钮(9)选定输出信号所携带的直流电平。

(6) 输出波形对称性调节旋钮(10)可改变输出脉冲信号占空比,与此类似,输出波形为三角或正弦时可使三角波调变为锯齿波,正弦波调变为正与负半周分别为不同角频率的正弦波形,且可移相 180°。

2) TTL 脉冲信号输出

(1) 除信号电平为标准 TTL 电平外,其重复频率、调控操作均与函数输出信号一致。

(2) 以测试电缆由 TTL 信号输出端(6)输出 TTL 脉冲信号。

3) 内扫描扫频信号输出

(1) "扫描/计数"按钮(13)选定为内扫描方式。

(2) 分别调节扫描宽度调节旋钮(3)和扫描速率调节旋钮(4)获得所需的扫描信号输出。

(3) 函数信号输出端(7)、TTL 信号输出端(6)输出插座均输出相应的内扫描的扫频信号。

4) 外扫描调频信号输出

(1) "扫描/计数"按钮(13)选定为"外扫描方式"。

(2) 由外部输入插座(5)输入相应的控制信号,即可得到相应的受控扫描信号。

5) 外测频功能检查

(1) "扫描/计数"按钮(13)选定为"外计数方式"。

(2) 用本机提供的测试电缆,将函数信号引入外部输入插座(5),观察显示频率应与"内"测量时相同。

10.2 晶体管毫伏表

用电压表测量电路中的电压时,电压表应该与被测电路并联,其测量误差与电压表本身的内阻大小有关。由于普通电压表的输入阻抗较低,影响测量精度,尤其是测量高阻抗的电压时,电压表的准确度更低;而且普通电压表的工作频率低,不能测量频率很高的电压,否则将出现很大的附加误差。在这种情况下,电子电压表应运而生。

10.2.1 电子电压表的特点与分类

1. 电子电压表的特点

由于电子电压表内部采用了电子电路，因此具有以下优点：

(1) 输入阻抗高达数兆欧，而输入电容很小，一般为几到几十皮法，因此对被测电路影响很小。

(2) 测量频率范围宽，可以测量从直流到数百兆赫以上的高频电压。

(3) 测量范围广，放大检波式电子电压表最低量程可低至 1 mV 左右，检波放大式电子电压表最低量程可低至 1 V 左右，而两者高量程一般能达到几百伏。

(4) 具有不同类型的波形响应，可以测量电压的峰值、有效值或平均值。

电子电压表的缺点是准确度不高，结构比较复杂，成本较高。另外，电子电压表的稳定性受电网电压波动的影响较大，因此带有稳定的电源。

2. 电子电压表分类

常见的电子电压表按电路结构，可分为直接检波式、检波放大式和放大检波式电路 3 类，其电路结构框图如图 10-8 所示。

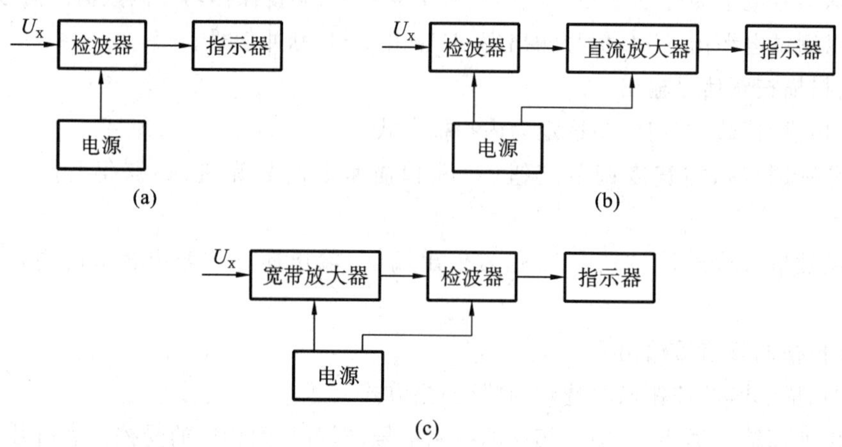

图 10-8 电子电压表的电路结构

(a)直接检波式；(b)检波放大式；(c)放大检波式

1) 直接检波式电压表

图 10-8(a)所示的为直接检波式电压表。被测信号电压经检波器检波后直接由指示器(磁电系测量机构)指示出被测电压的数值。这种电压表由于受检波器非线性的影响及指示电表的灵敏度限制，测量电压范围很窄(0.1～10 V)；但其结构简单，通常只用作电子设备内部的指示仪表。因此，各种信号发生器、万用电桥等电子仪器多采用这类电子电压表作为指示器。

2) 检波放大式电压表

图 10-8(b)所示的为检波放大式电压表，由检波器、直流放大器、指示器和电源四部分组成。被测的交流信号电压先经检波器检波变为直流，再经直流放大器放大后用指示器指示。

这类电压表由于受二极管小信号检波时非线性特性的限制，灵敏度不太高，可测量的最小电压为 0.1 V 左右；但可测频率范围却很宽，可以从音频到几百兆赫兹。这类电压表测量直流电压时，可将直流电压不经检波器直接加到直流放大器。因此，检波放大式电压表既能测交流电压，又能测直流电压。如果在这类电子电压表中加装 1.5 V 电池，并在电路上稍加改造，还可用来测量直流电阻。

3）放大检波式电压表

图 10-8(c)所示的为放大检波式电压表。被测的交流信号先经放大后再检波，因而克服了检波器小信号非线性失真的影响，提高了电子电压表的灵敏度，可以测量毫伏级的电压。若放大器增益高，稳定性好，则测量范围还可达微安数量级。

下面以 DA-16 型晶体管毫伏表为例，介绍这类电子电压表的基本原理。

10.2.2 DA-16 型晶体管毫伏表

DA-16 型晶体管毫伏表属于放大检波式电子电压表，可以用来测量 20 Hz～1 MHz 的交流电压，由于检波器置于放大器后，可进行大信号检波，从而产生良好的指示线性。前置电路采用了 2 个串联的低噪声三极管组成射极跟随器，从而获得了高输入电阻及低噪声电平，同时使用负反馈，有效地提高了仪表的频率响应、指示线性与温度稳定性。

1. DA-16 型晶体管毫伏表的组成

DA-16 型晶体管毫伏表由高阻分压器、阻抗变换器、低阻分压器、放大器、检波器、指示器和稳压电源等七部分组成，其原理框图如图 10-9 所示。

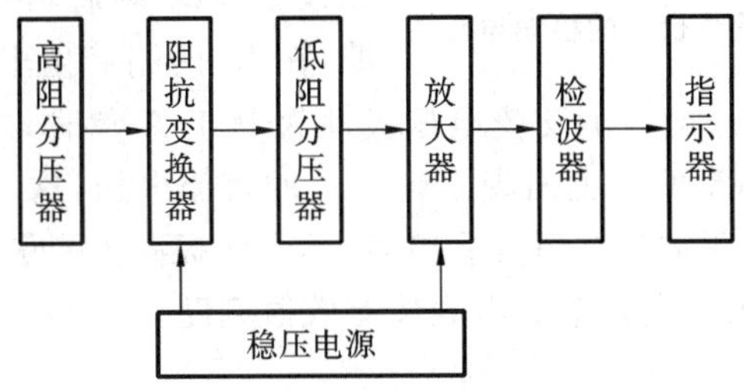

图 10-9 DA-16 型晶体管毫伏表原理框图

1）高阻分压器

当被测信号输入后，高阻分压器将信号进行适当衰减。由于毫伏表放大器只需要输入 1 mV的被测信号，电压表指针就可达到满刻度，因此当被测电压超过 1 mV 时，就必须将信号衰减到小于或等于 1 mV 后才允许输入放大器，否则将造成放大器与电压表的过载。

2）阻抗变换器

当用电压表测量电压时，电压表的输入阻抗越高，测量时对被测电路的影响就越小，测量精度也就越高。为了获得高输入阻抗，DA-16 型晶体管毫伏表在交流放大器前面采用射极跟随器作为阻抗变换器，利用射极跟随器输入阻抗高、输出阻抗低的特性，分别与前级高阻分压器和后级低阻分压器相匹配。本仪器采用两个三极管 VD_1、VD_2 串接组成射极跟随器。由于前端高阻分压器频率响应不易做好，因此对于 0.3 V 以下输入电压可不经高阻分压器，而直接经射极跟随器变换成低阻抗后进行分压；对于大于 0.3 V 的信号电压，为避免输出失真及烧坏三极管,应该先经前级衰减后再进入射极跟随器。

3) 放大器

被测信号电压经分压器分压后,幅度小于或等于 1 mV,再送到放大器进行电压放大。交流放大器的质量指标往往是整个电压表质量的关键。对它的要求如下:

(1) 有足够高的增益及足够宽的频带。要求高增益是为了提高电压表的灵敏度,要求宽频带是为了扩宽电压表的频率使用范围,这两项要求显然是互相矛盾的,应在设计时有所侧重。

(2) 放大器的增益必须稳定,否则将直接影响仪器的测量精度。

(3) 输入阻抗应足够高。

(4) 噪声应非常小,这在测量微小电压时尤其重要。

(5) 动态范围应足够宽。在此范围内应保证放大器的输入与输出信号之间有良好的线性关系,同时放大器的非线性失真应尽可能小。

为满足上述要求,DA-16 型晶体管毫伏表中的放大器采用多级深度负反馈放大电路,电压增益为 60 dB 左右。

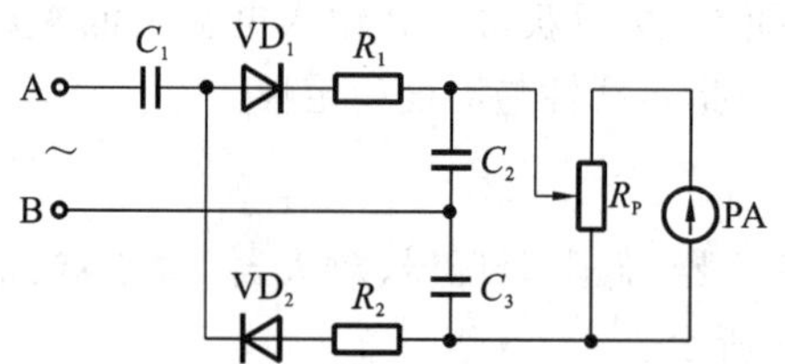

图 10-10　DA-16 型晶体管毫伏表的检波电路

4) 检波器

被测信号经放大器后,加到检波器进行检波。DA-16 型晶体管毫伏表中的全波检波电路如图 10-10 所示。

当输入端交流电压极性为 A 正 B 负时,二极管 VD_1 导通,正向脉冲电流经 R_1、C_2 滤波,在 C_2 两端产生上正下负的直流电压。这时,二极管 VD_2 反偏截止。当被测交流电压极性为 B 正 A 负时,二极管 VD_2 导通,负向脉冲电流经 C_3、R_2 滤波,在 C_3 两端也出现上正下负的直流电压,这时二极管 VD_1 反偏截止,由于 C_2、C_3 上的直流电压正向串联后加到电表上,因而提高了测量灵敏度。电位器 R_P 并联在电表两端,作为电表的灵敏度调节。电表按有效值刻度。

5) 稳压电源

DA-16 型晶体管毫伏表的电源是一个典型的串联型 12 V 稳压器,它向交流放大器及射极跟随器提供所需的直流电压和直流电流。

2. DA-16 型晶体管毫伏表的技术指标

(1) 测量电压范围:100 μV～300 V。量程为 1 mV、3 mV、10 mV、30 mV、100 mV、300 mV;1 V、3 V、10 V、30 V、300 V 共 11 挡。

(2) 测量电平范围:－72～＋32 dB(600 Ω)(DA-16A 型为－80～＋52 dB)。

(3) 被测电压频率范围:20 Hz～1 MHz(DA-16A 型为 10 Hz～2 MHz)。

(4) 输入阻抗:在 1 kHz 时输入阻抗大于 1 MΩ;输入电容在 1～300 mV 各挡约 70 pF,1～300 V 各挡约 70 pF(DA-16A 型为输入阻抗大于 6 MΩ;输入电容在 1～300 mV 时小于 50 pF,1～300 V 时小于 35 pF)。

(5) 测量误差:基本误差±3%。

(6) 频率附加误差:20 Hz～100 kHz 时,小于或等于 3%;100 kHz～1 MHz 时,小于或

等于5%。

(7) 使用电源:220 V,50 Hz,3 W。

3. DA-16 型晶体管毫伏表的使用

1) DA-16 型晶体管毫伏表面板介绍

DA-16 型晶体管毫伏表面板如图 10-11 所示,各部分功能介绍如下。

(1) 量程选择开关　量程选择开关是仪器分压电路中的分压选择开关。它共有 11 挡,各量程下面的分贝数供仪表作电平表使用。

(2) 信号输入插座　被测信号由探极检波后,通过此插座插入本仪器。输入线用同轴电缆作为被测电压的输入引线。在接入被测电压时,被测电路的接地端应与毫伏表输入端同轴电缆的屏蔽线相连接。测量探极是内装检波电路的高频探测器,独立成体。进行测量时,需将探极连接信号输入插座,被测信号经探头后进入仪器本机。

(3) 零点调整旋钮　零点调整旋钮是仪器检波电路中的一个电位器,当仪器输入端信号电压为零(即两输入端短路)时,电表指示应为零,否则需调节该旋钮。

(4) 标度尺刻度　标度尺上有三条刻度线,供测量时读数之用。第一条是 0～10 刻度线,为 1 mV、10 mV、0.1 V、1 V、10 V 五挡量程的读数刻度。第二条是 0～3 刻度线,为 3 mV、30 mV、0.3 V、3 V、30 V、300 V 六挡量程的读数刻度。第三条是 −12～12 dB 刻度线,是作电平表使用时的分贝(dB)读数刻度。

(5) 电源开关和指示灯　电源开关控制仪器的工作,接通后指示灯即亮,说明电源开始工作。

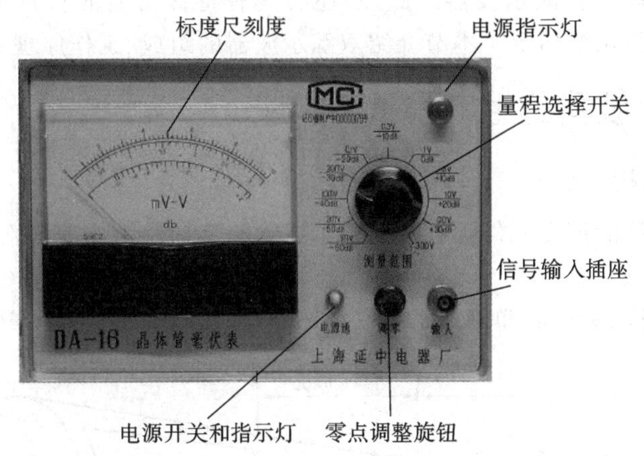

图 10-11　DA-16 型晶体管毫伏表面板

2) DA-16 型晶体管毫伏表的使用方法

(1) 先将毫伏表垂直放置(电压表面板与地面垂直),然后接通毫伏表电源开关,待电表指针来回摆动数次后,将输入端短路,调整表头的调零电位器,将指针调整至零位。

(2) 将毫伏表接入被测电路,注意要与被测电路并联。

(3) 为减少测量误差,应根据被测信号的大约数值,选择适当的量程,以使指针偏转的角度尽量大。如不知被测电压大约数值,量程开关由高量程挡逐渐过渡到低量程挡,以免损坏设备。

(4) 正确读数。根据量程选择开关位置,按相对应的刻度线读数。一般指针式表盘毫伏表有三行刻度线,其中第一行和第二行刻度线指示被测电压的有效值,当量程开关置于"1"打头的量程位置(如 1 mV、10 mV、0.1 V、1 V、10 V)时,应该读取第一行刻度线;当量程开关置于"3"打头的量程位置(如 3 mV、30 mV、0.3 V、3 V、30 V、300 V)时,应读取第二行刻度线。当 DA-16 型晶体管毫伏表作电平表使用时,被测量的实际电平分贝数为表头指示分贝数与量程选择开关所示电平分贝数的代数和。

(5) 测试时,连接线应尽可能短,最好使用屏蔽线,以减少外界电磁感应引起的测量误差。当使用较高灵敏度挡(毫伏级挡)时,应先接上接地端,后接高压端;测量完毕拆线时,应先断开高压端,后拆去接地线,以免当人手触及高压端时,交流市电通过仪表的输入阻抗及人体构成回路,形成数十伏交流电压,使表头指针损坏。

10.3 双踪示波器

电子示波器是一种能够直接显示电压(或电流)变化波形的电子仪器。使用示波器不仅可以直观地观察被测电信号随时间变化的全过程,而且还可以通过它显示的波形测量电压(或电流)的有关参数,以及进行频率和相位的比较、描绘特性曲线等,用途十分广泛。

电子示波器的种类很多,除通用示波器外,还有能同时显示两个以上波形的多踪示波器;利用取样技术,将高频信号转换为低频信号再进行显示的取样示波器;采用计算机技术,具有储存和计算功能的智能示波器。此外,还有具有特殊功能的特种示波器,如电视示波器、矢量示波器、高压示波器等。本节介绍双踪示波器的组成、工作原理和使用方法。

10.3.1 示波管的组成及示波原理

1. 示波管的结构

示波管是示波器的核心元件,因此,熟悉示波管的结构及工作原理对掌握整个示波器的工作原理具有重要意义。

示波管由电子枪、荧光屏和偏转系统三大部分组成,基本结构如图 10-12 所示。

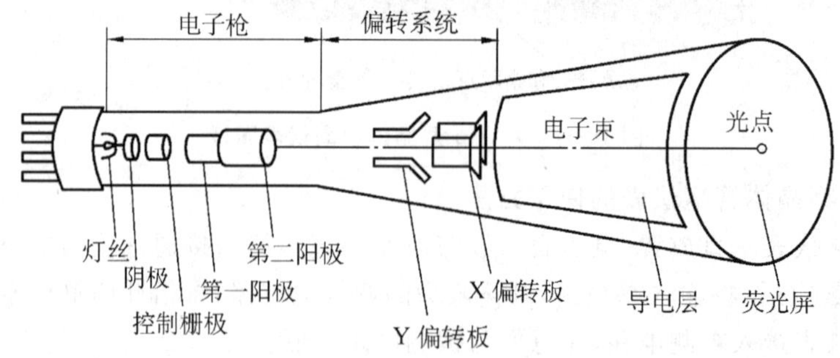

图 10-12 示波管的基本结构

1）电子枪

电子枪的作用是发射电子束，轰击荧光屏使之发光。电子枪由灯丝、阴极、控制栅极、第一阳极和第二阳极组成。

灯丝：用于加热阴极。

阴极：是一个表面涂有氧化物的金属圆筒，在灯丝加热作用下能够发射电子。

控制栅极：是一个顶部开有小孔的金属圆筒，其上加有比阴极低的负电压。调节控制栅极的负电压大小，可以控制通过小孔的电子束强弱，从而改变荧光屏上光点的亮度。

第一阳极和第二阳极：两个圆形金属筒，其上加有对阴极来说为正的电压。它们有两种作用：一是吸引由阴极发射来的电子，使之加速；二是使电子束聚焦。

2）荧光屏

荧光屏的作用是显示被测波形。荧光屏位于示波管前端，在玻璃内壁上涂有一层荧光粉，荧光粉在高速电子束的撞击下能发光。发光的强弱与激发它的电子数量多少和速度快慢有关。电子数量越多、速度越快，产生的光点越亮，否则反之。荧光粉在电子束停止撞击后，其发光仍能持续一段时间，这种现象称为余晖。

3）偏转系统

偏转系统的作用是使电子束有规律地移动，从而在荧光屏上显示出被测波形。根据偏转原理不同，偏转分为静电偏转和电磁偏转。常见的静电偏转系统包括：垂直Y偏转板和水平X偏转板，靠近电子枪上下放置的一对称为Y偏转板，离电子枪较远且水平放置的一对称为X偏转板。

2. 示波原理

电子束从电子枪中发射出来后，受到阳极正电压的吸引，经偏转系统向荧光屏方向加速前进。如果偏转板上不加电压，则电子束只能径直射向荧光屏中央，使荧光屏中央出现一个光点。

如果在Y偏转板上加一直流电压，如图10-13所示，则在两块Y偏转板之间就会产生一个由上向下的电场。当电子束向荧光屏方向加速运动穿过该电场时，受到电场力的作用产生向上的偏转；如果所加偏转电压的极性改变，则电子束将向下偏转。X轴偏转的原理与Y轴偏转的原理相同，可使电子束向左或向右偏转。如果在X偏转板和Y偏转板上同时施加电压，则在两个电场力的共同作用下，电子束就可以上下左右地移动。由于荧光屏的余晖和眼睛视觉残留的共同作用，就能在荧光屏上看到亮点所描绘出的各种波形。

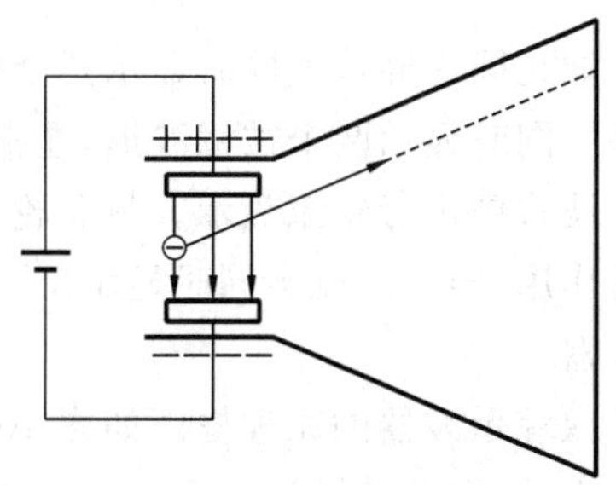

图10-13 Y偏转板加直流电压后使电子束发生偏转

一般情况下，被测电压都加在Y偏转板上，而在X偏转板上加随时间线性变化的锯齿波扫描电压。这时，由于电子束在做垂直运动的同时，又以匀速沿水平方向移动，因而在荧光屏上扫描出被测电压随时间变化的波形。如果锯齿波扫描电压的周期与被测电压的周期完全相等，扫描电压每变化一次，荧光屏上就出现一个完整的被测波形。每一个周期出现的波形都重叠在一起，荧光屏上就能看到一个稳定清晰的波形，如图 10-14 所示。如果锯齿波扫描电压周期是被测信号周期的整数倍，荧光屏上会稳定地显示出若干个被测信号的波形。为达到上述目的，调节扫描电压的频率可以通过调节示波器面板上的“时间因数”旋钮和“扫描微调”旋钮来实现。

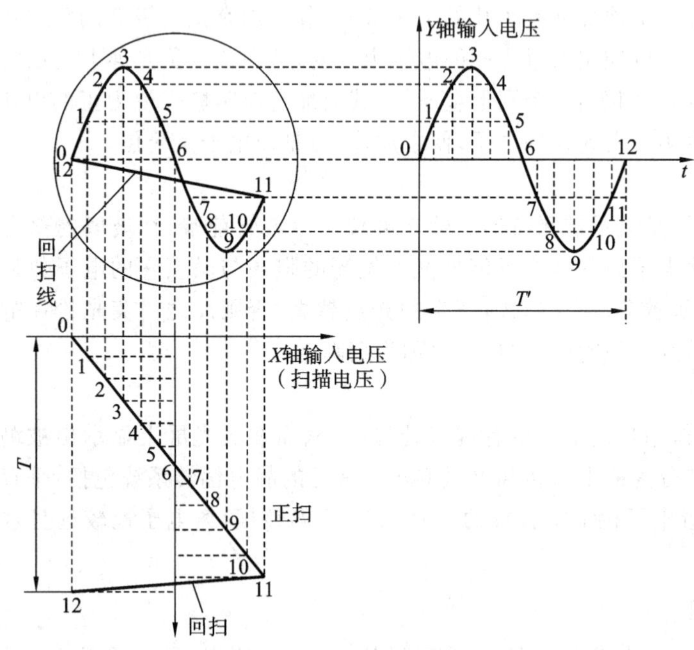

图 10-14　波形显示原理

10.3.2　双踪示波器的组成

能在同一屏幕上同时显示两个被测波形的示波器称为双踪示波器。要在一个示波器的屏幕上同时显示两个被测波形，通常是将两个被测信号用电子开关控制，不断交替地送入普通示波管中进行轮流显示。只要轮换的速度足够快，由于示波管的余晖效应和人眼的视觉残留作用，屏幕上就会同时显示出两个波形的图像，通常将采用这种方法的示波器称为双踪示波器。

双踪示波器的原理框图如图 10-15 所示，主要由 Y 轴偏转系统、X 轴偏转系统、触发和扫描系统、电源及示波管 5 部分组成，其中示波管是整个示波器的核心。

1. Y 轴偏转系统

Y 轴偏转系统的作用是放大被测信号。衰减器先将不同的被测电压衰减成能被 Y 轴放大器接收的微小电压信号，再经 Y 轴放大器放大后提供给 Y 偏转板，以控制电子束在垂直方向的运动。

与普通示波器相比，双踪示波器的垂直系统主要是设有两个 Y 轴通道，并增加了电子开关和门电路。

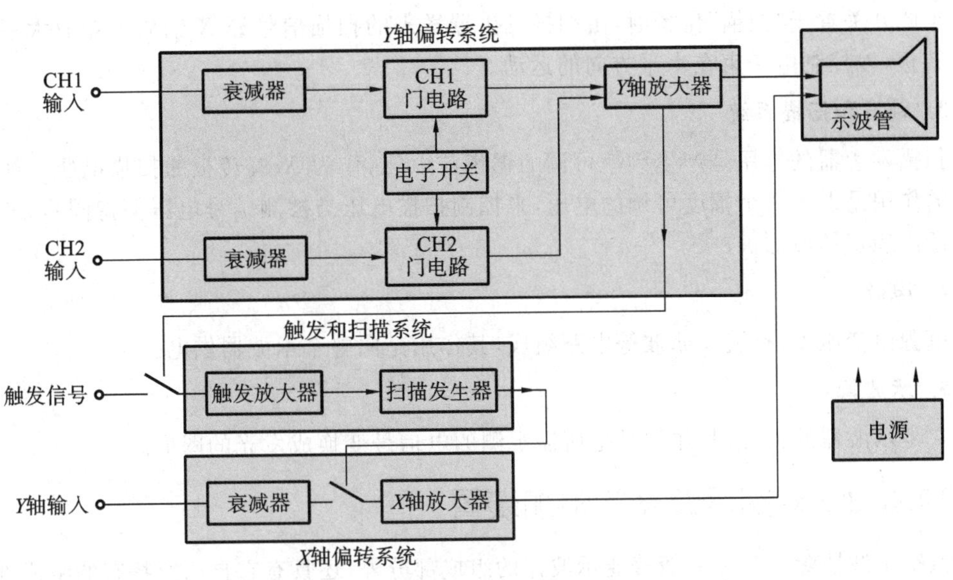

图 10-15 双踪示波器的原理框图

另外，被测信号经 Y 轴放大器放大后还要送出一路"内触发"信号。也可根据测量需要，从外部经"触发信号"端引入触发信号。

电子开关（Y 工作方式）的 5 种工作状态。

（1）"交替"状态 电子开关产生一个方波信号，当方波在"1"电平时，门电路只让 CH1 通道的信号通过；当方波在"0"电平时，门电路只让 CH2 通道的信号通过。被测信号的频率越高，电子开关的转换速度就越快，因此在屏幕上会同时出现两个不同的被测信号，实现双踪显示的目的。被测信号频率过低，电子开关转换速度就过低，屏幕上不会同时显示出两个信号波形。所以这种工作状态只适用显示频率较高的信号波形。

（2）"断续"状态 电子开关不受扫描信号的控制，产生固定频率为 250 kHz 的方波信号。电子开关就以这个频率进行自动转换，轮流接通两个通道。这样在一个扫描期内，两个输入信号就反复断续显示多次。只要断续次数足够多，则看起来两个波形就好像是连续的。这种状态下工作时，被测信号频率不得高于电子开关的转换频率，因而适合于显示频率较低的信号。

上述"交替"和"断续"两种方式都属于双踪显示的范围。

（3）"CH1"状态 方波在"1"电平，CH1 通道开通，屏幕上只能显示 CH1 通道的波形。

（4）"CH2"状态 方波在"0"状态，CH2 通道开通，屏幕上只能显示 CH2 通道的波形。

（5）"CH1＋CH2"状态 电子开关不工作。这时，两路信号同时通过门电路和放大器，屏幕上显示两路信号叠加后形成的波形。

上述三种方式均类似普通（单踪）显示的范围。

2. *X* 轴偏转系统

X 轴偏转系统由衰减器和 *X* 轴放大器组成，其作用是放大锯齿波扫描信号或外加电压信号。衰减器主要用来衰减由 *X* 轴输入的被测信号，衰减倍数由"*X* 轴衰减"开关进行切

换。当此开关置于“扫描”位置时，由扫描发生器送来的扫描信号经 X 轴放大器放大后送到 X 偏转板，以控制电子束在水平方向的运动。

3. 触发和扫描系统

扫描发生器的作用是产生频率可调的锯齿波电压，作为 X 偏转板的扫描电压。触发放大器的作用是引入一个幅度可调的电压，来控制扫描电压与被测信号电压保持同步，使屏幕上显示出稳定的波形。

4. 电源

电源由变压器、整流及滤波等电路组成，其作用是向整个示波器供电。

5. 示波管

它是示波器的核心，其作用是把所需观测的电信号变换成发光的图形。

10.3.3 双踪示波器的附加装置

双踪示波器除了具有一般普通示波器的组成部分外，还具有它自己所特有的组成部分。

1. 探头

探头是连接示波器外部的一个输入电路部件。探头的作用是提高垂直通道的输入电阻、减小输入电容，从而减小杂散信号对被测信号的影响。同时由于探头的分压作用，被测信号通过探头有 10∶1 的衰减，这可以扩大量程，测量更高的电压。

探头的结构形式和等效电路如图 10-16 所示。它是将一个 RC 并联电路装在金属屏蔽壳内，通过屏蔽电缆接在示波器垂直输入端。图中 R_1、C_1 表示探头中的并联电阻和电容，R_i、C_i 表示示波器的输入电阻和输入电容。通过调整补偿电容 C_1，满足 $R_1C_1=R_iC_i$，就能组成宽频带脉冲分压器，若使输入电阻增大 10 倍，或使输入电容减小为原来的 1/10，量程就扩大 10 倍。

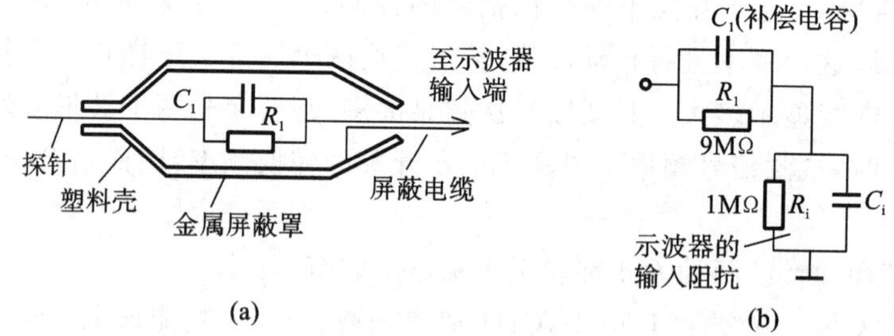

图 10-16 示波器的探头

(a)探头结构；(b)探头等效电路

还有一种探头称为有源探头，是在探头内装一个射极输出器来提高其输入阻抗。其主要特点是对信号没有衰减，因而便于测量微小信号。但有源探头测量的动态范围有限，测量大信号时有失真。

2. 校准信号发生器

校准信号发生器用来产生频率为 1 kHz、幅度为 0.5$V_{p\text{-}p}$ 的标准方波电压。其电路主要

是由一个射极耦合多谐振荡器构成的，其输出经限幅、放大，然后由射极跟随器的射极经分压后产生标准方波。标准信号的作用是可以用来测量被测信号电压的幅度，或者用来校准扫描速度。

10.3.4 双踪示波器的使用方法

双踪示波器的型号很多，但使用方法大同小异。下面以 XC4320 型双踪示波器为例，说明双踪示波器的使用方法。

XC4320B 型双踪示波器的外形如图 10-17 所示，各旋钮的名称及位置如图 10-18 所示。可以看出，整个面板大致分为显示屏、电源、垂直系统、水平系统和触发系统共 5 部分。

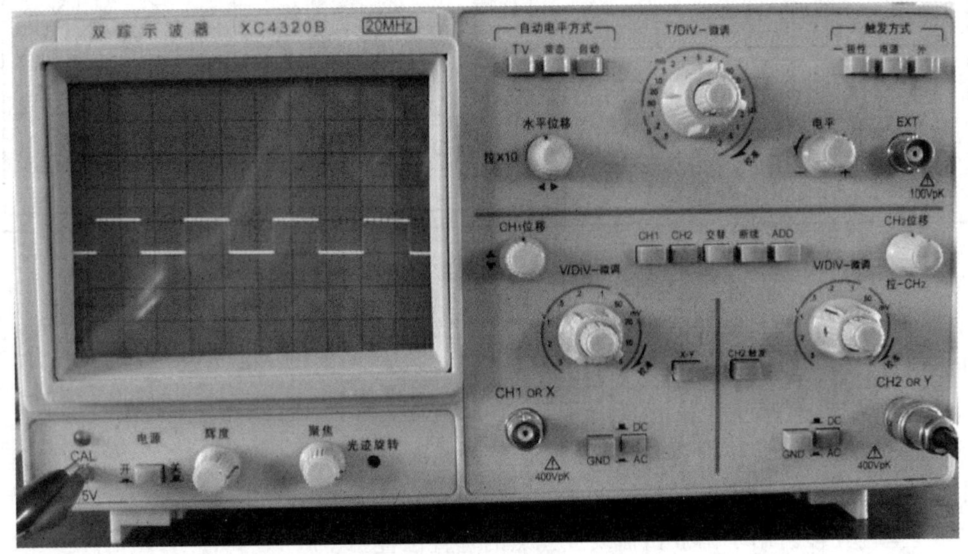

图 10-17　XC4320B 型双踪示波器外形

1. XC4320 型双踪示波器的面板说明

1）显示屏

显示屏主要用于显示被测波形。XC4320 型双踪示波器的显示屏呈矩形，上有“十”字形刻度线，便于读数。

2）电源部分

(1) 电源开关。示波器主电源开关。开关按下时，电源指示灯(CAL)亮，表示电源已接通。

(2) 辉度旋钮。控制光点和扫描线亮度。

(3) 聚焦旋钮。使扫描线清晰。

(4) 光迹旋转旋钮。用来调整水平扫描线，使之与水平刻度线平行。

3）垂直系统部分

(1) CH1(或 X)。Y1 的垂直输入端，在 X-Y 工作时作为 X 轴输入端。

(2) CH2(或 Y)。Y2 的垂直输入端，在 X-Y 工作时作为 Y 轴输入端。

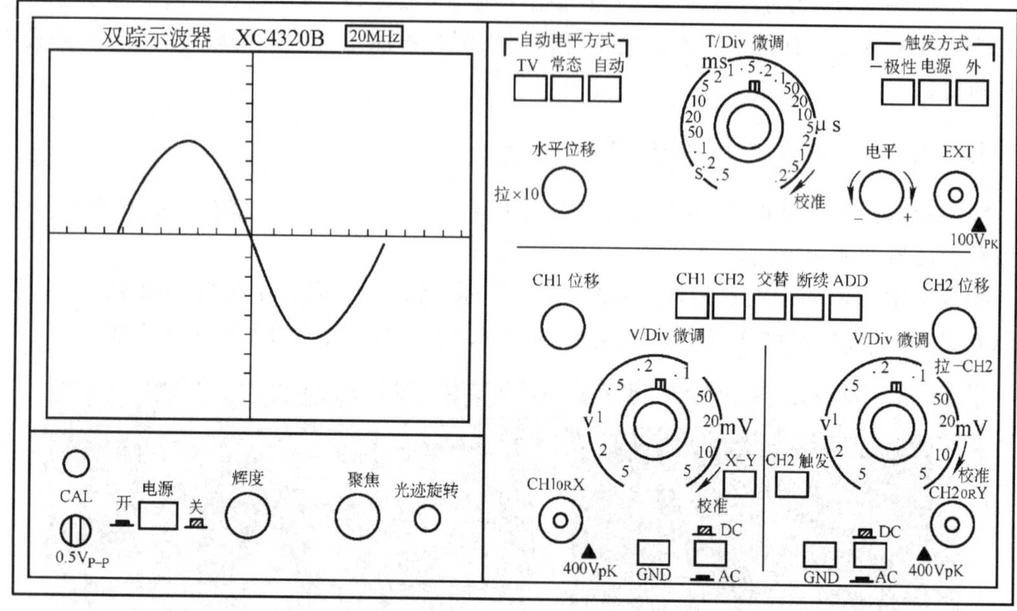

图 10-18 XC4320B 型双踪示波器的前面板

(3) 耦合选择开关(AC-GND-DC)。AC 为交流耦合,GND 为放大器的输入端接地,DC 为直流耦合。

(4) V/Div。衰减器开关,从 5 mV/Div～5 V/Div 共 10 挡,供选择垂直偏转因数。

(5) 微调旋钮。偏转因数微调,可调节至面板指示值的 2.5 倍以上。当置于"校准"位置时,偏转因数校准为面板指示值;当拉出时,放大器增益增大 5 倍。

(6) 垂直位移。用于调节扫描线或光点的垂直位置。

(7) Y 方式。由 5 个按键开关组成,用于选择垂直系统的工作方式。CH1:Y1 单独工作。CH2:Y2 单独工作。交替或断续:Y1、Y2 以交替或断续方式工作,显示双踪。ADD:Y1＋Y2 同时工作,显示叠加的波形。

4) 水平系统部分

(1) T/Div。扫描时间因数选择开关,用于选择扫描时间因数。

(2) 扫描微调。用于扫描时间因数的微调。可调节至面板指示值的 2.5 倍以上,当置于"校准"位置时,扫描偏转因数校准为面板指示值。

(3) 水平移位。调节扫描线或光点的水平位置。当该旋钮拉出时,处于×10 扩展状态。

5) 触发部分

(1) 触发方式开关。由 3 个按键开关组成,用于选择触发信号。极性:选择触发极性。电源:交流电源作触发信号。外部:由输入端 EXT 引入的外触发信号作触发信号。

(2) 触发电平旋钮。用于调节触发电平的大小。

(3) 自动电平方式。由 3 个按键开关组成,用于选择需要的扫描方式。自动:无论有无触发信号,扫描自动进行。常态:当无触发信号时,扫描处于准备状态,没有扫描线。TV 扫描受电视信号的控制。

6) 0.5V_{p-p}

可输出频率为 1 kHz 的校准电压信号(0.5V_{p-p}的方波电压),供校准仪器用。

2. 使用双踪示波器测量信号的步骤

1) 测量前的准备工作

(1) 显示扫描线。将电源线插入交流电源插座之前,按表 10-1 设置仪器的开关及控制旋钮。

表 10-1 各开关及旋钮的位置

开关名称	位置设置	开关名称	位置设置
电源开关	断开	触发源	CH1
辉度	相当于时钟“3”点位置	耦合选择	AC
Y 轴工作方式	CH1	电平	锁定(逆时针旋到底)
垂直位移	中间位置,推进去	T/Div	0.5 ms/Div
V/Div	10 mV/Div	水平微调	校准(顺时针旋到底),推入
垂直微调	校准(顺时针旋到底),推入	水平位移	中间位置
AC-GND-DC	接地		

(2) 打开电源,调节辉度和聚焦旋钮,使扫描线清晰度较好。

(3) 一般情况下,将垂直微调和扫描微调旋钮处于“校准”位置,以便读取 V/Div 和 T/Div的数值。

(4) 调节 CH1 垂直移位,使扫描基线设定在屏幕的中间,若此光迹在水平方向略微倾斜,调节光迹旋转旋钮可使光迹与水平刻度线相平行。

(5) 校准探头。由探头输入方波校准信号到 CH1 输入端,将 0.5V_{p-p}校准信号加到探头上。将“AC-GND-DC”开关置于“ * AC”位置,校准波形将显示在屏幕上。

2) 测量信号的步骤

(1) 将被测信号输入示波器通道输入端。注意输入电压不可超过 400 V(DC+AC_{p-p})。使用探头测量大信号时,必须将探头衰减开关拨到×10 位置,此时输入信号缩小到原值的 1/10,实际的 V/Div 值为显示值的 10 倍;如果 V/Div 置于 0.5 V/Div,实际值应等于 0.5 V/Div×10=5 V/Div。测量低频小信号时,可将探头衰波开关拨到×1 位置。

(2) 按照被测信号参数的测量方法不同,选择各旋钮的位置,使信号正常地显示在荧光屏上,记录测量的读数或波形。测量时,必须注意将 Y 轴增益微调和 X 轴增益微调旋钮旋至“校准”位置,因为只有在“校准”时才可按照开关“V/Div”及“T/Div”的指示值计算所得测量结果。同时还应注意,板上标定的垂直偏转因数“V/Div”中的“V”是指瞬时电压峰-峰值。

(3) 根据记下的读数进行分析、运算、处理,得到测量结果。

3. 电压的测量方法

利用示波器所做的任何测量,最终都归结为对电压的测量。示波器不仅可以测量直流电压、正弦电压、脉冲或非正弦电压的幅度,而且还可以测量各种电压的波形以及相位,这是其他任何电压测量仪器不能比拟的。

所谓直接测量法，就是直接从屏幕上测出被测电压波形的高度，然后换算成电压值。

1）交流电压的测量

将 Y 轴输入耦合开关置于“AC”位置，显示出输入波形的交流成分。如交流信号的频率很低时，应将 Y 轴输入耦合开关置于“DC”位置。

将被测波形移至屏幕的中心位置，用“V/Div”开关将被测波形控制在屏幕有效工作范围内，按坐标分度尺的分度读取整个波形在 Y 轴方向的度数 H，则被测电压的峰-峰值(U_{p-p})就等于“V/Div”开关指示值与 H 的乘积。如果使用探头测量时，应把探头的衰减量计算在内，即把上述计算数值乘以 10。

如图 10-19 所示，示波器的 Y 轴偏转因数置于“1 V/Div”挡，被测波形在 Y 轴的幅度 H 为 6 Div，则该信号的峰-峰值为

$$V_{p-p}=6\ \text{Div}\times 1\ \text{V/Div}=6\ \text{V}$$

最大值为

$$U_{pm}=3\ \text{Div}\times 1\ \text{V/Div}=3\ \text{V}$$

有效值为

$$U=\frac{U_m}{\sqrt{2}}=\frac{3}{\sqrt{2}}\ \text{V}=2.12\ \text{V}$$

如果测试时 Y 轴输入端采用了 10∶1 衰减的探头，则

$$U=2.12\times 10\ \text{V}=21.2\ \text{V}$$

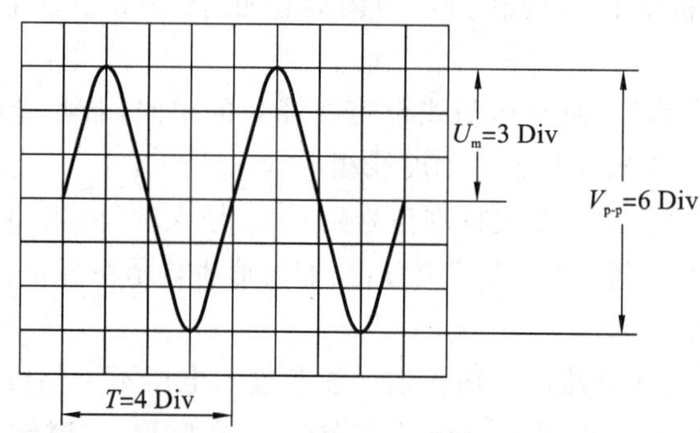

图 10-19　正弦电压的测量

2）直流电压的测量

将 Y 轴输入耦合开关置于“GND”位置，触发方式开关置于“自动”位置，使屏幕显示一水平扫描线，此扫描线便为零电平线。

将 Y 轴输入耦合开关置于“DC”位置，加入被测电压，此时扫描线在 Y 轴方向产生跳变位移 H，被测电压即为“V/Div”开关指示值与 H 的乘积。

直接测量法简单易行，但误差较大，产生误差的原因主要有读数误差、视觉误差和示波器的系统误差(衰减器、偏转系统、示波管边缘效应)等。

4. 时间和周期的测量方法

示波器中的扫描发生器能产生与时间呈线性关系的扫描线，因此可以用荧光屏的水平

刻度来测量波形的时间参数，如周期性信号的重复周期、脉冲信号的宽度、时间间隔、上升时间（前沿）和下降时间（后沿）、两个信号的时间差等。

1）脉冲参数的测量

用双踪示波器测量脉冲波形参数时，由于其 Y 轴电路中有延迟电路，使用内触发方式能很方便地测出脉冲波形的上升沿和下降沿的时间。如图 10-20(a)所示，测量上升沿时可调整脉冲幅度，使其约占 5 Div，并使 10%和 90%电平处于网格上，这时很容易读出上升沿的时间。测量脉冲宽度时，可将脉冲幅度调整为占 5 Div，这时 50%电平也恰在网格线上，如图 10-19(b)所示。测量脉冲幅度时，适当调整“V/Div”，使显示的波形较大，较容易读出刻度值，如图 10-19(c)所示。

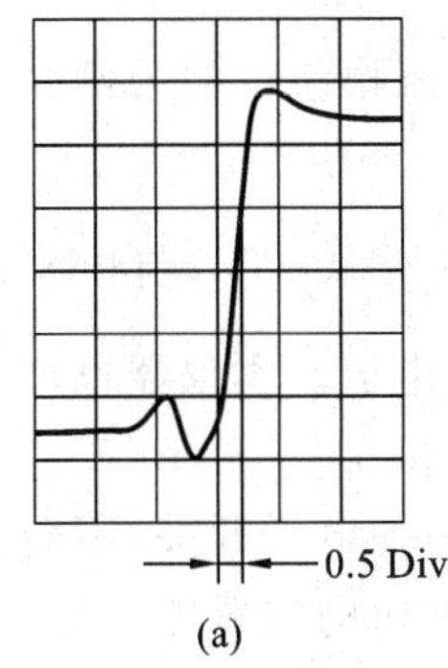

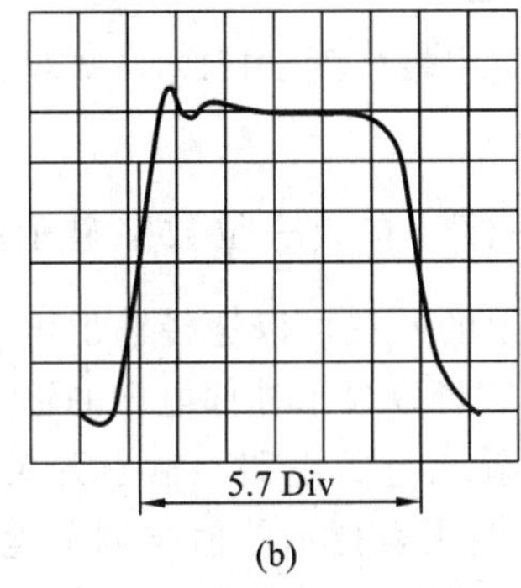

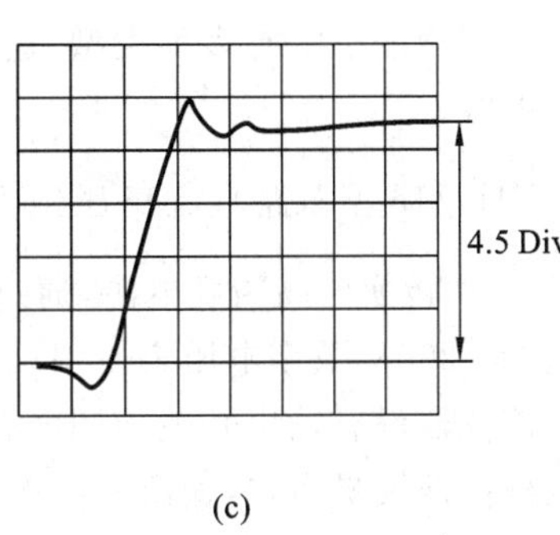

图 10-20　脉冲参数的测量

(a)上升沿时间；(b)脉冲宽度；(c)脉冲幅度

例如，若测量图 10-20 所示波形参数，已知 Y 轴偏转因数为 1 V/Div，扫描偏转因数为 2 μs/Div，则可得测量结果为

脉冲上升时间：0.5 Div×2 μV/Div=1.0 μs

脉冲宽度：5.7 Div×2 μs/Div=11.4 μs

脉冲幅度：4.5 Div×1 V/Div=4.5 V

2）周期的测量

若已知扫描偏转因数为 1 μs/Div，则该正弦波的周期为

$$T=4\ \text{Div}\times 1\ \mu\text{s/Div}=4\ \mu\text{s}$$

由此可计算出该波形的频率为

$$f=\frac{1}{T}=\frac{1}{4\times 10^{-6}}\ \text{Hz}=250000\ \text{Hz}=250\ \text{kHz}$$

3）相位差的测量

双踪示波器可以测量两个同频率正弦交流电的相位差。具体方法是：在 CH1、CH2 分别输入两个正弦波电压；显示开关置于“交替”位置，调节“Y 移位”，使两个电压波形对称于水平中心轴，波形如图 10-21 所示。波形与中心轴交点 a、b 即为 A 电压的一个周期 T，a、c 之

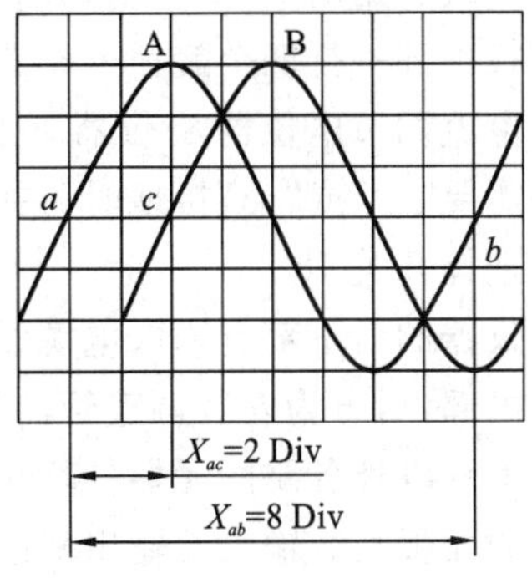

图 10-21　相位差的测量

间则是两电压的相位差。设相位差为 φ,则 $\varphi=\frac{X_{ac}}{X_{ab}}\times360°$。

由图 10-20 可查得 $X_{ac}=2$ Div,$X_{ab}=8$ Div,因而可得

$$\varphi=\frac{2}{8}\times360°=90°$$

即两个同频率正弦交流电 A 电压超前 B 电压 90°。

10.4 直流稳压电源

1. DH1715 型双路直流稳压电源概述

直流稳压电源有多种类型,这里以应用较广的 DH1715 型双路直流稳压电源为例介绍相关内容。

DH1715 型双路直流稳压电源是一种带有 $3\frac{1}{2}$ 位数字显示的恒压源(CV)与恒流源(CC)自动转换的高精度电源,通过面板上的开关可以选择输出电压或电流。本仪器也可以作为 DC 200V 数字电压表使用,面板上有可以显示外部电压的输入插孔。

该仪器设有输出开关预调电路——输出开关电路。输出开关是一种电子开关,不会产生机械振动及噪声,当输出开关关闭时,电压表指示的值与调节电压旋钮的位置相对应,以便于电压的预调节,按下输出开关,在输出接线柱上便有电压输出。

工作模式由面板上的数字表及发光二极管显示出 CV 及 CC 模式,红灯表示 CC(恒流),绿灯表示 CV(恒压)。

该仪器还具有电压遥控功能,在仪器后部设有遥控输入插孔。

2. DH1715 型双路直流稳压电源面板的功能

仪器的外形结构图如图 10-22 所示。

仪器的前面板左右对称,上方有一块数字表,表的左侧有显示工作模式的 CV(绿色)及 CC(红色)指示灯,表的右侧有表示测试 V、A 的指示灯 1,2,数字表下面的一排按键开关包括电源开关及电表的电压量程转换开关 3;面板中间位置有一个电表换侧开关 4,即电表显示左路或右路的 V 或 A 值;在换侧开关两侧各有一排工作选择开关,即 A、V 及输出开关;在面板中部一排四个旋钮分别为各路的粗调及细调电压调节电位器 6、7,下面两个旋钮是各路的电流调节电位器 8;仪器下部两边各有一对输出接线柱及接地螺钉并配有接地的短接片 9,当需要“+”或“−”接地时可接通短接片;面板的最下部,左右各有一个 L/R(本地/遥控)工作选择开关 10。

仪器的后下部有输入电源线及两对遥控信号输入孔,与前面板两路输出对应排列。在仪器内部,后方为安装调整管的散热器,中部是仪器的变压器,左、右两侧各有一块电路板,除调整管以外各路的元器件均装在两块电路板上,控制部分的接插件及电表部分都固定在仪器的面板上。输入及输出保险丝均装在仪器后面板上。

3. DH1715 型双路直流稳压电源使用方法

(1) 开机前先检查面板上 L/R(本地/遥控)选择开关位置是否正确,否则不工作。平时

应放在 L 位。

(2) 打开电源开关，按下电压量程选择开关 200 V挡，以后可根据需要更换量程，按下“V”钮，调节电压调节电位器粗调及细调到需要之电压值，然后按下输出开关，接线柱上便有电压输出。此时 CV(绿色)灯亮，恒压工作。若 CC(红色)灯亮或电压指示下降，则机器出现恒流工作，应把恒流调节电位器顺时针方向旋大。

(3) 需要预置恒流点及调节仪器的输出电流，按上面方法把恒压点预置好后，按下“A”钮，把输出端短路，接通输出开关其 CC 灯亮，CV 灯灭，调节电流调节电位器到需要电流值以后，保持电位器位置不动，关断输出开关，把短路线去掉，接通负载，按下输出开关，仪器将供给负载需要的电流及电压。

注：测试左路的电压，电流应把面板中心位置的电表换测开关按下，测试右路的电压，电流应把电表换测开关按出。

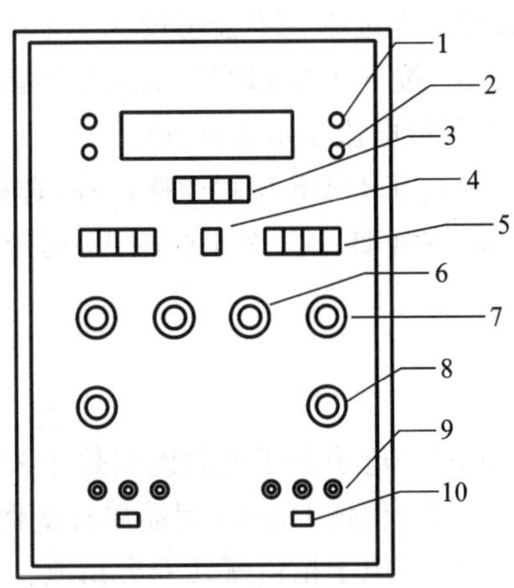

图 10-22　DH1715 型稳压电源外形图

1,2—指示灯；3—电源开关及电压量程转换开关；4—电源换测开关；5—工作选择开关；6,7—电压调节电位器(粗调及细调)；8—电流调节电位器；9—输出接线柱、接地螺钉、接地短接片；10—L/R 工作选择开关

(4) 关机时应先关断输出开关，再关电源开关。

4. 三路输出直流稳压电源

某三路输出直流稳压电源面板如图 10-23 所示。其基本功能与使用方法如下。

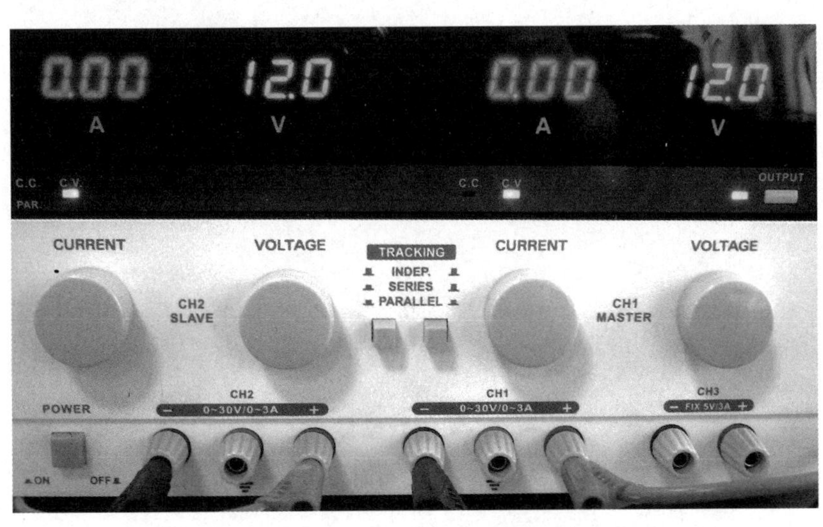

图 10-23　某三路输出直流稳压电源面板

(1) 有三路输出：CH1、CH2、CH3，其中 CH3 的电压不可调，是固定 5 V 输出，CH1、CH2 的电压、电流都可调；“+、-”为 CH1、CH2、CH3 的输出端子；不要接地线输出。

(2) 未按“OUTPUT”键，这个指示灯不亮时，通过电流调节可以分别对 CH1、CH2 给定最大输出电流或者最大保护电流，一般负载不大时设定电流为 0.3～0.5 A，这样即使外接短路时最大电流就不会超过 0.3～0.5 A,起到一定的保护作用。

(3) 按下"OUTPUT"键,这个指示灯亮时,CH1、CH2、CH3 才有电压输出,因为没有接负载,所以电流显示为 0.00。

(4) "TRACKNG"选择:一般选择"高-高"使 CH1、CH2 独立输出,特殊情况可以选择"低-高"使 CH1、CH2 串联输出,选择"低-低"使 CH1、CH2 并联输出。

习　题

10-1　电子电压表的优点是什么?

10-2　简述 DA-16 型晶体管毫伏表的使用方法?

10-3　电子枪由哪几部分组成?各部分的主要用途是什么?

10-4　电子示波器由哪几个部分组成?各部分的作用是什么?

10-5　示波器探头的作用是什么?

10-6　示波器中校准信号发生器的作用是什么?

10-7　简述双踪示波器显示两个波形的原理。

10-8　某通用示波器最高扫描时间为 0.1 μs/cm,屏幕 X 轴方向可用宽度为 10 cm,如果屏幕刚好能观察到两个完整周期波形,则该波形的频率为多少?

第 11 章　电路实验

内容提要：本章对电路实验加以介绍，具体内容包括：仪表内阻对测量的影响，电路元件伏安特性的测定，叠加定理，戴维南定理，日光灯电路，三相电压电流的测量，电路功率因数的提高，耦合线圈参数——电阻、电感及互感的测量，三相功率的测量，一阶电路，二阶电路，正弦交流电路中 R、L、C 元件的特性，RLC 串联谐振电路，均匀传输线模拟电路的测量，无源双口网络的设计与测量，无源滤波器的设计与测量，单相电压变三相电压电路的设计与测量，RC 移相电路的设计与测量，纯电感电路电流和电压关系的仿真，RC 低通滤波器频响特性的仿真。

电路实验 1　仪表内阻对测量的影响

（一）实验目的

(1) 用实验确定电表内阻的存在及其对测量电路电流、电压的影响。

(2) 学习正确选用电压表、电流表。

（二）实验原理

在实际工作中经常需要通过仪表读取电路的电压和电流数值，由于实际仪表不满足理想条件，因此当其接入电路后，实际上会改变电路原有的结构和参数，从而造成误差。

如图 11-1 所示电路，被测电阻 R_L 上通过的电流原为 $I=\dfrac{U_s}{R_s+R_L}$，假设电流表的内电阻为 r，将电路表串联在电路中测量电流时，相当于在电路中串联了一个电阻 r，实际电流将变为 $I=\dfrac{U_s}{R_s+R_L+r}$。可见，测量仪表的接入对测量结果产生了影响。电流表的内电阻 r 越小，对测量结果的影响就越小，因此内电阻 r 是电流表的一个重要技术指标。

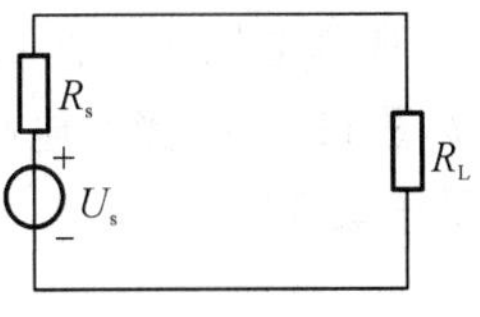

图 11-1　被测电路

用电压表测电压时，相当于在被测元件两端并联了一个电阻，对测量结果也会产生影响。如图 11-1 所示电路，被测电阻 R_L 上的电压原为 $U=\dfrac{R_LU_s}{R_s+R_L}$，假设电压表的内电阻为 R_V，当电压表并联在被测电阻 R_L 两端测电压时，实际电压将变成 $U=\dfrac{(R_L\ /\!/\ R_V)U_s}{R_s+R_L\ /\!/\ R_V}$，可见测量结果与原有结果不同。电压表的内电阻 R_V 越大，对测量结果的影响就越小，因此内电阻 R_V 是电压表的一个重要技术指标。

（三）实验设备

直流稳压电源 1 台、万用表（MF-47，2000 Ω/V）1 只、数字万用表 1 只、直流电流表 A_1（内阻 0.4 Ω）1 只、直流电流表 A_2（内阻 70～80 Ω）1 只、直流电压表（CV，500 Ω/V）1 只、电阻器件板（10 kΩ、1 kΩ、100 Ω）2 块。

（四）实验内容与步骤

1）观测电流表对测量的影响

按图 11-2(a)接好电路，用万用表的电压挡位监测，将直流稳压电源调到 10 V。用电流表 A_1、A_2 进行测量。测试数据记录于表 11-1 中。

表 11-1　实验 1 的测试数据记录表(1)

测试项目 / 测试数据	不接电流表时的计算值	接入 A_1 表时的测量值	接入 A_2 表时的测量值
I/mA			

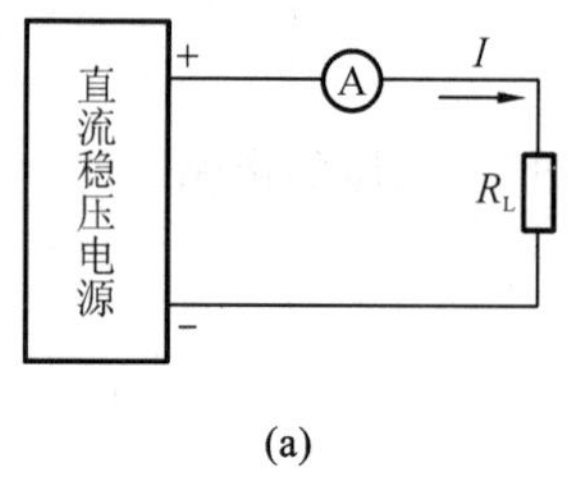

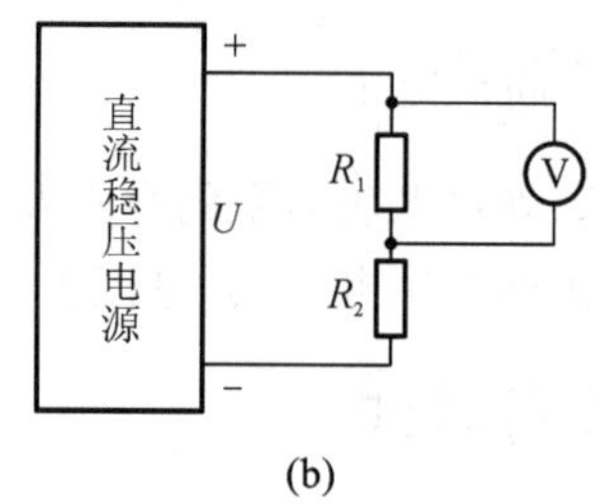

图 11-2　电路实验 1 的实验电路

(a)电流表测电流；(b)电压表测电压

2）观测电压表对测量的影响

按图 11-2(b)接好电路，用万用表的电压挡位监测，将直流稳压电源调到 10 V。测试数据记录于表 11-2 中。

表 11-2　实验 1 的测试数据记录表(2)

测试项目 / 测试数据 / 参数 $R_1=R_2$	不接电压表时的计算值/V	直流电压表测量值/V	万用表测量值/V
100 Ω			
1 kΩ			
10 kΩ			

（五）实验报告要求

(1) 比较表 11-1、表 11-2 中的测试结果和计算结果。

(2) 根据实验数据说明:用电压表测电压时,如何减小电表内阻对测量的影响;用电流表测电流时,如何减小电表内阻对测量的影响。

(3) 用电压表测量时,R_1 和 R_2 上的电压测量值之和等于 10 V 吗?如果不等于 10 V,请说明理由。

电路实验 2 电路元件伏安特性的测定

(一) 实验目的

(1) 掌握线性电阻元件、非线性电阻元件——半导体二极管以及电压源伏安特性的测试技能。

(2) 加深对线性电阻元件、非线性电阻元件及电压源伏安特性的理解,验证欧姆定律。

(二) 实验原理

(1) 线性电阻元件为理想元件,其伏安特性曲线为一条过原点的直线,如图 11-3 所示。

(2) 半导体二极管是一种非线性电阻元件,其伏安特性曲线如图 11-4 所示。

(3) 理想电压源为理想元件,其伏安特性曲线如图 11-5 所示。

(4) 实际电压源的模型可以用一个理想电压源和一个电阻串联来表示,其伏安特性曲线如图 11-6 所示。实际电压源的内阻 R_s 越小,其伏安特性越接近于理想电压源的伏安特性。

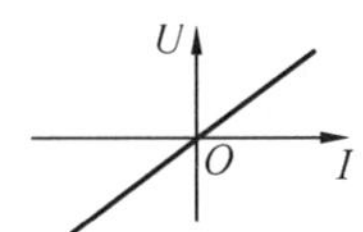

图 11-3 电阻元件的伏安特性曲线

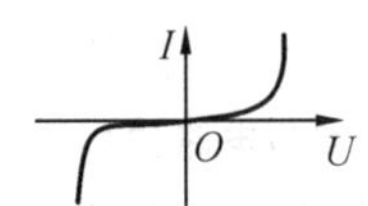

图 11-4 半导体二极管的伏安特性曲线

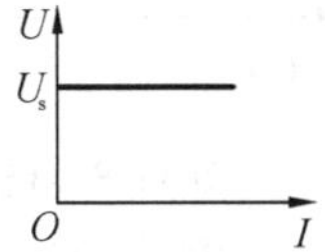

图 11-5 理想电压源的伏安特性曲线

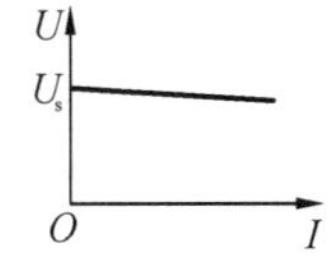

图 11-6 实际电压源的伏安特性曲线

(三) 实验设备

晶体管直流稳压电源 1 台、直流毫安表 1 只、万用表 1 只、直流电路实验板 1 块、电位器 1 个、导线若干。

(四) 实验内容与步骤

1) 测定线性电阻的伏安特性

取实验板上 $R=300\ \Omega$ 电阻作为被测元件,并按图 11-7 接好线路,依次调节直流稳压电源的输出电压值分别为表 11-3 中电压数值,并将相应的电流值填在表 11-3 中。

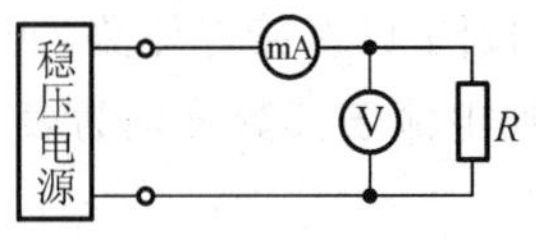

图 11-7 电路实验 2 的实验电路(1)

表 11-3　实验 2 的测试数据记录表(1)

U/V	0	2	4	6	8	10	20
I/mA							

2）测定半导体二极管的伏安特性

实验选用 2cp10 型普通半导体二极管作为被测元件，图 11-8 中 R_P 为电位器，用于调节电压，r 为限流电阻，用于保护二极管。在测量半导体二极管的反向特性时，由于半导体二极管的反向电阻很大，流过它的电流很小，故电流表选用直流微安表。

(1) 正向特性　按图 11-8(a)接好线路，开启稳压电源，输出电压调至 2 V，调节电位器 R_P，使电流表读数分别为表 11-4 中的数值，并将相对应的电压表读数记于表 11-4 中。

表 11-4　实验 2 的测试数据记录表(2)

I/mA	0	2	4	6	8	10	20	30
U/V								

(2) 反向特性　按图 11-8(b)接好线路，开启稳压电源，将输出电压调至 20 V，调节电位器 R_P，使电压表读数为表 11-5 中的数值，并将相对应的电流表读数记于表 11-5 中。

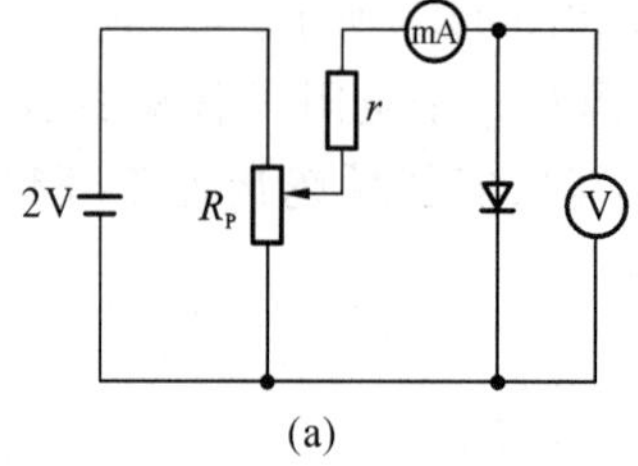

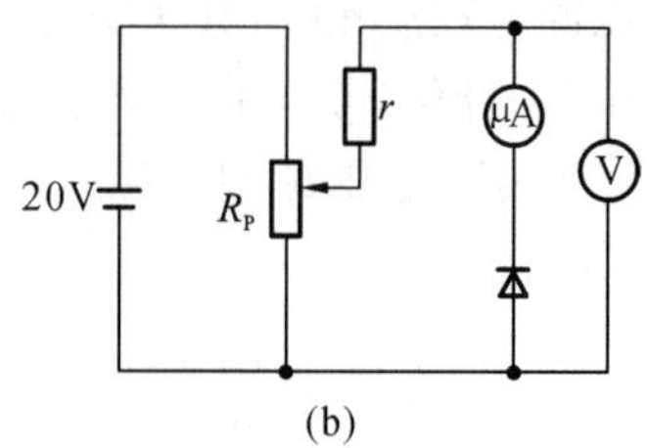

图 11-8　电路实验 2 的实验电路(2)

(a)测二极管正向特性；(b)测二极管反向特性

表 11-5　实验 2 的数据记录表(3)

U/V	0	4	8	12	14	16	18
I/mA							

3）测定晶体管稳压电源的伏安特性

实验所采用的晶体管电流稳压电源，其内阻与外电路电阻相比可以忽略不计，其输出电压基本不变，因此晶体管直流稳压电源可视为理想电压源。

按图 11-9 接好线路，开启稳压电源，并调节输出电压等于 10 V，由大到小调节电位器 R_P，使电流表读数分别为表 11-6 中的数值，并将对应的电压表读数记于表 11-6 中。

表 11-6　实验 2 的数据记录表(4)

I/mA	0	5	10	15	20	25	30	35
U/V								

4）测定实际电压源的伏安特性

在电阻箱上选取一个 51 Ω 电阻作为晶体管稳压电源的内阻，将晶体管稳压电源和一个电阻串联来表示实际电压源，如图 11-10 所示，其中 R_P 为 1000 Ω 电位器。

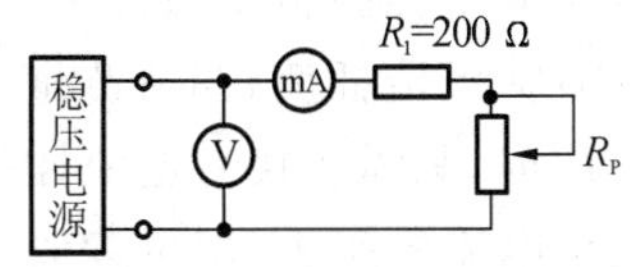

图 11-9 电路实验 2 的实验电路(3)

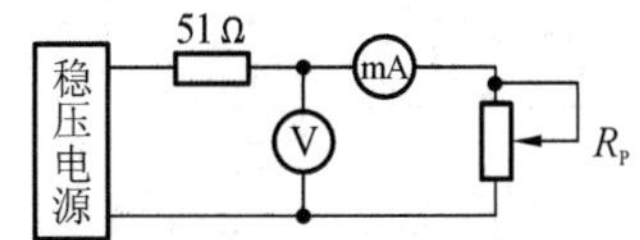

图 11-10 电路实验 2 的实验电路(4)

按图 11-10 接好线路，开启稳压电源，并调节输出电压等于 10 V，由大到小调节电位器 R_P 使电流表读数分别为表 11-7 中的数值，并将相对应的电压表读数记于表 11-7 中。

表 11-7 实验 2 的数据记录表(5)

I/mA	0	5	10	15	20	25	30	35
U/V								

（五）实验报告要求

(1) 实验报告要按标准格式规范编写。

(2) 根据实验中所得数据，绘制线性电阻元件、半导体二极管、理想电压源和实际电压源的伏安特性曲线。

(3) 分析实验结果以及产生误差的原因，并得出相应的结论。

电路实验 3 叠加定理

（一）实验目的

(1) 验证叠加定理。

(2) 加深对叠加定理的内容和适用范围的理解。

(3) 验证齐性定理。

（二）实验原理

(1) 在任一线性网络中，多个激励同时作用时的总响应等于每个激励单独作用时引起的响应之和，此即叠加定理。

(2) 线性电路中，当所有激励都增大 K 倍（K 为实常数）或减小为原来的 $1/K$ 时，响应也同样增大 K 倍或减小为原来的 $1/K$，此即齐性定理。

（三）实验设备

晶体管直流稳压电源 1 台、直流毫安表 1 只、万用表 1 只、直流电路实验板 1 块、导线若干。

(四)实验内容与步骤

1)叠加原理的验证

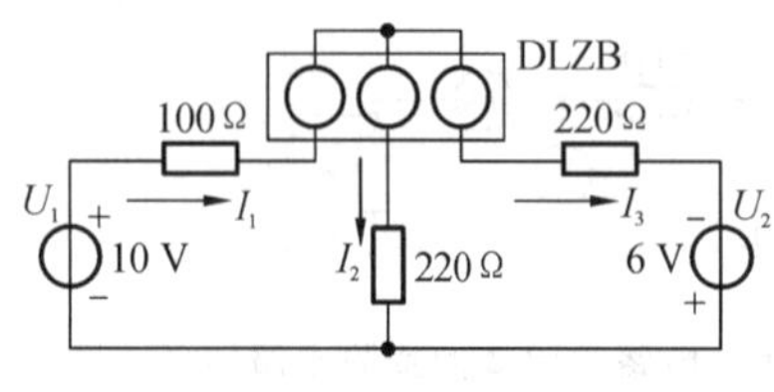

图 11-11 电路实验 3 的实验电路

在直流电路实验板上按图 11-11 接好线路,图中 DLZB 为电流插座,当待测量支路电流分别为 I_1、I_2、I_3 时,只需将接有电流插头的电流表依次插入三个电流插座中,即可读取三条支路电流 I_1、I_2、I_3 的数值。在插头插入插座的同时,应监视电流表的偏转方向,若逆时针偏转,则要迅速拔出插头,翻转 180°后重新插入,再读取电流值。

(1)接通 $U_1=10$ V 电源,测量 U_1 单独作用时各支路的电流 I_1、I_2、I_3,将测量结果记入表 11-8 中。

(2)接通 $U_2=6$ V 电源,测量 U_2 单独作用时各支路的电流 I_1、I_2、I_3,将测量结果记入表 11-8 中。

(3)接通 U_1、U_2 电源,测量 U_1、U_2 共同作用时各支路的电流 I_1、I_2、I_3,将测量结果记入表 11-8 中。

表 11-8 电路实验 3 的数据记录表(1)

项目 / 情况	I_1/mA			I_2/mA			I_3/mA		
	测量	计算	误差	测量	计算	误差	测量	计算	误差
U_1 单独作用									
U_2 单独作用									
共同作用									

2)齐性定理的验证

实验电路如图 11-11 所示,调节第 1 路直流稳压电源电压 U_1 至 20 V,调节第 2 路直流稳压电源电压 U_2 至 12 V,此时 U_1、U_2 同时比之前增加 1 倍。测量 U_1、U_2 共同作用时各支路的电流 I_1、I_2、I_3,将测量结果记入表 11-9 中。

表 11-9 电路实验 3 的数据记录表(2)

项目 / 情况	I_1/mA			I_2/mA			I_3/mA		
	测量	计算	误差	测量	计算	误差	测量	计算	误差
共同作用									
表 11-8 中的值									
误差/(%)									

(五)实验报告要求

(1)根据实验中所得数据,验证叠加定理、齐性定理。

(2)计算各支路的电压和电流,并计算各值的相对误差,分析产生误差的原因。

(3) 分析实验结果,并得出相应的结论。

电路实验 4 戴维南定理

(一) 实验目的

(1) 验证戴维南定理。

(2) 掌握线性有源单口网络等效参数的测量方法。

(二) 实验原理

一般而言,任何一个线性含源一端口网络,对外电路来说,总可以用一个电压源和电阻的串联组合来等效代替;此电压源的电压等于外电路断开时端口处的开路电压 U_{oc},而电阻等于一端口网络的输入电阻(或等效电阻 R_{eq}),此即戴维南定理。

(三) 实验设备

晶体管直流稳压电源 1 台、直流毫安表 1 只、万用表 1 只、直流电路实验板 1 块、导线若干。

(四) 实验内容与步骤

1) 测出该一端口网络的外特性

按图 11-12 接好电路,测出该一端口网络的外特性,将测量结果记入表 11-10 中。

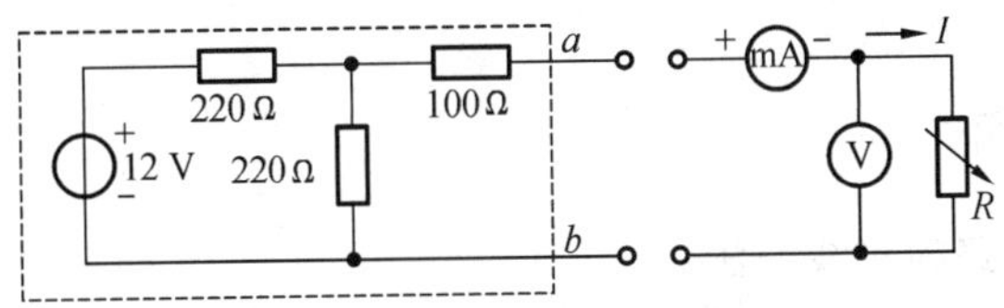

图 11-12 电路实验 4 的实验电路(1)

表 11-10 电路实验 4 的数据记录表(1)

R/Ω	0	200	400	800	1600	3200	6400	∞
I/mA								
U/V								

2) 测出该一端口网络的戴维南等效电路参数

(1) 开路电压 U_{oc}的测量。

当电路的等效内阻 R_{eq}远小于电压表内阻 R_V 时,可直接用电压表测量开路电压 U_{oc}。

补偿法测开路电压的测量电路如图 11-13 所示,U_s 为高稳定度的可调直流稳压电源,R_P 是电位器,用来限制电流。测量时,逐渐调节稳压电源输出电压,使电流表的指针逐渐回到零位,这时直流稳压电源的输出即为开路电压 U_{oc}。

(2) 短路电流 I_{sc}的测量。

在图 11-13 中，将 ab 端短路并测出短路电流 I_{sc}，则等效内阻 $R_{eq}=U_{oc}/I_{sc}$。

3) 测出戴维南等效电路的外特性

求出图 11-13 中含源一端口网络的戴维南等效电路，构造电路如图 11-14 所示，测量电路的外特性，将测量结果记入表 11-11 中。

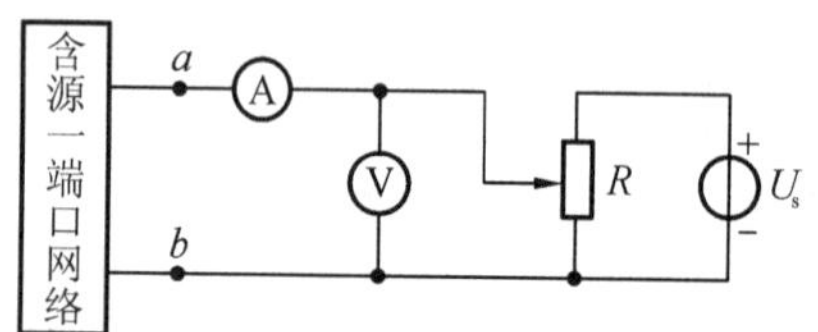

图 11-13　电路实验 4 的实验电路(2)

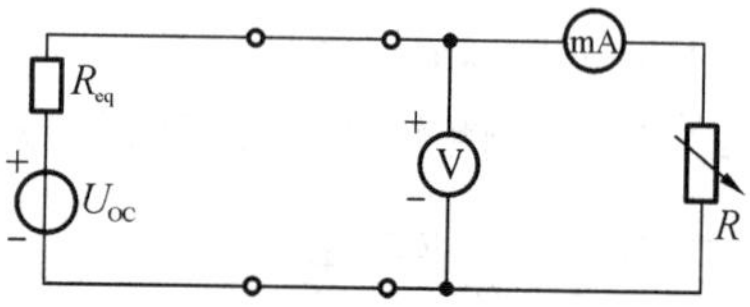

图 11-14　电路实验 4 的实验电路(3)

表 11-11　电路实验 4 的数据记录表(2)

R/Ω	0	200	400	800	1600	3200	6400	∞
I/mA								
U/V								

(五) 实验报告要求

绘出实际网络和等效网络端口处的伏安特性，对结果加以比较。

电路实验 5　日光灯电路

(一) 实验目的

(1) 掌握日光灯电路的接线方法。

(2) 了解日光灯的基本工作原理。

(3) 学习交流电压、交流电流的测量方法。

(二) 实验原理

日光灯的基本电路如图 11-15 所示。在刚接通电流时，灯管尚未放电，启辉器的触头处于断开位置，电路中没有电流，电源电压全部加在启辉器上，使其产生辉光放电而发热。启辉器中 U 形金属片发热膨胀后，触头闭合，于是电源、镇流器、灯管两电极和启辉器构成一个闭合回路，产生电流，加热灯管的电极使它发射电子。这时因为启辉器两触头间的电压降为零，所以辉光放电停止，U 形金属片开始冷却，当它弯曲到能使触头断开时，在这一瞬间，镇流器两端出现足够高的自感电动势，这个自感电动势与电源电压同时作用在灯管两极之间，使灯管产生弧光放电，因而涂在灯管内壁的荧光质发出可见光。

灯管放电后，电流通过镇流器产生电压降，灯管两端电压即启辉器两端电压低于电源电压，不足以使启辉器放电，所以启辉器的触头不再闭合，这时电源、镇流器和灯管构成一通路。

(三) 实验设备

调压器 1 台、交流电流表 1 只、交流电压表 1 只、日光灯及实验板 1 套、导线若干。

(四) 实验内容与步骤

(1) 实验线路如图 11-15 所示。接线经教师检查许可后，方能合上电源开关，将日光灯点燃。

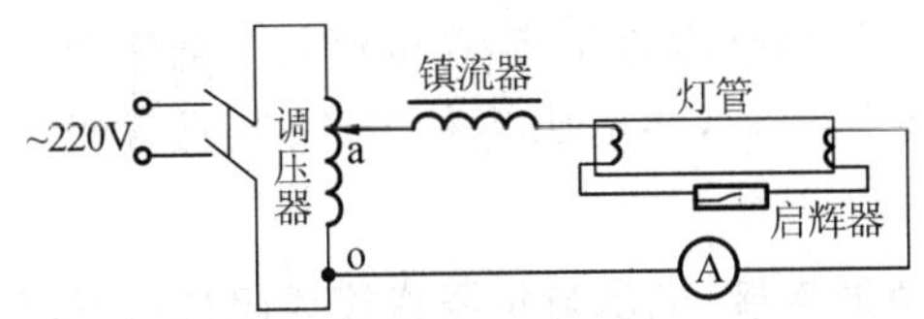

图 11-15 电路实验 5 的实验电路

(2) 测量电压、电流，并将测量值记入表 11-12 中

表 11-12 电路实验 5 的测试数据记录表

参数 / 电压 U/V	镇流器电压 U_L/V	日光灯电压 U_d/V	电流 I/A
220 V			
200 V			

(五) 实验报告要求

(1) 根据实验结果，以电流 I 为参考量绘出 U_d、U_L 和 U 的相量图。

(2) 分析产生误差的原因。

电路实验 6 三相电压电流的测量

(一) 实验目的

(1) 学习三相负载的星形接法及三角形接法。

(2) 测量星形(有中线及无中线)连接的三相负载在平衡(对称)和不平衡(不对称)的情况下，线电压和相电压的关系。

(3) 测量三角形连接的三相负载在平衡(对称)和不平衡(不对称)的情况下，线电流和相电流的关系。

（二）实验原理

1. 电源对称，负载星形连接，有中线，电源与负载连接线阻抗可忽略

（1）负载对称。线电压为相电压的$\sqrt{3}$倍，线电流与相电流相等，各线量及相量均对称，中线电流为零。

（2）负载不对称。线电压为相电压的$\sqrt{3}$倍，线电压与相电压均对称；线电流与相电流相等，线电流与相电流均不对称；中线电流不为零。

2. 电源对称，负载星形连接，无中线，电源与负载连接线阻抗可忽略

（1）负载对称。线电压为相电压的$\sqrt{3}$倍，线电流与相电流相等，各线量及相量均对称。

（2）负载不对称。线电压对称，相电压不对称；线电流与相电流相等，线电流与相电流均不对称。

3. 电源对称，负载三角形连接，电源与负载连接线阻抗可忽略

（1）负载对称。线电压与相电压相等，线电流为相电流的$\sqrt{3}$倍，各线量及相量均对称。

（2）负载不对称。线电压与相电压相等，线电压与相电压均对称；线电流与相电流无$\sqrt{3}$倍关系，均不对称。

（三）实验设备

三相调压器 1 台、交流电流表 1 只、交流电压表 1 只、三相电路实验板 1 块、电流插箱 1 个、导线若干。

（四）实验内容与步骤

1）三相星形负载

按图 11-16 接线，经教师检查后合上电源，调节三相调压器，使相电压等于 150 V。通过控制 N′-N 处的短路或开路，来控制星形接法中线的有无。

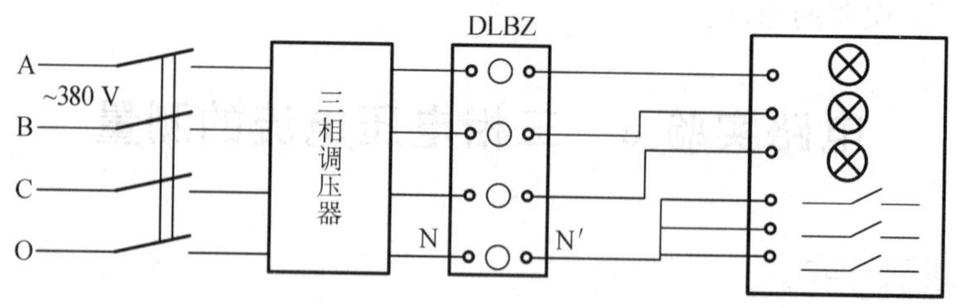

图 11-16　电路实验 6 的实验电路(1)

（1）将 N′-N 处短路（插入内部短路插头），线路接成三相四线制。合上三相灯板的灯泡开关，令三相灯泡的瓦数相同，测量线电压、相电压、中性点电压和相电流及中线电流，并记入表 11-13 中，然后断开 A 相两盏灯及 B 相一盏灯，再测上述各量，记入表 11-13 中。观察各相灯泡的亮度变化，记入表 11-14 中。

(2) 将 N′-N 处开路(拔出内部短路插头),线路接成三相三线制,合上三相灯板为灯泡开关,令三相灯泡的瓦数相同,测量线电压、相电压、中性点和相电流,并记入表 11-13 中,然后断开 A 相两盏灯,再测上述各量,记入表 11-13 中。观察各相灯泡亮度的变化,记入表 11-14 中。

表 11-13 电路实验 6 的测试数据记录表(1)

连接方式及负载情况		负载功率/W			相电压/V			线电压/V			相电流/A			中性点电压/V	中线点电流/A
		A	B	C	U_A	U_B	U_C	U_{AB}	U_{BC}	U_{AC}	I_A	I_B	I_C		
Y_0	对称														
	不对称														
Y	对称														
	不对称														

表 11-14 电路实验 6 的测试数据记录表(2)

对称情况	Y_0			Y			△		
	A	B	C	A	B	C	A	B	C
对称									
不对称									

2) 三相三角形负载

(1) 按图 11-17 接好电路,经教师检查后合上电源,调三相调压器使相电压等于 110 V,合上三相灯板的灯泡开关,令三相灯泡的瓦数相同,测量各相电流、线电流及电压,记入表 11-15 中,观察各相灯泡的亮度变化,记入表 11-14 中。

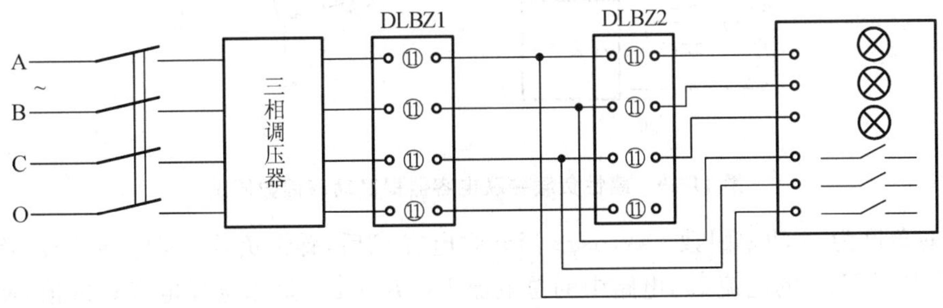

图 11-17 电路实验 6 的实验电路(2)

(2) 将 A 相两盏灯泡及 B 相一盏灯泡断开,测量线电流、相电流、相电压各量,记入表 11-15 中,观察各相灯泡的亮度变化,记入表 11-15 中。

表 11-15 电路实验 6 的测试数据记录表(3)

负 载 情 况	负载功率/W			线电流/A			相电流/A			相电压/V		
	A	B	C	I_A	I_B	I_C	I_{AX}	I_{BX}	I_{CX}	U_{AB}	U_{BC}	U_{CA}
对称												
不对称												

（五）实验报告要求

（1）对星形连接的各种情况作出相量图（如果电源三相电压不对称，作图时取平均值）。

（2）针对表 11-14 中记录的各种实验现象，分析产生这些现象的原因。

电路实验 7　电路功率因数的提高

（一）实验目的

（1）学习提高感性负载功率因数的方法。

（2）掌握功率表的正确使用方法。

（二）实验原理

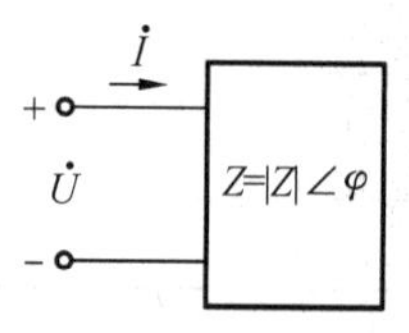

图 11-18　无源一端口网络

对于图 11-18 所示的无源一端口网络，其吸收的有功功率为 $P=UI\cos\varphi=UI\lambda$，其中 $\lambda=\cos\varphi$ 称为功率因数。在工农业生产及日常生活中，提高功率因数有很大的经济意义。

实际负载多为感性，要提高感性负载的功率因数，可在感性负载两端并联电容器，原理电路图和相量图如图 11-19 所示。

图 11-18 中，感性负载中的电流为 $\dot{I}_L$，它滞后于负载两端的

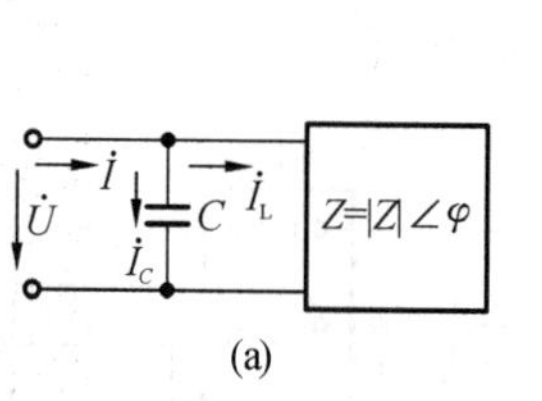

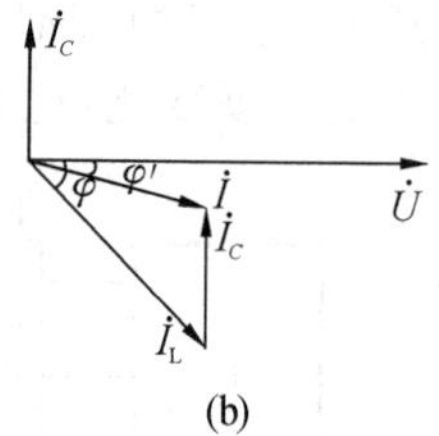

图 11-19　感性负载并联电容器提高功率因数原理

电压 $\dot{U}_i$ 的角度为 φ，功率因数 $\lambda=\cos\varphi$；当并联电容 C 后，感性负载中的电流不变，而电容 C 中有超前电压 $\dot{U}90°$的电流 $\dot{I}_C$，电路中的总电流 $\dot{I}=\dot{I}_L+\dot{I}_C$。适当选择电容 C 的值，使 $\dot{I}$ 滞后于 $\dot{U}$ 的角度满足 $|\varphi'|<|\varphi|$，则 $\lambda'=\cos\varphi'$，从而提高了电路的功率因数。

（三）实验设备

调压器 1 台、交流电压表 1 只、交流电流表 1 只、单相功率表 1 只、实验板 1 块、电容箱（0～20 μF）1 个、滑线变阻器（100 Ω，2 A）1 个。

（四）实验内容与步骤

按图 11-20 接线，将调压器电压调到 $\dot{U}_i=200$ V，感性负载是 20 W 的日光灯，当开关 S_1、S_2、S_3 关闭时，电容器接入电路。

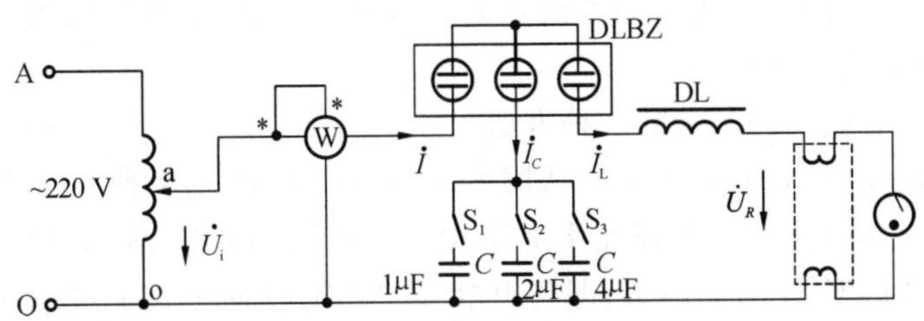

图 11-20 电路实验 7 的实验电路

在 0～7 μF 范围内改变 C 的值，将相应的电流、电压和功率记入表 11-16 中。

表 11-16 电路实验 7 的测试数据记录表

电容值＼测量值	$\dot{I}$	$\dot{I}_C$	$\dot{I}_L$	$\dot{U}$	$\dot{P}$
1 μF					
2 μF					
3 μF					
4 μF					
5 μF					
6 μF					
7 μF					

（五）实验报告要求

计算不同电容值时电路的功率因数，并画出相量图。

电路实验 8 耦合线圈参数——电阻、电感及互感的测量

（一）实验目的

（1）学习测定耦合线圈的同名端的方法。

（2）学习测定互感系数的方法及验证 $M_{12}=M_{21}$。

（3）学习测定线圈电阻和等效电感的方法。

（二）实验原理

1）耦合线圈的同名端及其测定方法

在电器设备中，对有磁耦合的两个线圈，用小圆点（·）或叉（×）标记在每个线圈的一个端钮上。有标记的这两个端钮就是同名端，这就给我们带来了方便。同名端说明：这两个线圈的绕法是当两个线圈的电流都是从同名端流出或流入时，两个线圈电流所产生的磁通方向是相同的，即两个线圈的磁通是相互增强的，此时，互感系数为正，$M>0$；反之，一个线圈

的电流从同名端流入，另一个线圈的电流从同名端流出，则两个线圈的磁通方向相反，互相削弱，因而互感系数为负，$M<0$。

下面是测定藕合线圈同名端的一种方法。

一个线圈的两端为A和B，另一个线圈的两端为C和D，用两种不同的接法将两个线圈串联。一种接法是第一个线圈的尾端B接到第二个线圈的C端，如图11-21所示。另一种接法是将第二个线圈C、D两端调头，即将B接D。当通过同一交流电流时，哪种接法线圈两端的电压高，哪种接法就为顺接，即两个线圈的首端(电流流入端)为同名端(思考：为什么?)

2）互感系数的测定

方法一：根据 $E_2=-\mathrm{j}\omega MI_1$ 有

$$M_{12}=E_2/\omega I_1$$

因此，按图11-21接线，测出第一线圈的电流 I_1 和第二个线圈的电动势 E_2，便可求出互感系数 M。

方法二：根据两线圈串联后，如果是顺接，则其等效电感为

$$L_{+}=L_1+L_2+2M$$

如果是反接，则其等效电感为

$$L_{-}=L_1+L_2-2M$$

将两式相减得

$$L_{+}-L_{-}=4M$$

由此得

$$M=(L_{+}-L_{-})/4$$

因此，测出顺接和反接的等效电感 L_{+} 和 L_{-}，便可求出互感系数 M。

(三) 实验设备

调压器1台、交流电流表1只、交流电压表1块、功率表1只、自制互感线圈1只、导线若干。

(四) 实验内容与步骤

(1) 实验线路如图11-21所示。接线后经教师检查许可，方能合上电源开关。调节调压器使电流 $I=1$ A，测量电压 U 和功率 P，记入表11-17中；断开电源开关，改换接法(第二个线圈两端对换)，测量 $I=1$ A时的电压和功率，记入表11-17中。

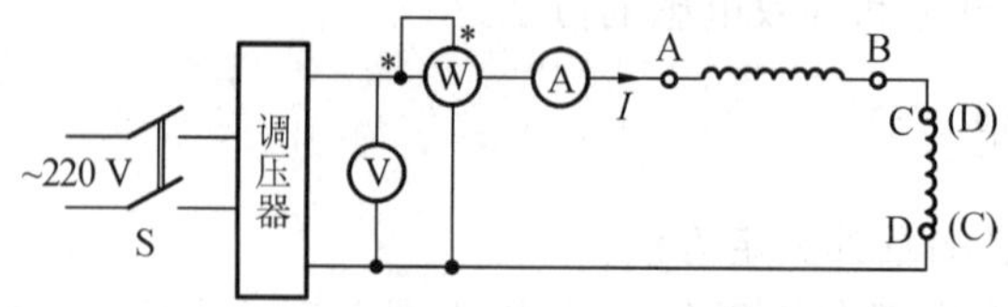

图11-21　电路实验8的实验电路(1)

表 11-17 电路实验 8 的测试数据记录表(1)

接 法	I/A	U/V	P/W	Z=U/I/Ω	R=P/I²/Ω	X²=Z²−R²/Ω	L=X/ω/H
B 接 C							
B 接 D							

判断:①哪种接法是顺接,哪种接法是反接?

②哪两个端钮是同名端?

③功率表的读数是否改变?

计算:$L_+=$__________;$L_-=$__________;$M=$__________。

(2) 实验线路如图 11-22 所示。接线后经教师检查许可,方能合上电源开关。调节调压器使电流 $I=1$ A,测量 CD 线圈的感应电势 E_2,记入表 11-18 中;断开电源开关,改换接法(CD 线圈接电源,AB 线圈接电压表),调节调压器,使电流 $I=1$ A 时,测量 AB 线圈和感应电势 E_1,记入表 11-18 中。

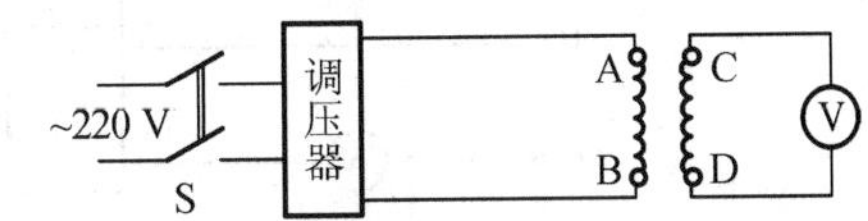

图 11-22 电路实验 8 的实验电路(2)

表 11-18 电路实验 8 的测试数据记录表(2)

	I/A	E/V	M/H
第一个线圈(AB)接电源			
第二个线圈(CD)接电源			

判断:感应电势 E_1 和 E_2 是否相等?

(五) 实验报告要求

根据实验结果,计算表 11-17 和表 11-18 所列各项之值。

电路实验 9 三相功率的测量

(一) 实验目的

(1) 学习用二表法测量三相电路的有功功率。

(2) 了解测量对称三相电路无功功率的方法。

(二) 实验原理

图 11-23 给出了三相电路功率测量的几种接线情况。图 11-23(a)所示的是用单表法测对称三相电路功率的电路,功率表读数乘以 3 为三相电路总功率,即 $P_{ALL}=3P_A$;图 11-23(b)所示的是用三表法测不对称三相电路功率的电路,三个表读数之和为三相电路总功率,即 $P_{ALL}=P_A+P_B+P_C$;图 11-23(c)所示的是用二表法测对称或不对称三相电路总功率的电路,两个表读数之和为三相电路总功率,即 $P_{ALL}=P_A+P_C$;图 11-23(d)所示的是用一表法测

对称三相电路无功功率的电路，功率表读数乘以$\sqrt{3}$为对称三相电路总的无功功率，即 $Q_{\mathrm{ALL}}=\sqrt{3}P_{\mathrm{B}}$。

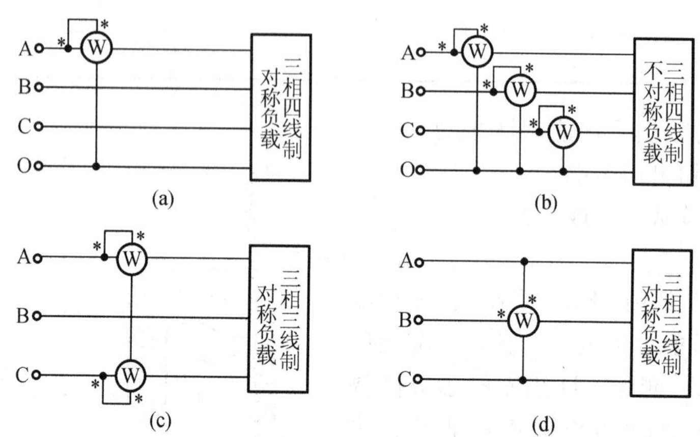

图 11-23　三相电路功率的测量方法

（三）实验设备

三相调压器 1 台、交流电流表 1 只、交流电压表 1 只、三相灯板 1 块、电流插箱 1 个、功率表 2 只、三相电容器 1 个、导线若干。

（四）实验内容与步骤

1）一表法测量对称三相负载的有功功率

三相负载是星形连接的三组电灯，每组的电灯负载为 3 个 60 W 的灯泡。按图 11-23(a)接好线，经教师检查后合上电源。调节三相调压器，使相电压为 220 V，测量功率、相电压和相电流，将数据记入表 11-19 的第一空行中。

2）二表法测量不对称三相负载的有功功率

在三相灯板上，A 相接一盏灯(60 W)，B 相接二盏灯(120 W)，C 相接三盏灯(180 W)。按图 11-23(b)接线，经教师检查后合上电源。调节三相调压器，使相电压为 220 V，测量功率、相电压和相电流，将数据记入表 11-19 的第二空行中。

3）二表法测量对称三相负载的有功功率

将一组作三角形连接的电容器和三角形连接的电灯并联，各相灯泡均为 60 W，按图 11-23(c)接线，经教师检查后合上电源。调节三相调压器，使相电压为 220 V，测量功率、相电压和相电流，将数据记入表 11-19 的第三行空中。

4）一表法测量对称三相负载的无功功率

将一组作三角形连接的电容器和三角形连接的电灯并联，各相负载均为 60 W 灯泡，按图 11-23(d)接线，经教师检查后合上电源。调节三相调压器，使电压为 220 V，测量功率、相电压和相电流，将数据记入表 11-19 的第四空行中。

表 11-19 电路实验 9 的测试数据记录表

负载情况	负载功率/W			相电压/V			相电流/A			功率表读数	
	P_A	P_B	P_C	U_{AB}	U_{BC}	U_{CA}	I_{AB}	I_{BC}	I_{CA}	P_1	P_2
对称阻性负载											
不对称阻性负载											
对称容性负载											
对称容性负载											

（五）实验报告要求

（1）验算各相灯泡的额定功率之和等于三相总功率。

（2）根据相电压和电流计算第一、二两项的三相功率（自拟表格，将计算结果填入表中）。

电路实验 10 一阶电路

（一）实验目的

（1）观察 RC 串联电路充放电现象，并测量电路的时间常数。

（2）验证 RC 串联电路中有关过渡过程的结论的正确性。

（3）学习用示波器观察和分析电路的响应。

（二）实验原理

1）RC 电路充放电规律

一个理想电容 C 经电阻 R 接到直流电压源上，设电源电压为 U，此时电容的端电压 u_C 及充电电流 i_C 分别按指数规律变化。

$$u_C = U(1 - e^{-t/\tau}), t \geqslant 0_+$$

$$i_C = Ue^{-t/\tau}/R, t \geqslant 0_+$$

式中：$\tau=RC$，称为电路的时间常数。

当电容 C 经电阻放电时，电容的端电压及放电电流为

$$u_C = Ue^{-t/\tau}, t \geqslant 0_+$$

$$i_C = -Ue^{-t/\tau}/R, t \geqslant 0_+$$

充放电曲线分别如图 11-24 和图 11-25 所示。

2）RC 电路在方波作用下响应

当方波作用于 RC 电路时，如果电路的时间常数远小于方波的周期，则响应可以视为是零状态响应和零输入响应交替重复的过程。方波前沿出现时就相当于电路在初始值为零时接入直流，响应就是零状态响应；方波后沿出现时就相当于在电容具有初始值 $u_C(0_-)$ 时把电源用短路置换，响应就是零输入响应。

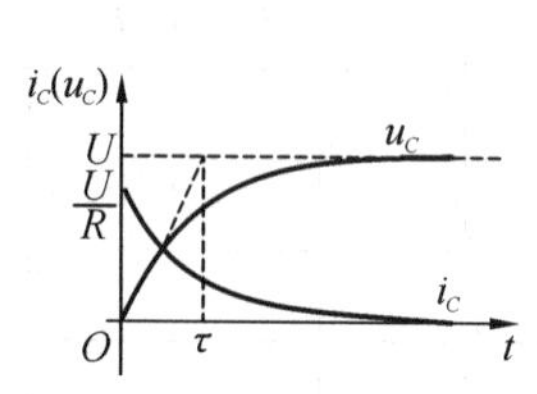

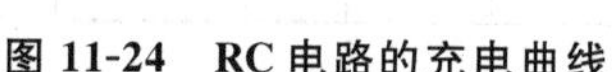
图 11-24 RC 电路的充电曲线

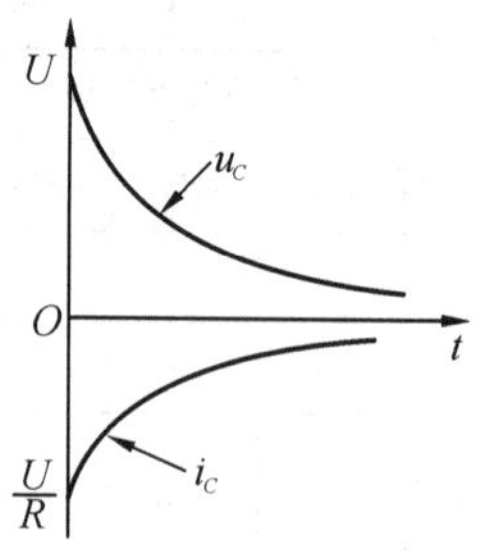

图 11-25 RC 电路的放电曲线

为了清楚地观察到响应的全过程，可使方波的半周期 $T/2$ 和时间常数 $\tau=RC$ 保持 5∶1 左右的关系。方波是周期信号，可以用普通的示波器显示出稳定的图形，如图 11-26 所示。

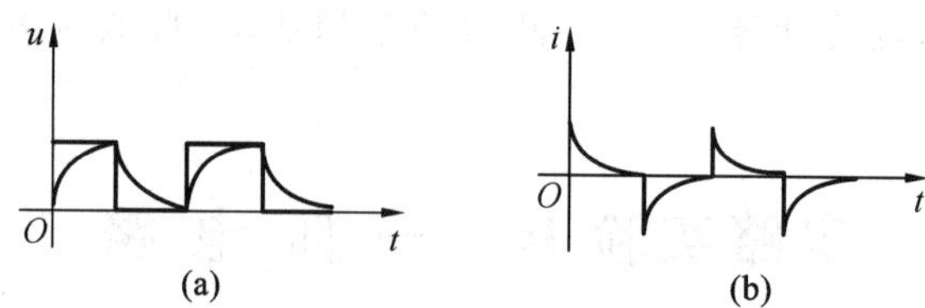

图 11-26 RC 电路的方波响应曲线

(a)电容电压波形；(b)电容电流波形

3）通过波形估算时间常数

RC 电路充放电的时间常数可以从波形中估算出来，设时间坐标单位 t 确定，对于充电曲线来说，幅值上升到终值的 63.2%所对应的时间即为一个 τ，如图 11-27(a)所示；对于放电曲线，幅值下降到初值的 36.8%所对应的时间即为一个 τ，如图 11-27(b)所示。

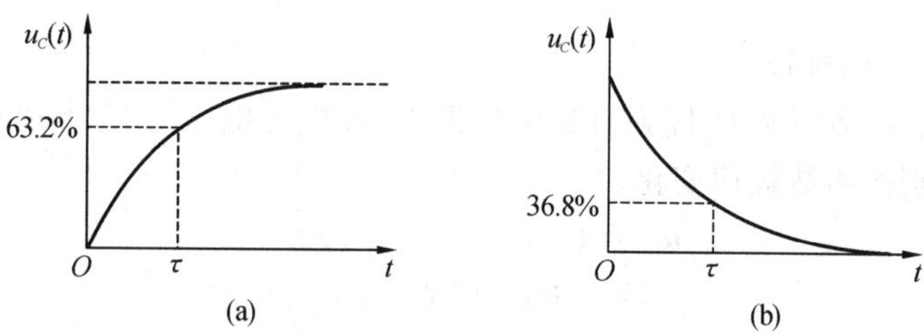

图 11-27 RC 电路的充放电曲线

(a)充电曲线；(b)放电曲线

（三）实验设备

信号发生器一台、双踪示波器一台、晶体管毫伏表一块、电阻箱一个、定值电容一只、导线若干。

（四）实验内容与步骤

研究 RC 电路的方波响应：实验电路如图 11-28 所示，方波信号由信号发生器产生。

(1) 取方波信号的幅值为 3 V,频率 $f=500$ Hz,$R=10\ \text{k}\Omega$,$C=0.1\ \mu\text{F}$,此时 $RC=T/2$,观察并记录 u_C 和 i_C 波形。

(2) 信号不变,取 $R=1\ \text{k}\Omega$,$C=0.1\ \mu\text{F}$,此时 $RC\ll T/2$,观察并记录 u_C 和 i_C 波形。

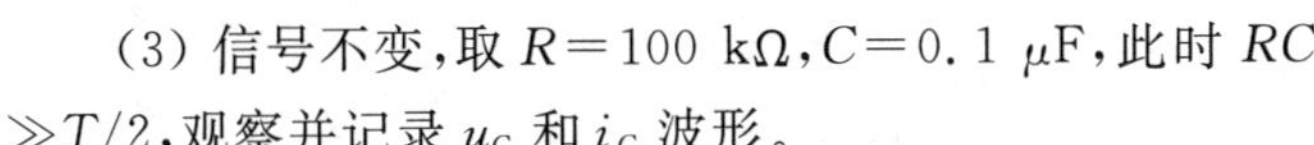

(3) 信号不变,取 $R=100\ \text{k}\Omega$,$C=0.1\ \mu\text{F}$,此时 $RC\gg T/2$,观察并记录 u_C 和 i_C 波形。

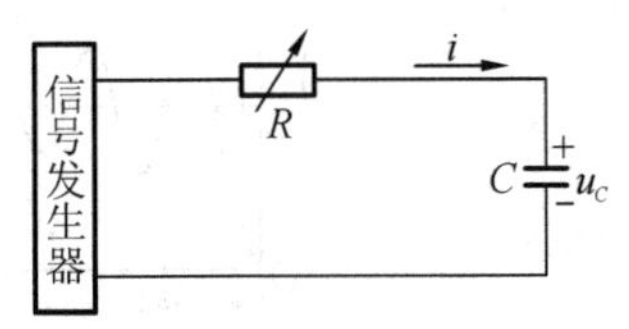

图 11-28 电路实验 10 的实验电路

注意:①电流 i_C 的波形为电阻电压 u_R 的波形;②测量时信号发生器和示波器必须共地。

(五) 实验报告要求

(1) 把观察到的各响应波形分别画在纸上,并作必要的说明。

(2) 从方波响应 $u_C(t)$ 的波形中估算出时间常数 τ,并与计算值比较,分析误差产生的原因。

(3) 分析实验结果,并得出相应的结论。

电路实验 11 二 阶 电 路

(一) 实验目的

(1) 通过实验了解 RLC 串联电路的振荡和非振荡过渡过程,以及与 R、L、C 各参数之间的关系。

(2) 学习用示波器观察和分析电路的响应。

(二) 实验原理

(1) RLC 串联电路的过渡过程有两种情况:振荡和非振荡过渡过程,由电路本身的参数决定。

(2) 当 $R<2\sqrt{\dfrac{L}{C}}$ 时,称为欠阻尼状态,过渡过程是振荡的。

图 11-29(a)、(c)所示的是 RLC 串联电路接到直流电源(电压为 U_0)时电容 C 被充电的过渡过程。其中,图 11-29(a)所示的是电容 C 的电压 u_C 的变化规律,图 11-28(c)所示的是充电电流 i_L 的变化规律。图 11-28(b)、(d)所示的是电容 C 对 RL 串联电路放电时的电容电压 u_C 和电感电流 i_L 的过渡过程的变化规律。

振荡角频率为

$$\omega'=\sqrt{\frac{1}{LC}-\frac{R}{4L^2}}$$

振荡的周期为

$$T'=\frac{2\pi}{\omega'}$$

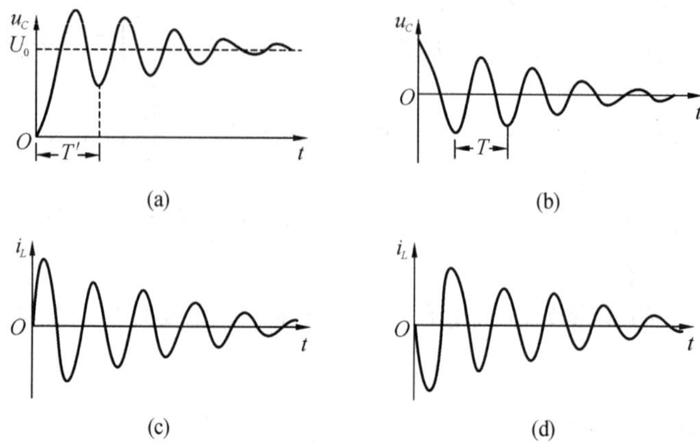

图 11-29　欠阻尼时二阶电路的过渡过程

(a)电容充电电压;(b)放电电压;(c)电容充电电流;(d)放电电流

(3) 当 $R \geqslant 2\sqrt{\dfrac{L}{C}}$ 时,称为过阻尼状态,过渡过程是非振荡的。

图 11-30(a)、(c)所示的是 RLC 串联电路接到直流电源上对电容 C 充电时电容电压 u_C 和电感电流 i_L 的过渡过程,图 11-30(b)、(d)是电容 C 对 RL 串联电路放电时电容电压 u_C 和电流 i_L 的过渡过程。

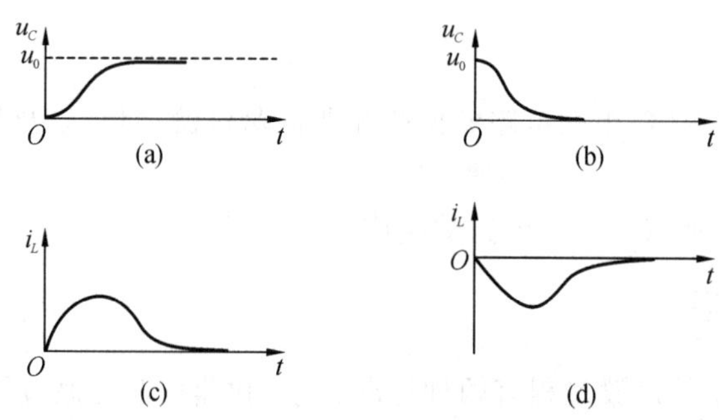

图 11-30　过阻尼时二阶电路的过渡过程

(a)电容充电电压;(b)放电电压;(c)电容充电电流;(d)放电电流

(三) 实验设备

信号发生器一台、双踪示波器一台、晶体管毫伏表一块、电阻箱一个、定值电感一只、定值电容一只、导线若干。

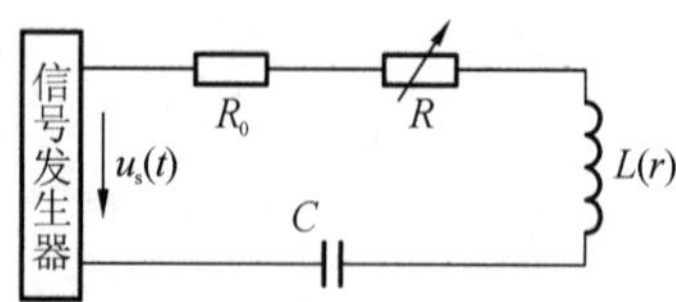

图 11-31　电路实验 11 的实验电路

(四) 实验内容与步骤

实验线路如图 11-31 所示,信号发生器输出方波电压信号 $U_s(t)$。适当选取方波电源的周期和 R、L、C 的数值,观察并描绘出 $u_C(t)$ 和 $i_L(t)$ 的波形。

(1) $L=0.1\ \text{H}$，$C=0.1\ \mu\text{F}$ 时，临界电阻 $R=2\sqrt{\dfrac{L}{C}}=2000\ \Omega$。改变 R，使电路处于临界状态，确定临界电阻，并与理论值比较。

(2) $R=10\ \text{k}\Omega$，$C=0.1\ \mu\text{F}$，$L=0.1\ \text{H}$，观察 u_C、i_L 的波形并描绘出来。

(3) $R=500\ \Omega$，$C=0.1\ \mu\text{F}$，$L=0.1\ \text{H}$，观察 u_C、i_L 的波形并描绘出来。

注意：①电流 i_L 的波形为电阻电压 u_{R_0} 的波形；②测量时信号发生器和示波器必须共地。

（五）实验报告要求

(1) 把观察到的振荡和非振荡过程的波形分别画在纸上，并作必要的说明。

(2) 将临界电阻的实验值与理论值进行比较。

(3) 分析实验结果并给出相应的结论。

电路实验 12　正弦交流电路中 R、L、C 元件特性

（一）实验目的

(1) 通过实验了解 R、L、C 在正弦电路中的基本特性，以及 R、L、C 各元件的电压和电流之间的相位关系。

(2) 学习用示波器观察和测量正弦交流电路中 R、L、C 的电压和电流之间的相位差。

（二）实验原理

在正弦交流电路中，R、L、C 元件上电压与电流间的相量关系如下。

(1) 电阻元件：

$$\dot{U}=R\dot{I}$$

电压与电流的相位差：

$$\varphi=\varphi_u-\varphi_i=0$$

电阻元件 R 两端的电压和电流同相，电阻与频率无关。

(2) 电容元件：

$$\dot{U}=Z_C\dot{I}=-\mathrm{j}\,\frac{1}{\omega C}\dot{I}$$

电压与电流的相位差：

$$\varphi=\varphi_u-\varphi_i=-90^\circ$$

阻抗模：

$$|Z_C|=1/\omega C$$

电容器 C 两端的电压和电流不仅与电容 C 的大小有关，而且与频率有关。ω 越高，电容器的阻抗越小，流过电容的电流就越大。同时，还表明流过电容的电流超前其端电压 90°。

(3) 电感元件：

$$\dot{U}=Z_L\dot{I}=\mathrm{j}\omega L$$

电压与电流的相位差：

$$\varphi = \varphi_u - \varphi_i = 90^\circ$$

阻抗模：

$$|Z_L| = \omega L$$

电感 L 两端的电压和电流不仅与电感量 L 的大小有关，而且与频率有关。ω 越高，电感的阻抗就越大，流过电感的电流就越小，同时，还表明流过电感的电流落后于其端电压 90°。

（三）实验设备

信号发生器 1 台、毫伏表 1 只、电感 1 只、电容 1 只、电阻 1 只、双踪示波器 1 台、导线若干。

（四）实验内容与步骤

实验线路如图 11-32 所示。

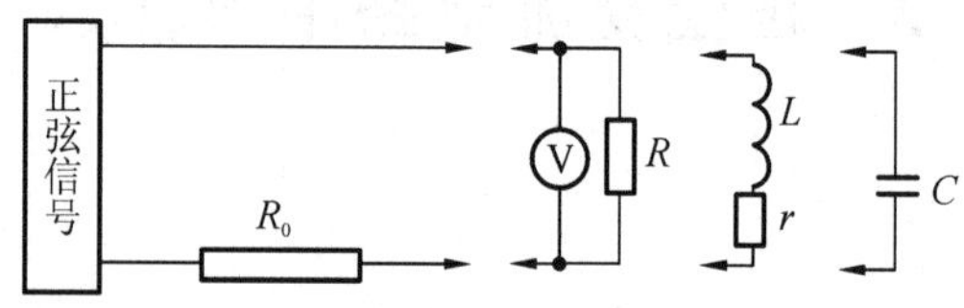

图 11-32　电路实验 12 的实验电路

(1) 在 $R_0=51\ \Omega$ 的情况下，测量 R、L、C 在频率为 1.5 kHz 时的电压和电流，分别画出 R、L、C 三种元件的电压和电流的波形，并描述其相位关系，读出相位差 φ=________。

(2) 按表 11-20、表 11-21、表 11-22 分别测量 R、L、C 元件的频率特性，并画出频率特性曲线。

表 11-20　电路实验 12 的测试数据记录表(1)

f/Hz	200	400	600	800	1000	1200	1400	1600	1800	2000
U_R/V										
U_{R_0}/V										
I/mA										
X(阻抗)										

注：$R_0=1\ \text{k}\Omega$，$I=U_{R_0}/R_0$、$X=U_R/I$。

表 11-21　电路实验 12 的测试数据记录表(2)

f/Hz	200	400	600	800	1000	1200	1400	1600	1800	2000
U_C/V										
U_{R_0}/V										
I/mA										
X(阻抗)										

注：$R_0=1\ \text{k}\Omega$，$I=U_{R_0}/R_0$、$X=U_R/I$。

表 11-22 电路实验 12 的测试数据记录表(3)

f/Hz	200	400	600	800	1000	1200	1400	1600	1800	2000
U_L/V										
U_{R_0}/V										
I/mA										
X(阻抗)										

注：$R_0=1\ \mathrm{k\Omega}$，$I=U_{R_0}/R_0$、$X=U_R/I$。

(五) 实验报告要求

(1) 根据实验结果，说明 R、L、C 元件在交流电路中的性能。

(2) 根据实验结果，画出不同元件两端电压与电流在同一频率(任选一频率)下的相量图。

(3) 分析产生误差的原因，提出减小误差的实验方法，并说明为什么可以采用此方法。

电路实验 13 RLC 串联谐振电路

(一) 实验目的

(1) 测定 RLC 串联电路中 X_L、X_C、X 的频率特性及谐振特性曲线。

(2) 了解 Q 值的物理意义，绘制通用的谐振曲线。

(二) 实验原理

(1) 在 RLC 串联电路中，当外加正弦交流电压的频率改变时，电路的感抗、容抗和总电抗都随着电源频率的改变而变化，这些元件参数随频率而变的特性绘成曲线，就得到它们的频率特性曲线，如图 11-33 所示。

由于 $X_L=\omega L$，$X_C=\dfrac{1}{\omega C}$，所以

$$X=X_L-X_C=\omega L-\frac{1}{\omega C}$$

$$Z=\sqrt{R^2+(X_L-X_C)^2}$$

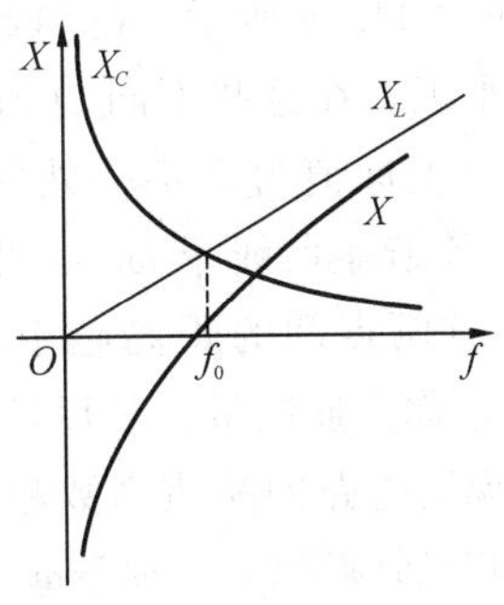

图 11-33 感抗、容抗和总电抗的频率特性曲线

当 $X_L=X_C$ 时，$X=0$，$Z=R$，$\cos\varphi=1$，电路呈电阻性。这种工作状态称为串联谐振，此时频率为

$$\omega_0=\frac{1}{\sqrt{LC}}$$

式中：ω_0 为谐振角频率。

$$f_0=\frac{1}{2\pi\sqrt{LC}}$$

式中：f_0 为谐振频率。

（2）固定外加电压的大小而改变其频率时，电路中各元件的电压 U_L、U_C、U_R 及电流 I 亦会受元件的频率特性的影响而产生变化。将 U_L、U_C 及 I 随频率变化的过程绘制成曲线，该曲线称为谐振曲线，如图 11-34 所示。

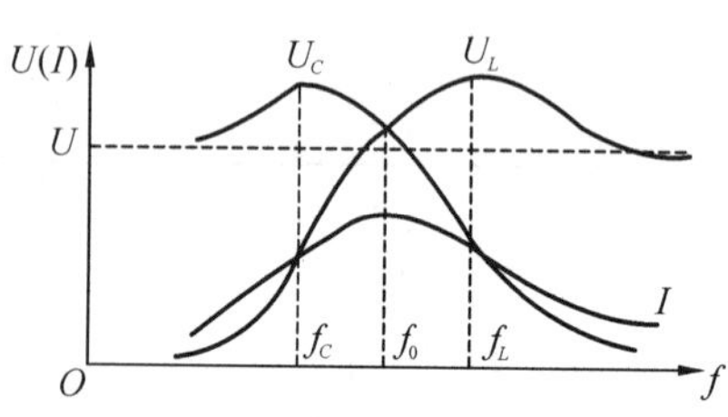

图 11-34　RLC 串联电路的谐振曲线

当 $\omega=\omega_0$ 时，$I_{0\max}=U/R$。

当 $\omega=\omega_0\sqrt{\dfrac{2-\dfrac{1}{Q^2}}{2}}$ 或 $\omega=\omega_0\sqrt{\dfrac{2}{2-\dfrac{1}{Q^2}}}$ 时，有

$$U_{C\max}=U_{L\max}=\frac{2U}{\dfrac{1}{Q}\sqrt{4-\dfrac{1}{Q^2}}}$$

注意：只有在 $Q\geqslant 1/\sqrt{2}$ 的条件下，$U_{L\max}$、$U_{C\max}$ 才能出现。

（3）串联谐振时，电感上的电压或电容上的电压与外加电压之比定义为串联电路的品质因数，以 Q 表示：

$$Q=U_L/U=U_C/U=\omega_0 L/R=[1/(\omega_0 C)]/R=\sqrt{L/C}/R$$

根据 Q 的大小，L、C 的电压可大于或等于外加电压。谐振时，电感和电容的电压为

$$U_L=U_C=QU$$

显然，RLC 串联电路的谐振曲线是在某一确定的 Q 值之下作出的，如果将谐振曲线中的 $I(\omega)$ 特性曲线以 I/I_0（$I_0=U/R$，谐振时的电流值）为纵坐标，以 ω/ω_0 之比为横坐标来绘制，即得出电路的通用谐振曲线 $I/I_0(\omega/\omega_0)$。此曲线的形状与品质因数有关，它的表达式为

$$\frac{I}{I_0}=\frac{1}{\sqrt{1+Q^2\left(\dfrac{\omega}{\omega_0}-\dfrac{\omega_0}{\omega}\right)^2}}$$

当电路的 L 及 C 值维持不变，只改变 R 的大小时，可以作出不同的 Q 值对应的通用调谐曲线，如图 11-35 所示。Q 值越大，曲线越尖锐，反之越平坦。在这些不同 Q 值的谐振曲线上，通过纵轴上坐标值为 0.707 处作一平行于横轴的直线，交各谐振曲线于 ω_1/ω_0 和 ω_2/ω_0 两点。Q 值越大，这两点间的距离越小，其对应的频率范围 $\omega_2-\omega_1$ 称为通频带。可以证明 $Q=\omega/(\omega_2-\omega_1)$，该式说明电路的品质因数越大，电路的选择性越好，相对通频带 $(\omega_2-\omega_1)/\omega_0$ 越小，这就是 Q 值的物理意义。

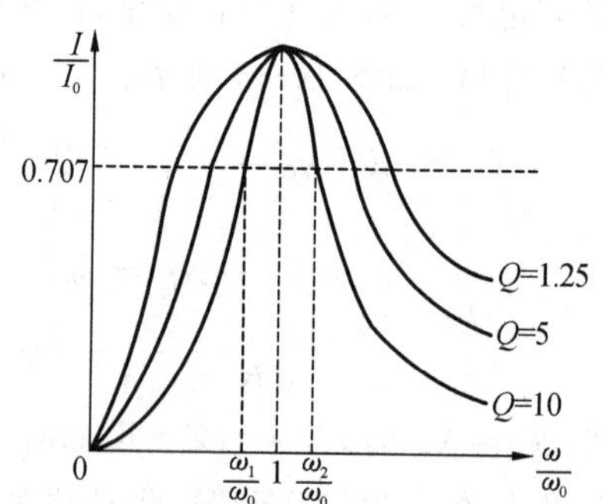

图 11-35　RLC 串联电路的通用谐振曲线

（三）实验设备

信号发生器 1 台、晶体管毫伏表 1 只、高频波电阻箱 1 个、定值电感 1 只、定值电容 1

只、导线若干。

（四）实验内容与步骤

实验线路按图 11-36 接线，经教师检查后将电路接通。

(1) 保持信号发生器端电压 $U_s=1$ V，选 $Q=1.25$，此时 $R=800\ \Omega$，$L=0.1$ H，$C=0.1\ \mu$F。取 $R_0=R-r$，调电源频率由小到大（100～10000 Hz），粗略测出谐振频率 f_0（理论值为 $f_0=\dfrac{1}{2\pi\sqrt{LC}}\approx 1590$ Hz）、f_C、f_L。在 f_C 与 f_0、f_L 与 f_0 的中间处各选一频率，记入表 11-23 中的空白处，与之对称地在 f_L 与 f_C 处各选一频率，填入表 11-23 中，然后逐点精确调节电源频率（各点均保持外加电压$U_s=1$ V），用晶体管毫伏表测量元件在不同频率时的端电压 U_{R_0}、U_C 及 U_L，作出 U_{R_0}、U_C 及 U_L 的谐振曲线。同时计算 X_L、X_C 随频率的变化而产生的变化，并作出 X_L、X_C、$X=X_L-X_C$ 的特性曲线，记入表 11-23 中相应的栏目中。

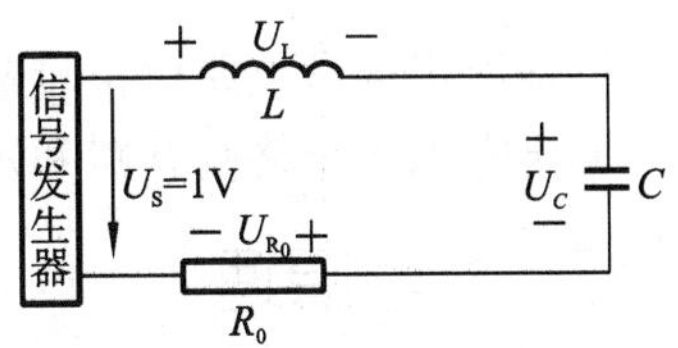

图 11-36 电路实验 13 的实验电路

表 11-23 电路实验 13 的测试数据记录表

f/Hz	100	300	600	800		f_C		f_0		f_L		3000	4000	6000
U_{R_0}/V														
U_C/V														
U_L/V														
I/mA														
U_X/V														
X_C/Ω														
X_L/Ω														
X/Ω														

(2) 仍保持信号发生器的端电压 $U_s=1$ V，L、C 不变。选 $Q=5$，即 $R=200\ \Omega$，$R_0=R-r$。逐点调节电源频率，测出 U_{R_0}、U_C。选 $Q=10$，即 $R=100\ \Omega$，$R_0=R-r$。逐点调节电源频率，测出 U_{R_0}、U_C。重复(1)的操作步骤，自拟表格，将实验结果填入表中。

（五）实验报告要求

(1) 分别作出理论值 $Q_1=1.25$、$Q_2=5$、$Q_3=10$ 时，$I/I_0=F(\omega/\omega_0)$ 三条通用谐振曲线，分别找出通频带上、下限 ω_2 和 ω_1 的值，通过 $Q=(\omega_2-\omega_1)/\omega_0$ 及 $Q=U_C/U$，计算与理论 Q_1、Q_2、Q_3 的理论值，并进行比较和验证。

(2) 绘制 $Q=1.25$ 时的谐振曲线及频率特性曲线。

电路实验 14　均匀传输线模拟电路的测量

（一）实验目的

（1）学习用链形电路模拟传输线，研究分布参数电路。

（2）研究无损线终端开路和短路状态下，电压有效值沿线分布及各处相位关系。

（二）实验原理

本实验装置采用电感线圈和电容组成 π 形链式网络，模拟均匀传输线。在适当的频率下，线路上的损耗可忽略不计，故这一均匀传输线可视为无损线。

每个 π 形环节 $L=217.5\ \mu\text{H}$，$C=0.031\ \mu\text{F}$。每个环节模拟的无损线长度为 781 m，总共有 18 个 π 形环节，模拟无损线全长 14 km。

在正弦稳态情况下分情况讨论。

（1）无损线终端开路，沿线的电压分布为

$$\dot{U}_{oc}(X') = \dot{U}_2\cos\left(\frac{2\pi}{\lambda}X'\right) = \dot{U}_2\cos\left(\frac{2\pi f}{v_C}X'\right)$$

式中：$\dot{U}_{oc}$为无损线终端开路时，沿线任一点的电压相量；$\dot{U}_2$ 为终端开路电压相量；X'为线路上任一点距终端的距离；f 为信号频率；λ 为与 f 相应的波长；v_C 为光速，$v_C=3\times10^8$ m/s。

在 $X'=n\lambda/2(n=0,1,2,3,\cdots)$处，即 $X'=0,\lambda/2,\lambda,3\lambda/2,\cdots$处，$U_{oc}$达到最大，$U_{oc}=U_2$，这时 X'所在处是该驻波电压的波腹。

在 $X'=[(2n+1)\lambda/2]/2(n=0,1,2,3,\cdots)$处，即 $X'=\lambda/4,3\lambda/4,5\lambda/4,7\lambda/4,\cdots$处，$U_{oc}=0$，这时 X'所在处是该驻波的波节。

（2）无损线终端短路，沿线电压的分布为

$$\dot{U}_{sc}(X') = \text{j}\dot{I}_2Z_C\sin\left(\frac{2\pi}{\lambda}X'\right) = \text{j}\dot{I}_2Z_C\sin\left(\frac{2\pi f}{v_C}X'\right)$$

式中：$\dot{U}_{sc}$为无损线终端短路时，沿线任一点的电压相量；$\dot{I}_2$ 为终端短路电流相量；Z_C 为传输线的波阻抗。

这时，沿线驻波电压的波腹在 $X'=[(2n+1)\lambda/2]/2(n=0,1,2,3,\cdots)$处，即 $X'=\lambda/4$，$3\lambda/4,5\lambda/4,\cdots$处。

沿线驻波电压的波节在 $X'=n\lambda/2(n=0,1,2,3,\cdots)$处，即在 $X'=0,\lambda/2,\lambda,\cdots$处。

终端开路和短路的无损线上电压有效值的沿线分布如图 11-37 所示。

（三）实验设备

均匀传输线模拟装置 1 台、信号发生器 1 台、晶体管毫伏表 1 只、双踪示波器 1 台、高频波电阻箱 1 个。

（四）实验内容与步骤

（1）按图 11-38 接线，测量在某一频率的信号源（U_s 设定为 $f=16$ kHz 的正弦信号）作用下，传输线终端开路、短路以及接某一负载($R_Z=84\ \Omega$)状态下的沿线电压有效值，并绘制电压有效值分布曲线。测量数据填入表 11-24 中。

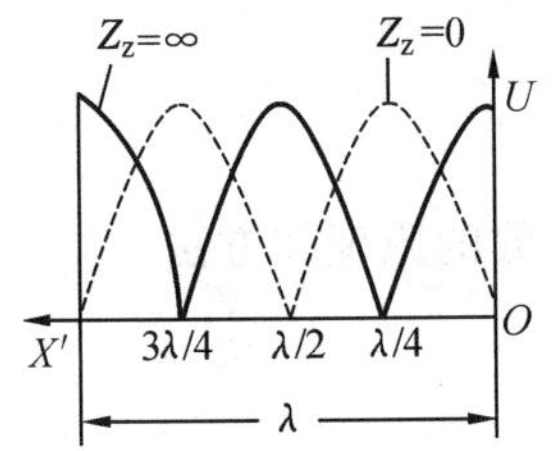

图 11-37 终端开路和短路无损线的电压有效值

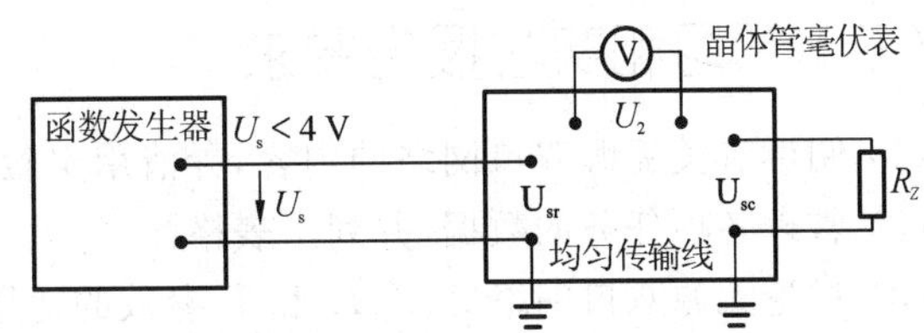

图 11-38 电路实验 14 的实验电路

表 11-24 电路实验 14 的测试数据记录表

测量点 / 终端状态	1	2	3	4	5	6	7	8	9	10
$R_Z=\infty$										2 V
$R_Z=0$	2 V									
$R_Z=84\ \Omega$	2 V									

(2) 用双踪示波器观察沿线各点电压与始端电压的相位差，并记录相位差的大小。

(五) 实验报告要求

(1) 根据实验所得数据在纸上画出实验曲线并与理论曲线相比较。

(2) 分析测量结果。

电路实验 15 无源双口网络的设计与测量

(一) 实验目的

(1) 用实验方法测定双口网络的等效参数。

(2) 了解无源双口网络的各种连接方法。

(3) 自拟一个无源双口网络，并测定其特性阻抗。

(二) 实验任务

(1) 测定如图 11-39(a)、(b)所示电路的 Z、Y、H 和 T 参数。

(2) 将图 11-39(a)、(b)所示的两双口网络进行并联、串联和级联，并分别测出 Y、Z、H 和 T 参数。

(3) 自拟一个具有电感或电容的无源双口网络，并

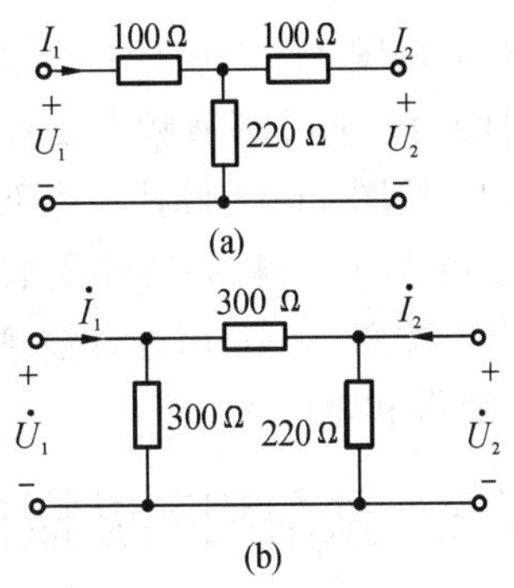

图 11-39 电路实验 15 的实验电路

测定其特性阻抗。

注意:电路元件的参数又必须根据实验设备提供的条件确定。所加电源种类(直流或交流)及数值由实验者认真考虑,仔细实施。

(三)预习和实验报告要求

(1) 阅读有关无源双口网络的内容,弄清用实验方法测定参数的原理和方法。

(2) 整理各项任务的数据,并列出表格。

(3) 讨论无源双口网络 Z、Y、H 和 T 参数的适用场合。

电路实验 16　无源滤波器的设计与测量

(一)实验目的

(1) 学习无源滤波器的设计方法,了解低通、高通、带通、带阻四种基本形式 RC 滤波器的参数及主要指标的计算和调试方法。

(2) 学习用逐点描迹法测量滤波器的幅频特性。

(二)实验任务

(1) 按图 11-40 设计一个截止频率 $f_0=1$ kHz 的低通滤波器。选择合适的 R、C 参数。并求出滤波器的幅频函数。

(2) 按图 11-41 设计一个截止频率 $f_0=100$ kHz 的高通滤波器。选择合适的 R、C 参数,并求出滤波器的幅频函数。

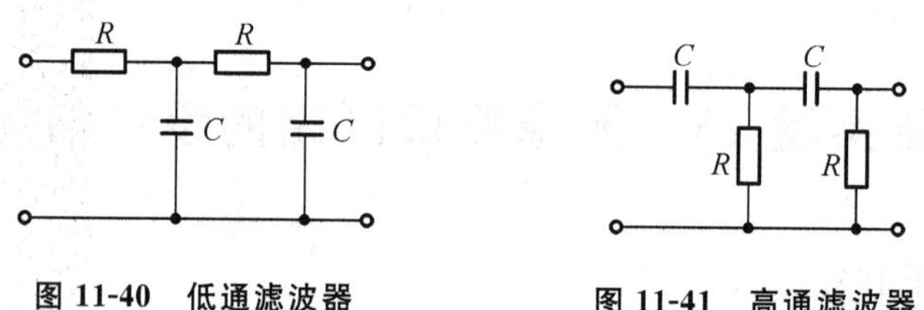

图 11-40　低通滤波器　　图 11-41　高通滤波器

(3) 按图 11-42 设计一个文氏电桥带通滤波器,根据 R、C 的值,计算中心频率 f_0,求幅频特性函数,并计算通频带 Δf。

(4) 按图 11-43 设计一个双 T 网络带阻滤波器,其参数为 $R=6.8$ kΩ,$C=0.01$ μF。计算中心频率 f_0 及幅频特性函数。

(5) 按图 11-44 用逐点描迹法测试上述四种滤波器的幅频特性,并求出截止频率、中心频率、通带和阻带。

(三)预习和实验报告要求

(1) 熟悉滤波器的基本原理,了解什么是滤波器的幅频特性与相频特性。

(2) 了解低通、高通、带通、带阻四种滤波器的类型和设计方法。

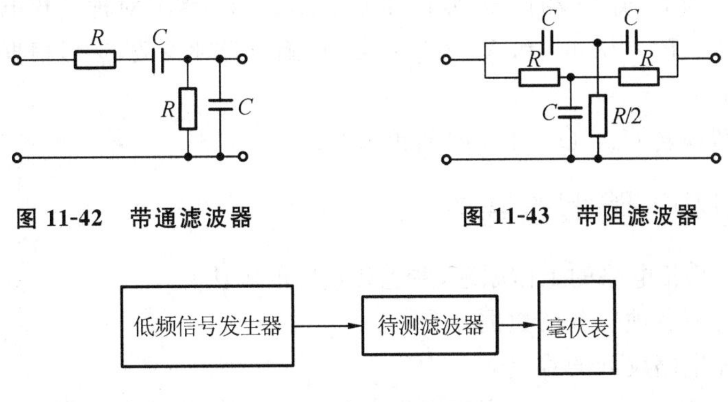

图 11-42　带通滤波器

图 11-43　带阻滤波器

图 11-44　幅频特性测试电路

(3) 画出四种滤波器的幅频特性曲线及低通滤波器的相频特性曲线。

(4) 将幅频特性测试的结果与理论计算结果相比较。

电路实验 17　单相电压变三相电压电路的设计与测量

(一) 实验目的

用 RC 移相电路将单相电源变为对称三相电源，设计和调整各元件的参数。

(二) 实验任务

(1) 图 11-45(a)所示的为 RC 移相电路的另一种形式，图 11-45(b)为对应的相量图。此电路能使单相电源 $\dot{U}_s$ 分裂为 $\dot{U}_{AO}$、$\dot{U}_{BO}$、$\dot{U}_{CO}$三个互成 120°的对称三相电压。其关键问题是设计电路的参数。

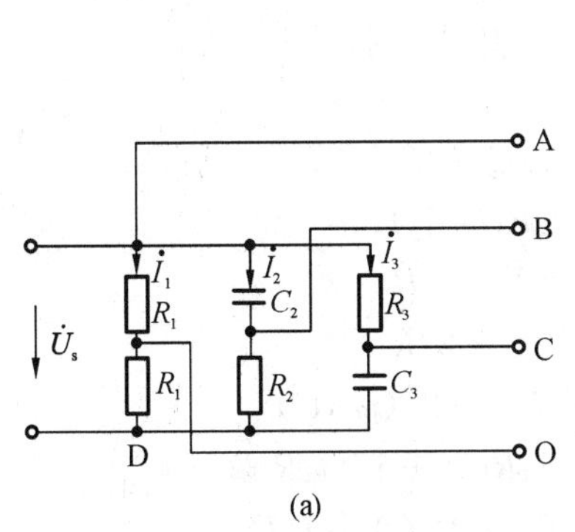

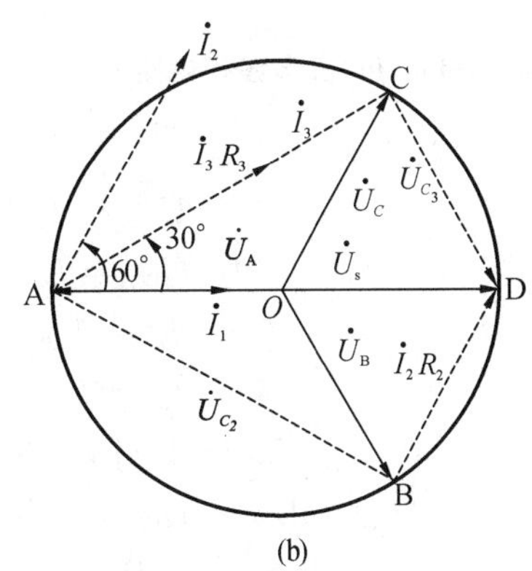

图 11-45　RC 裂相(三相)电路和其相量图

(a)电路图；(b)相量图

提示：从相量图中可见，B 和 C 两点的轨迹是在圆周上变化。只要使电流 $\dot{I}_2$ 与 $\dot{I}_1$ 成 60°

相位角，使电流 $\dot{I}_3$ 与 $\dot{I}_1$ 成30°相位角，则电压 $\dot{U}_{AO}$、$\dot{U}_{BO}$、$\dot{U}_{CO}$将成对称三相电压。具体的办法是：先利用公式 $X_{C_2}/R_2=\tan 60°$和 $X_{C_3}/R_3=\tan 30°$确定元件参数，然后根据元件能耐受的电压来选择电源电压。

(2) 用示波器观察 $\dot{U}_{AO}$、$\dot{U}_{BO}$、$\dot{U}_{CO}$间的相位差。

（三）预习和实验报告要求

(1) 弄清 RC 移相电路的工作原理，熟悉相量图的画法。

(2) 整理和分析各项任务的数据。

(3) 讨论移相电路设计的难点。

(4) 要使实验任务(1)和(2)达到实用化程度，还应该做些什么工作？

电路实验 18　RC 移相电路的设计与测量

（一）实验目的

(1) 分析几种常用的 RC 移相电路的性能。

(2) 设计和调试一种 RC 电路的参数。

（二）实验任务

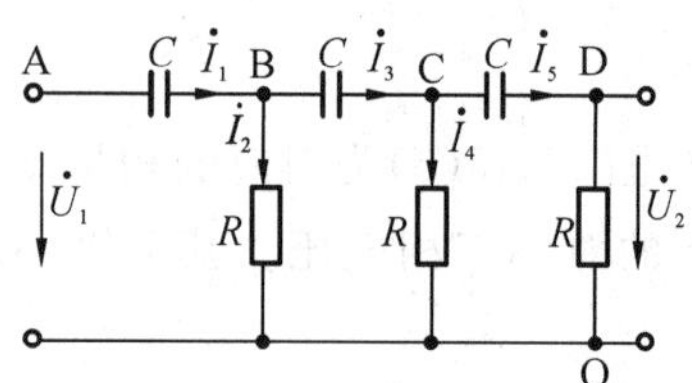

图 11-46　RC 多节移相电路

(1) 如图 11-46 所示，利用三个 RC 移相环节来组成移相电路，分析这种移相电路的特点。若输出电压 $\dot{U}_2$ 与输入电压 $\dot{U}_1$ 有180°相位差，找出此时 RC 参数与频率的关系以及 $\dot{U}_2$ 与 $\dot{U}_1$ 的关系，用示波器测量电压数值和移相范围。

提示：可用反推法求出 $\dot{U}_1$ 的表达式。

设 $\dot{U}_2=1\angle 0°$ V，则

$$\dot{I}_5 = 1/R$$

$$\dot{U}_{CD} = 1/(j\omega C)\times \dot{I}_5 = 1/(j\omega RC)$$

$$\dot{U}_{CO} = \dot{U}_{CD}+\dot{U}_2 = 1/(j\omega RC)+1$$

$$\dot{I}_4 = \dot{U}_{CO}/R = 1/(j\omega CR^2)+1/R$$

$$\dot{I}_3 = \dot{I}_4+\dot{I}_5 = 1/(j\omega CR^2)+2/R$$

$$\dot{U}_{BC} = 1/(j\omega C)\times \dot{I}_3 = 1/(j\omega CR)^2+2/(j\omega RC)$$

$$\dot{U}_{BO} = \dot{U}_{BC}+\dot{U}_{CO} = 1/(j\omega CR)^2+2/(j\omega RC)+1/(j\omega RC)+1$$

$$\dot{I}_2 = \dot{U}_{BO}/R = -1/(\omega^2C^2R^3)+3/(j\omega R^2C)+1/R$$

$$\dot{I}_1 = \dot{I}_2+\dot{I}_3 = -1/(\omega^2C^2R^3)+4/(j\omega R^2C)+3/R$$

$$\dot{U}_{AB} = 1/(j\omega C)\times \dot{I}_1 = -1/(j\omega^3C^3R^3)-4/(\omega RC)^2+3/(j\omega RC)$$

$$\dot{U}_1 = \dot{U}_{AB}+\dot{U}_{BO} = 1/(j\omega CR)^3-5/(\omega CR)^2+6/(j\omega RC)+1$$

$$= -5/(\omega CR)^2+1+j[1/(\omega CR)^3-6/(\omega RC)]$$

若要求输出电压 $\dot{U}_2$ 与输入电压 $\dot{U}_1$ 有 180°相位差，则意味着 $\dot{U}_1/\dot{U}_2$ 为负实数。令 $\dot{U}_1$ 的虚部为零，有

$$1/(\omega RC)^3 - 6/(\omega RC) = 0$$

由此可得到 RC 参数与频率的关系为

$$\omega = 1/(\sqrt{6}CR)$$

进而可得到 $\dot{U}_2$ 与 $\dot{U}_1$ 的关系。

（2）移相电路如图 11-47 所示，其输出电压 $\dot{U}_2=\dot{U}_{ab}$。用相量图分析可知，输出电压的有效值等于输入电压有效值的一半，即有 $|U_2|=1/2|U_1|$。找出 $\dot{U}_2$ 与 $\dot{U}_1$ 的相位差与 R_0、R_P、C 三者间的关系，并用示波器测量移相范围。

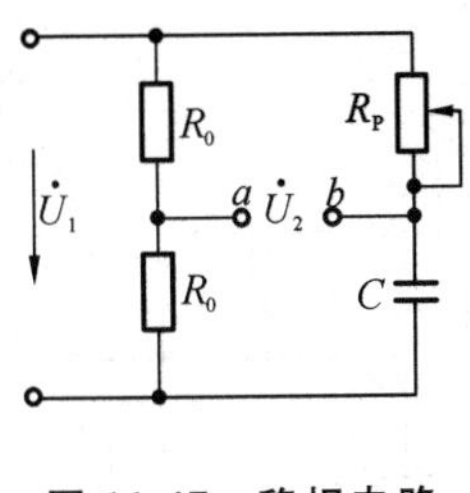

图 11-47 移相电路

注意：输入电压的数值取决于移相元件的容量及测试仪器的测量范围上限。

（三）预习和实验报告要求

（1）预习有关移相的原理，在实验前初步估算各元件参数应考虑的范围以及实验的安全措施。

（2）整理并分析各项任务的数据。

（3）选择以上两个实验任务中的一个，详细地分析、研究其应用可能性。在选定实验任务的基础上，从设计步骤、理论分析、实用价值等方面进行分析与研究。

电路实验 19 纯电感电路电流和电压关系的仿真

利用 Multisim 软件可以很方便地研究交流电路电流和电压之间的关系，下面给出纯电感电路电流和电压关系的仿真实验内容。

在 Multisim 的工作窗口中建立如图 11-48 所示的纯电感电路，并利用修改电路参数的方法，修改好电路中各元件的参数。

图 11-48 中的纯电感器件可在选择电阻器件的对话框中选择"INDUCTOR VIRTUAL"选项，单击"ok"按钮，即可将纯电感器件拖入工作界面。电路中的另一个器件为流控电压源，可在选择电源器件的对话框中选择"CONTROLLED CU"选项，单击"ok"按钮，即可将流控电流源器件拖入工作界面，该器件的功能特性是，输出电压与流过器件的电流成正比。在相同的对话框中选择"POWER SOURCES"选项，再选择"AC POWER"选项，单击"ok"按钮，即可将交流电压源器件拖入工作界面。

图 11-48 中的示波器可在测量仪器栏中找到。双击示波器的图标可打开示波器的面板，调节面板上的按钮，可改变示波器的参数，使示波器显示的波形最清晰，便于观察和测量。

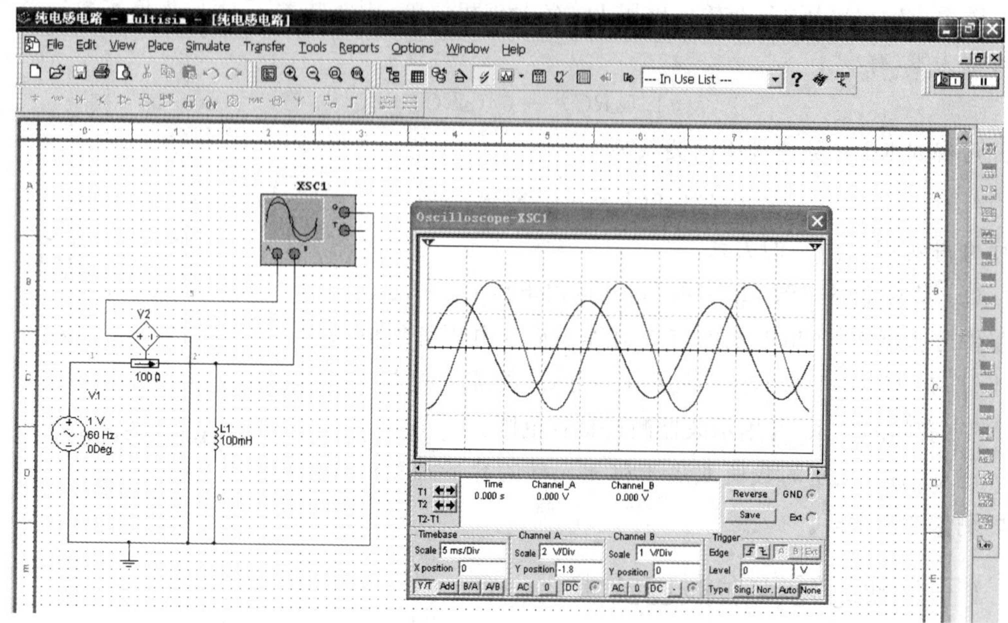

图 11-48 纯电感电路电流和电压关系的仿真实验

图 11-48 中的示波器清晰地显示出纯电感电路电流和电压的相位差为 90°。

电路实验 20 RC 低通滤波器频响特性的仿真

利用 Multisim 软件可以很方便地研究滤波器的频响特性，下面给出 RC 低通滤波器频响特性仿真实验内容。

在 Multisim 的工作窗口中建立如图 11-49 所示的 RC 低通滤波器电路，并修改好电路中各元件的参数。

图中的信号源可在电源器件的对话框中选择“SIGNAL VOLTAG”选项，再选择“AC VOLTAG”按钮，单击“ok”按钮，即可将交流信号源拖入工作界面。

图中的 XBP1 是波特图仪，用来测试电路的频响特性，单击测试仪器栏中的“Bode Plotter”按钮，即可将波特图仪拖入工作界面。电路频响特性的测试方法是：按图 11-49 接好波特图仪，双击波特图仪，打开波特图仪的工作面板。单击电路仿真按钮，调节横轴的标度为“Log(对数)”，纵轴的标记为“Lin(线性)”，设置好起始值和终止值，使波特图仪所描绘的曲线便于测量。单击“Magnitude(幅频)”按钮，可测量电路的幅频特性。单击“Phase(相频)”按钮，可测量电路的相频特性。用鼠标拖测量标尺，即可测出电路的截止频率，如图 11-49所示。

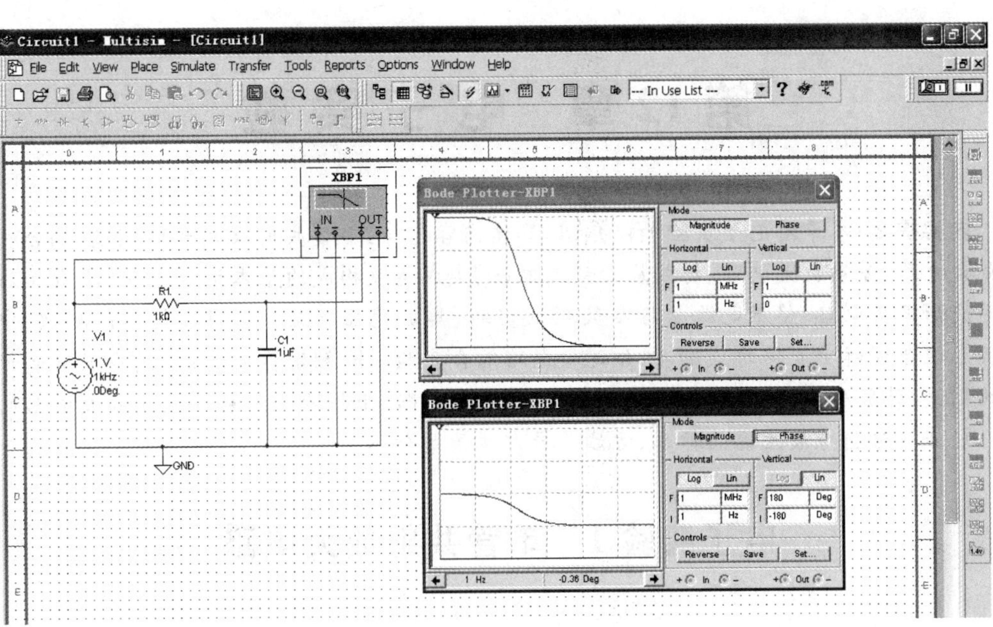

图 11-49 测量低通滤波器波特图的仿真

第12章 电子实验

内容提要:本章对电子实验加以介绍,具体内容包括:单管共射放大电路、阻容耦合负反馈放大电路、差动放大电路、场效应管放大电路、集成运放构成的基本运算电路、集成运放构成的波形产生电路、稳压电源电路参数测试实验、集成稳压器应用、TTL与非门测试、中规模集成组合逻辑功能件的应用、组合逻辑电路综合实验、JK触发器的测试、同步五进制计数器的测试、计数/译码显示电路综合实验、脉冲产生电路、小信号共发射极电压放大电路的仿真、RC正弦波信号发生器的仿真、方波信号发生器的仿真。

电子实验1 单管共射放大电路

(一)实验目的

(1) 测定静态工作点对波形失真及放大器工作状态的影响,加深对工作点意义的理解。

(2) 掌握放大电路动态指标的测试方法。

(二)实验原理

实验原理参见模拟电子技术理论课教材中相关章节的内容。

(三)实验设备

实验电路板1块、直流稳压电源1台、函数信号发生器1台、双踪示波器1台、晶体管毫伏表1块、万用表1块、导线若干。

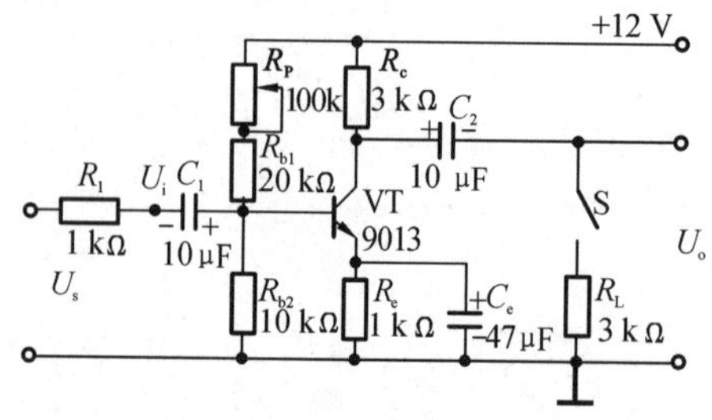

图12-1 单管共射放大电路

(四)实验内容与步骤

本实验电路为一个分压偏置共射极放大电路,如图12-1所示,基极电压由R_{b1}和R_{b2}分压确定。该电路具有温度稳定性好、电压增益高等特点。为防止调节R_P时可能造成I_B过大的情况出现,在R_{b1}中设置了一个固定的20 kΩ电阻;反馈电阻R_e串联在发射极电路中,起稳定静态工作点的作用。C_e为交流旁路电容。放大后的交流信号通过耦合(隔直)电容C_2输出。

(1) 静态工作点的测量。

调节R_P,使$I_C=1.5$ mA(此时$U_{R_c}=4.5$ V),测量并记录此时的U_{ce}。

(2) 放大倍数的测量。

输入电压为 5 mV、频率为 1 kHz 的信号，用示波器观察 U_o 的波形。在 U_o 不失真的条件下，分别测量当 $R_L=\infty$ 和 $R_L=3\ \text{k}\Omega$ 时的电压放大倍数，并记录在表 12-1 中。

表 12-1 测量电压放大倍数

R_L	U_i	U_o	A_u
∞	5 mv		
3 kΩ	5 mv		

(3) 输入电阻的测量。

测试电路如图 12-2 所示。在信号源输出与放大器输入端之间，串联一个已知电阻 R（R 的值以接近 R_i 为宜）。在输入波形不失真情况下，用晶体管毫伏表分别测量出 U_s、U_i 并填入表12-2 中，可算出输入电阻为

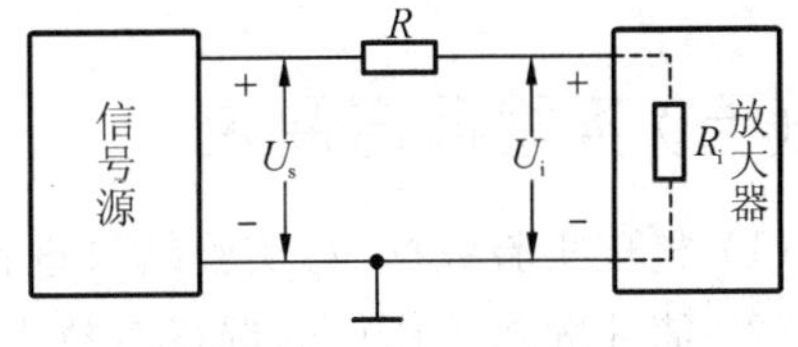

图 12-2 输入电阻测试电路

$$R_i = U_i R/(U_s - U_i)$$

式中：U_s 为信号源的输出电压；U_i 为放大器的输入电压。

表 12-2 输入电阻测量

U_s	U_i	R	R_i

放大器的输入电阻反映了放大器与信号源的关系。若 $R_i \geqslant R_s$（R_s 为信号源内阻），放大器从信号源获取的电压较大；若 $R_i \leqslant R_s$，则放大器从信号源获取较大电流；若 $R_i = R_s$，则放大器从信号源获取最大功率。

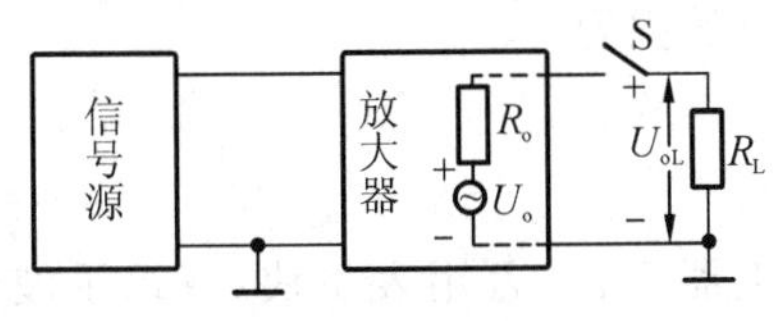

图 12-3 输出电阻测试电路

(4) 输出电阻的测量。

放大器的输出电阻 R_o 可反映其带负载的能力，R_o 越小，带负载的能力越强。当 $R_o \ll R_L$ 时，放大器可等效成一个恒压源。测量放大器输出电阻的电路如图 12-3 所示。

图 12-3 中，负载电阻 R_L 应与 R_o 接近。在输出波形不失真的情况下，首先测量 R_L 未接入（即放大器负载开路）时的输出电压 U_o 值；然后再测量接入 R_L 后放大器负载上的电压 U_{oL}，填入表 12-3 中，则放大器输出电阻为

$$R_o = (U_o/U_{oL} - 1)R_L$$

表 12-3 输出电阻测量

U_o	U_{oL}	R_L	R_o

(5) 观察工作点对输出波形 U_o 的影响。

按表 12-4 要求，观察 U_o 的波形，在给定条件①的情况下，增加 U_s（频率为 1 kHz 的信号

电压)，直到 U_o 波形的正或负峰值刚要出现削波失真，描下此时 U_o 的波形，并保持 U_s 的值不变。

表 12-4　给定条件下的 U_o 的波形

给定条件	U_o 的波形	U_{ce}
①维持实验步骤(2)的静态工作点，$R_L=\infty$		
②R_P 不变，$R_L=3\ \text{k}\Omega$		
③R_P 最大，$R_L=\infty$		
④R_P 最小，$R_L=\infty$		

(五) 实验报告要求

(1) 整理实验数据，对实验结果进行分析总结。

(2) 简述静态工作点的选择对放大电路性能的影响。

(3) 总结共射极放大电路的特点。

电子实验 2　阻容耦合负反馈放大电路

(一) 实验目的

(1) 了解阻容耦合负反馈放大器的级间联系和前后级的相互影响。

(2) 进一步掌握放大电路动态特性的测试方法，明确负反馈对放大电路性能的影响。

(二) 实验原理

实验原理参见模拟电子技术理论课教材中相关章节的内容。

(三) 实验设备

实验电路板 1 块、直流稳压电源 1 台、函数信号发生器 1 台、万用表 1 块、双踪示波器 1 台、晶体管毫伏表 1 块、导线若干。

(四) 实验内容与步骤

阻容耦合交流放大器是多级放大器的一种，它利用电容的隔直作用，将前后级直流电位隔开，使前后级的静态工作点互不影响。对交流信号来说，后级的输入阻抗相当于前级的负载，因此，它会影响前级的放大倍数。总放大倍数是各自放大倍数的乘积。本实验电路如图 12-4 所示。

(1) 连接电路并测量工作点。

完成电路连接，测量各级静态工作点，并填入表 12-5 中。

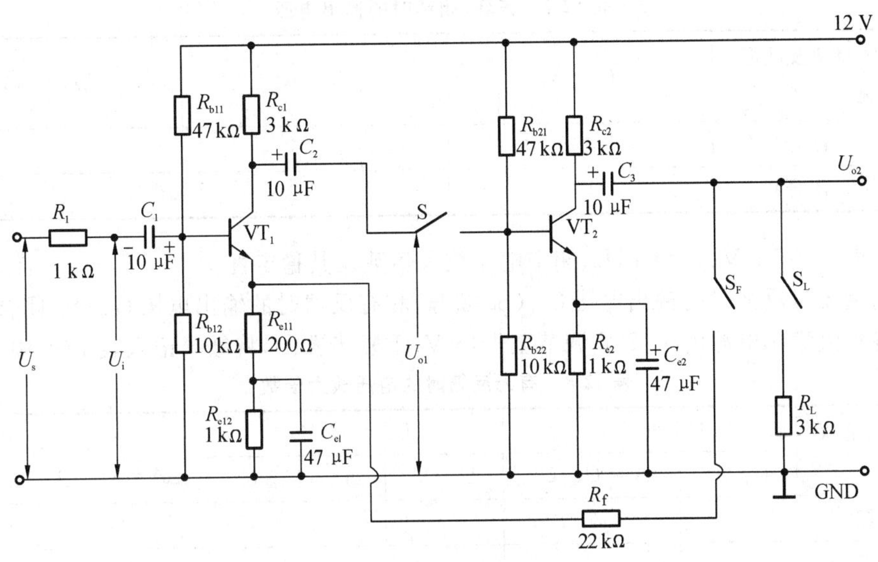

图 12-4 阻容耦合负反馈放大电路

表 12-5 静态工作点

电压 / 三极管	U_B	U_E	U_C
VT$_1$			
VT$_2$			

(2) 观察无负反馈时放大器后级对前级的影响。

在放大器输入端接函数信号发生器产生的正弦信号 $U_i=10$ mV，$f=1$ kHz。在 S 闭合和断开情况下，分别测量第一级输出电压 U_{o1}，并记入表 12-6 中。

表 12-6 有无负载时的输出电压

测量值 / 情况	U_i/mV	U_{o1}/V	$A_{u1}=U_{o1}/U_i$
不带负载(S 断开)			
带负载(S 闭合)			

(3) 观察负反馈对输出电压的影响。

①观察无负反馈时，输出电压 U_{o2} 的波形(S_F 断开)。

调节输入信号 U_i，使输出电压 U_{o2} 处于临界失真状态。描下波形并记下 U_{o2} 的值。

②观察有负反馈时输出电压 U_{o2} 的波形(S_F 闭合)。

适当增加输入信号以保持输出 U_{o2} 幅值不变，观察输出波形失真改善情况(描下波形)，并填入表 12-7 中。

表 12-7 开环、闭环时的输出电压

测量值及波形 情况	U_i/mV	U_{o2}/V	波　形
开环(S_F 断开)			
闭环(S_F 闭合)			

(4) 使 $U_i=5$ mV、$f=1$ kHz、测定电压放大倍数及其稳定性。

①测量无负反馈时的输出电压 U_{o2}(S_F 断开)和有反馈时的输出电压 U_{o2}(S_F 闭合)。

②将直流稳压电源由+12 V 调节至+15 V,重复步骤①,将结果记入表 12-8 中。

表 12-8 有无反馈时的电压放大倍数

测量值 情况	$U_{CC}=12$ V		$U_{CC}=15$ V		ΔA ($\Delta A=A_{u1}-A_{u2}$)	$\Delta A/A_u$
	U_{o2}/V	$A_u=U_{o2}/U_i$	U_{o2}/V	$A_{u2}=U_{o2}/U_i$		
无反馈						
有反馈						

(5) 比较开闭环情况下,输入电阻 R_i 及输出电阻 R_o 的变化,并填入表 12-9 中。

表 12-9 开环、闭环时的输入电阻和输出电阻

测量值 情况	U_{o2}	U_{o2L}	R_o	U_i	U_s	R_i
开环						
闭环						

(6) 测量幅频特性、通频带宽度。

①无反馈。

按表 12-8 中的数据,测出对应于 $A_u/\sqrt{2}$(或 $U_{o2}/\sqrt{2}$)数值的上、下限频率 f_L、f_H,算出通频带宽度 $B=f_H-f_L$,结果填入表 12-10 中。

②负反馈。

重复步骤①,将结果填入表 12-10 中。

表 12-10 有无反馈时的频率特性

测量值 情况	U_i/V	U_{o2}/V ($f=1$ kHz)	$U_{o2}/\sqrt{2}$/V	f_H/Hz	f_L/Hz	通频带宽度 $B=f_H-f_L$
无反馈						
有反馈						

(五) 实验报告要求

(1) 整理实验数据,分析实验结果。

(2) 总结负反馈放大电路的特点。

(3) 说明负反馈的引入对放大倍数等主要性能的影响。

电子实验 3　差动放大电路

(一) 实验目的

(1) 了解差动放大器的性能特点,并掌握提高其性能的方法。

(2) 学会差动放大器电压放大倍数的测量方法,计算共模抑制比 CMRR。

(二) 实验原理

实验原理参见模拟电子技术理论课教材中相关章节的内容。

(三) 实验设备

实验电路板 1 块、直流稳压电源 1 台、函数信号发生器 1 台、万用表 1 块、双踪示波器 1 台、晶体管毫伏表 1 块、导线若干。

(四) 实验内容与步骤

本实验电路如图 12-5 所示。

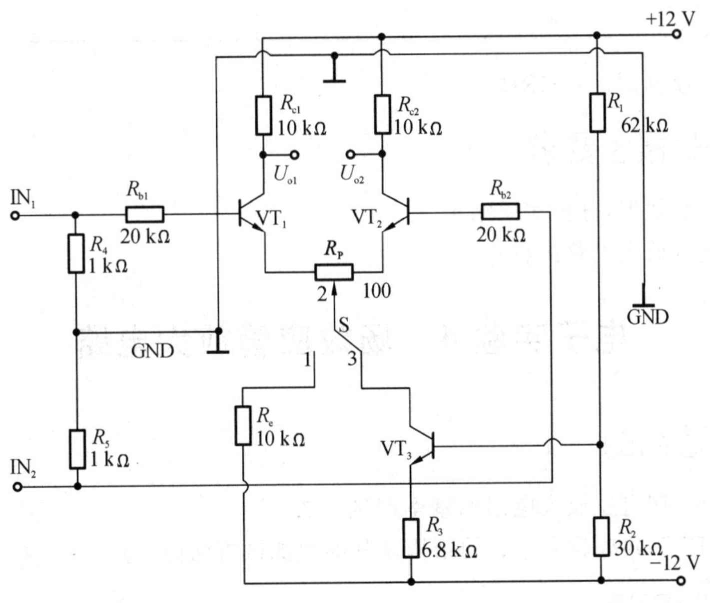

图 12-5　差动放大电路

(1) 测量静态工作点。

先调零(调零方法:将 IN_1、IN_2 两点短接并接地,调整 R_P 使 $U_o = U_{o1} - U_{o2} = 0$ V),然后测量静态工作点,结果填入表 12-11 中。

表 12-11　静态工作点测量

	U_{B1}	U_{C1}	U_{E1}	U_{B2}	U_{C2}	U_{E2}
S 合到 1						

(2) 测量单端输入差模电压放大倍数。

将 $U_i=30$ mV、$f=1$ kHz 的交流信号加在 IN_1 与地之间，同时将 IN_2 接地，测出 U_{o1}、U_{o2}、U_o 值，并将结果填入表 12-12 中。

表 12-12　差模电压放大倍数测量

	U_{o1}	U_{o2}	U_o	A_{d1}	A_{d2}	A_d
S 合到 1						
S 合到 3						

(3) 测量共模电压放大倍数。

将 IN_1、IN_2 两点短接，并将 $U_i=100$ mV、$f=1$ kHz 的交流信号接到 IN_1(IN_2)与地之间，测量 U_{o1}、U_{o2} 的值，并将结果填入表 12-13 中。

表 12-13　共模电压放大倍数测量

	U_{o1}	U_{o2}	U_o	A_{d1}	A_{d2}	A_c
S 合到 1						
S 合到 3						

(4) 计算共模抑制比 CMRR。

(五) 实验报告要求

(1) 整理实验数据，分析实验结果。

(2) 总结差分放大电路的特点。

电子实验 4　场效应管放大电路

(一) 实验目的

(1) 进一步掌握电压放大电路的基本调试方法。

(2) 了解 JEFT 共源放大电路的结构及其参数测试方法的特点。

(二) 实验原理

实验原理参见模拟电子技术理论课教材中相关章节的内容。

(三) 实验设备

面包板一块，场效应管 1 只，电阻、电容、导线若干，直流稳压电源 1 台，晶体管毫伏表 1

块，函数信号发生器 1 台，双踪示波器 1 台，万用表 1 块。

（四）实验内容与步骤

实验电路如图 12-6 所示。具体实验内容如下。

（1）按图 12-6 所示搭建实验电路。

（2）完成静态工作点调试。

（3）完成电压放大倍数、输入/输出电阻、幅频特性测试。

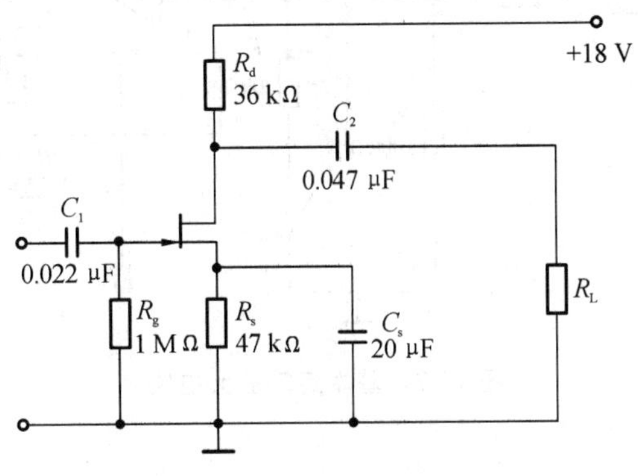

图 12-6 JEFT 共源放大电路

（五）实验报告要求

（1）自拟详细实验步骤。

（2）画出对数坐标幅频特性曲线。

电子实验 5 集成运放组成的基本运算电路

（一）实验目的

（1）了解集成运放的使用特点及调零的方法。

（2）掌握集成运放实现数学运算的方法。

（二）实验原理

实验原理参见模拟电子技术理论课教材中相关章节的内容。

（三）实验设备

实验电路板 1 块、直流稳压电源 1 台、函数信号发生器 1 台、万用表 1 块、双踪示波器 1 台、晶体管毫伏表 1 块、导线若干。

（四）实验内容与步骤

实验原理电路如图 12-7 所示。按实验电路图检查连线，熟悉各元件的位置。调零：将

S_1、S_2 断开，S_3、S_4 闭合，B 端接地。调节 R_{P_2}，使 $U_o=0$（可利用 R_{P_1} 辅助调零）。

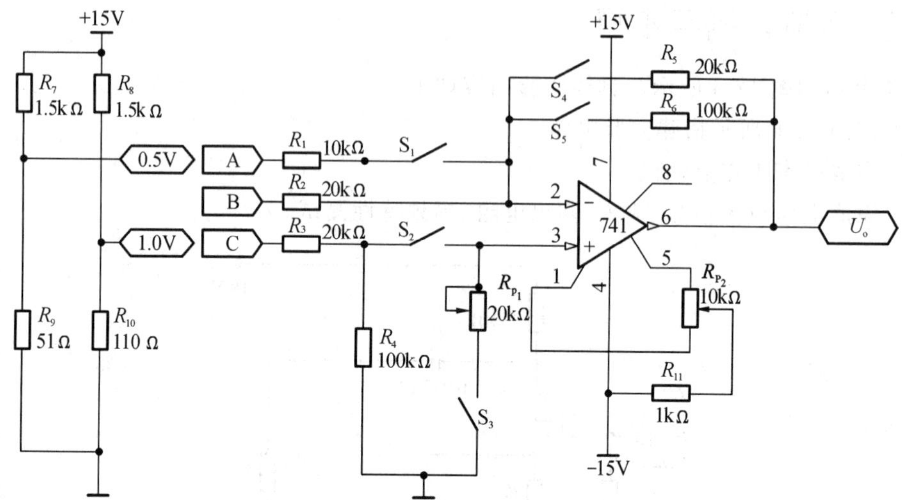

图 12-7　基本运算放大电路

（1）反相运算。

将 B 端接地线去掉，并在 B 端加入直流电压 $U_B=0.5$ V，测出 U_o，验证是否满足 $U_o=-U_B$。实验电路如图 12-8 所示。

（2）比例运算。

打开 S_4，合上 S_5（即 $R_6=100$ kΩ），取 $U_B=0.5$ V，测出 U_o，验证是否满足 $U_o=(-R_6/R_2)U_B=-5U_B$。比例运算电路如图 12-9 所示。

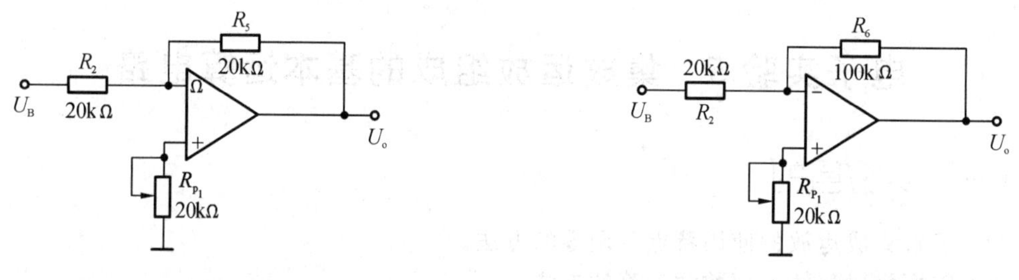

图 12-8　反相运算电路　　图 12-9　比例运算电路

（3）加法运算。

将 S_1、S_5 合上，取 $U_A=0.5$ V，$U_B=1$ V，测出 U_o，验证是否满足 $U_o=-\left(\frac{R_6}{R_1}U_A+\frac{R_6}{R_2}U_B\right)$。加法运算电路如图 12-10 所示。

（4）差动运算。

断开 S_1、S_3，合上 S_2，取 $U_B=0.5$ V、$U_C=1$ V，测出 U_o，验证是否满足 $U_o=\frac{R_6}{R_2}(U_C-U_B)$。差动运算电路如图 12-11 所示。

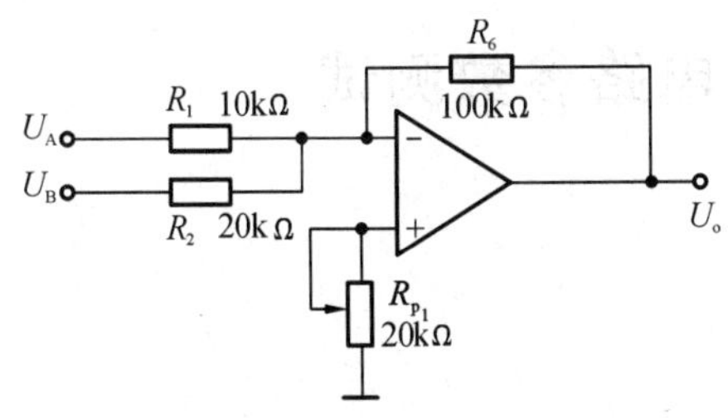

图 12-10 加法运算电路

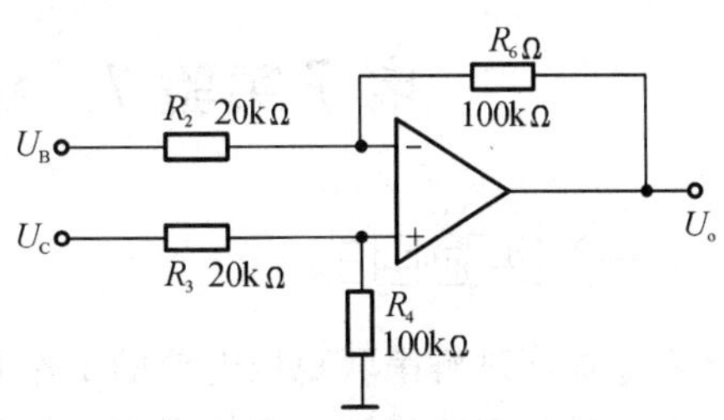

图 12-11 差动运算

（五）实验报告要求

（1）总结各运算电路的功能和特点。

（2）比较测试结果与理论计算结果，分析产生误差的原因。

（3）记录在实验过程中碰到的问题，是如何解决的？

电子实验 6 集成运放构成的波形产生电路

（一）实验目的

（1）学习应用集成运放设计波形产生电路的原理。

（2）熟悉波形产生电路性能的测试方法。

（3）培养设计、组装和调试电路的能力。

（二）实验原理

实验原理参见模拟电子技术理论课教材中相关章节的内容。

（三）实验设备

面包板 1 块，集成运放 μA741 芯片 2 片，电阻、电容、导线若干，双路直流稳压电源 1 台，函数信号发生器 1 台，万用表 1 块，双踪示波器 1 台，晶体管毫伏表 1 块。

（四）实验内容与步骤

（1）基本要求：用两片 μA741 集成运放，设计一个方波和三角波发生器，要求频率范围为 500～1500 Hz，方波幅值为 4.5～6.5 V，占空比为 50%。

（2）扩展要求：使占空比可调。

（3）搭建实验电路，完成实验报告要求中相应的测试。

（五）实验报告要求

实验报告中应包含实验电路（含选用仪器型号）、测试方法和步骤，有实验原始数据、实验结果分析（含误差分析）及实验心得体会。

电子实验 7　稳压电源电路参数测试

（一）实验目的

（1）加深理解串联稳压电源的工作原理。

（2）学习串联稳压电源技术指标的测量方法。

（二）实验原理

实验原理参见模拟电子技术理论课教材中相关章节的内容。

（三）实验设备

实验电路板 1 块、自耦调压器 1 台、双踪示波器 1 台、晶体管毫伏表 1 块、电压表 1 块、电流表 1 块、导线若干。

（四）实验内容与步骤

本实验电路如图 12-12 所示。

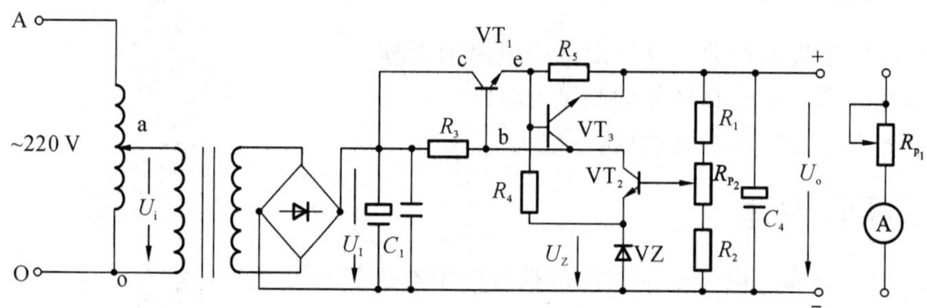

图 12-12　串联稳压电源电路

1）空载检查

接通电源，调节自耦调压器，使 $U_i=220$ V。首先调节 R_{P_1}，观察输出电压 U_o 是否随之改变，若 U_o 不改变，则说明整个系统没有调整作用，应先排除故障。若调节 R_{P_1}，U_o 随之改变，则说明整个系统有调整作用。

2）测量输出电压调节范围

调节 R_{P_1}，测量输出电压 U_o 的最大值和最小值以及稳压电路的输入电压 U_I 和调整管 VT$_1$ 的管压降，结果填入表 12-14 中。

表 12-14　输出电压调节范围测量

	U_o	U_I	U_{CE1}
R_{P_1} 右旋到底			
R_{P_1} 左旋到底			

3）测量稳压电源的输出内阻 r_o。

交流电压 $U_i=220$ V，$U_o=7$ V（空载，空载电流为零）；调节 R_{P_1}，在 $I_o=100$ mA 时，测出 U_o 的值。用下列公式计算 r_o：

$$r_o=\frac{\Delta U_o}{\Delta I_o}$$

4）测量稳压器的稳压系数 S_r

当输出电压 $U_o=7$ V、$I_o=100$ mA 时，调节调压器，使交流输入电压变化±10%（即 U_i 为 198～242 V），注意保持 I_o 不变，测出 U_o 并填入表 12-15 中。用下列公式计算 S_r：

$$S_r=\frac{\Delta U_o/U_o}{\Delta U_i/U_i}$$

表 12-15　稳压系数的测量

U_i	U_o
220 V	7 V
198 V	
242 V	

5）测量纹波电压

当直流输出电压 $U_o=7$ V、$I_o=100$ mA 时，用示波器观察直流输入电压 U_i 及 U_o 的波形，并用交流毫伏表测量 U_o 的纹波电压。

（五）实验报告要求

（1）根据测试数据分析实验结果。

（2）简述串联稳压电路的工作原理和性能特点。

电子实验 8　集成稳压器应用

（一）实验目的

了解集成稳压器的使用方法与使用技巧。

（二）实验原理

实验原理参见模拟电子技术理论课教材中相关章节的内容。

（三）实验设备

实验电路板 1 块、自耦调压器 1 台、双踪示波器 1 台、晶体管毫伏表 1 块、电流表 1 块、直流电压表 1 块、导线若干。

（四）实验内容与步骤

用 7805 器件构成的＋5 V 稳压电源如图 12-13 所示。图中，C_1 为滤波电容，其值大致可按输出 0.5 A 对应 1000 μF 的方式选取；C_3 是当负载电流突变时，为改善电源的动态特性而设的，一般取 100～470 μF；C_1、C_3 均为电解电容。C_2、C_4 是为抑制高频振荡或消除电网中串入的高频干扰而设置的，通常按 0.1～0.33 μF 取值。

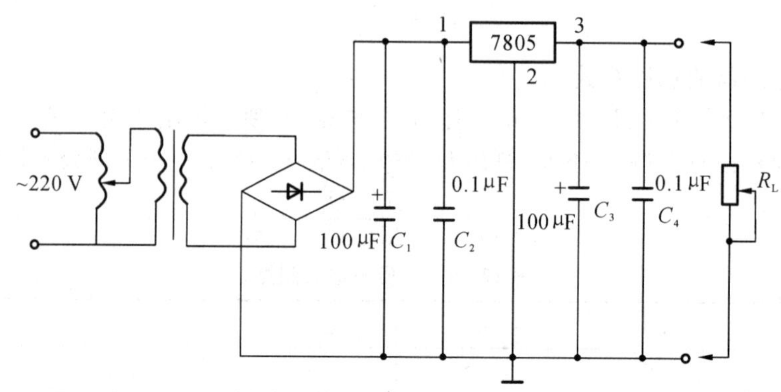

图 12-13　稳压电源电路

按图 12-13 所示连接电路，其中 C_1、C_3 均取 1000 μF，C_2、C_4 均取 0.1 μF，完成如下实验内容。

(1) 负载电流按不大于 100 mA 考虑。调节自耦调压器，使 7805 的整流输入电压 U_i 不超过 10 V，测量负载电压 U_0。

(2) 保持输入电压不变，用示波器分别测量有负载(100 mA)和无负载情况下，负载 R_L 上电压的交流分量的变化情况，用直流电压表测量输出直流电压是否有变化，研究随着负载电流的增加，输出电压交、直流分量的变化趋势。

(3) 在 C_1 接通和断开的情况下，分别用示波器观察负载电压的波形，研究 C_1 在稳压电源中的作用。

实验过程中，应注意防止将稳压器的输入端与输出端接反，若接反，稳压器容易损坏；还要避免使稳压器浮地运行，即防止稳压器 2 端的接地线断开，以免负载元件损坏。

(五) 实验报告要求

(1) 根据测试数据分析实验结果。

(2) 简述集成稳压器电路的工作原理和性能特点。

电子实验 9　TTL 与非门测试

(一) 实验目的

(1) 学会 TTL 与非门电路的参数测试方法。

(2) 学会用示波器观测传输特性曲线。

(3) 加深理解 TTL 与非门电路的外特性及使用条件。

（二）实验原理

数字电路实验中，通常要加入矩形脉冲信号来研究其瞬态特性，因此应选用能产生各种脉冲波的信号源。为了能观察和测定频域很宽的脉冲信号的幅度、频率、相位及脉冲参数，比较输入与输出信号的相互关系，必须选用触发扫描的双线示波器。

本实验所用 TTL 芯片为 74LS00 与非门，它为双列 14 脚扁平封装集成块，内含 4 个二输入与非门，其顶视图如图 12-14 所示。

实验原理参见数字电子技术理论课教材中相关章节的内容。

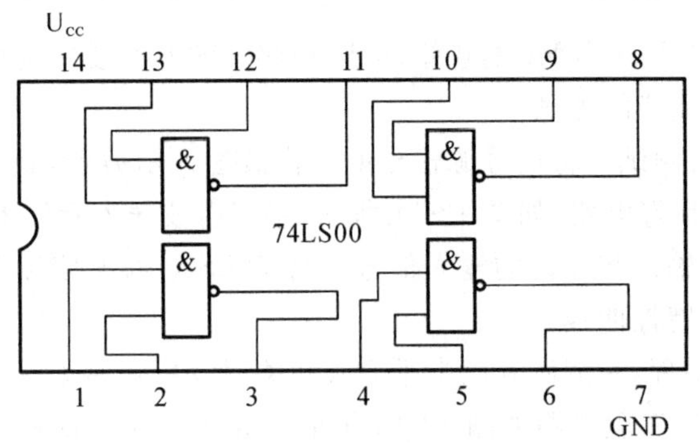

图 12-14　74LS00 顶视图

（三）实验设备

74LS00 芯片 1 片、数字电路实验板 1 块、稳压电源 1 台、信号源 1 台、示波器 1 台、晶体管毫伏表 1 块、数字万用表 1 块、频率计 1 台。

（四）实验内容与步骤

1）与非门逻辑功能的测试

（1）逻辑功能测试。

按图 12-15 所示接好电路，输入信号由开关输入电路产生，输出电平关系用二极管显示，测试 74LS00 功能，将数据填入表 12-16 中。

表 12-16　逻辑测试

A 端	B 端	L
0	0	
0	1	
1	0	
1	1	

（2）数据功能测试。

按图 12-16 所示接好电路，在 74LS00 的一个双连输入端加上一个数字脉冲信号 N，其幅值为 3 V，频率为 1 kHz，控制信号由手动开关产生，观察手动开关对示波器显示波形的影响，并作出解释。

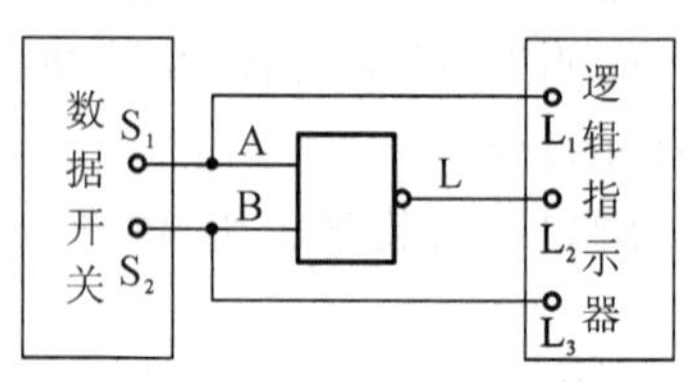

图 12-15　逻辑功能测试

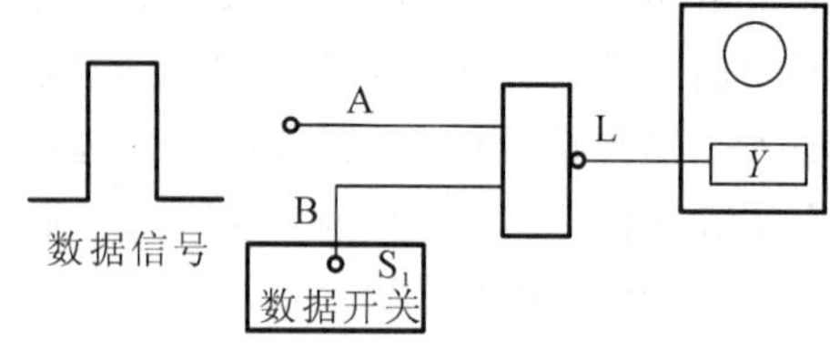

图 12-16　数控功能测试

将 B 输入端换成 3 V、10 kHz 的正矩形波，观察示波器的波形变化，并作出解释。

2）电压传输特性曲线的测试

（1）用示波器进行测试。将信号源输出的锯齿波送入示波器，观察其波形和幅值，使其变化范围为 $0 \sim U_{CC}$。接好电路，如图 12-17 所示，将锯齿波送入示波器 X 输入端，用作横轴扫描信号，同时作为二输入与非门的输入信号。将 74LS00 输出信号送入 Y 输入端，调整示波器，便可观察到传输特性曲线。

解释以上实验的原理，并测出开门电平 U_{ON} 和关门电平 U_{OFF}。

（2）用电压表测试：实验电路如图 12-18 所示。滑动变阻片触头便能获得相应的输入电压，电压表 V_1 读出输入电压值，电压表 V_2 读出与之对应输出电压值。自己设定测点及记录表格，要求在输出电压过渡区间（U_{ON} 和 U_{OFF} 之间）增加测点数密度。根据所得数据作出传输曲线，求出相应关门电平 U_{OFF} 和开门电平 U_{ON}。并与示波器所测结果进行比较，对测试结果给出评价，初步分析实验误差。

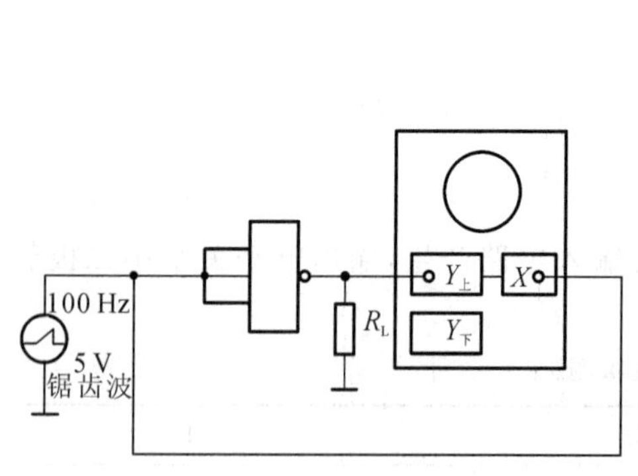

图 12-17　用示波器测与非门传输特性曲线图

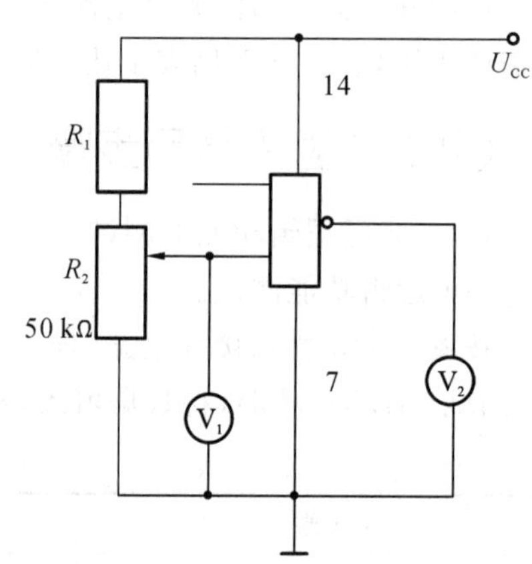

图 12-18　电压表测与非门传输特性曲线

3）主要参数的测试

测试 TTL 与非门主要参数的电路如图 12-19 所示。

图 12-19(a)所示电路用于测量空载功耗 P_{ON}，要求同时测定电源电压 U_{CC} 和任一悬空端的对地电压是否满足对应要求，计算 $P_{ON} = U_{CC} I_C$。

图 12-19(b)所示电路用于测量低电平输入电流 I_{IS} 值，同时要求测定任一悬空输入端的

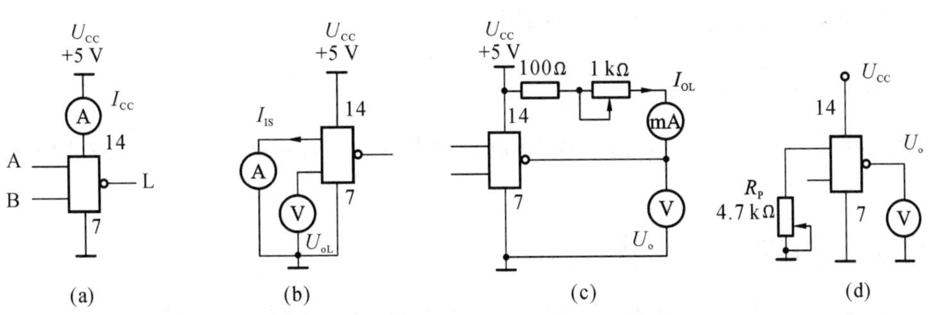

图 12-19 测各参数的对应典型电路

对地电压。

图 12-19(c)所示电路用于测量最大负载电流 I_{OL}，调整电阻器观察并记录 U_o 和 I_L 值的变化情况。当 $U_o \approx 0.4$ V 时，此时的负载电流值就是允许灌入的最大负载电流值 I_{OL}（切记：要确保所得电流值不得超过 20 mA，以免损坏器件）。要求在老师的指导下测出 I_{OL} 值，计算扇出系数，并对器件带负载能力的有关问题展开讨论。

图 12-19(d)所示电路用于测试关门电阻 R_{OFF} 和开门电阻 R_{ON}，改变可变电阻 R_P，观察 U_o 的变化情况，画出 U_o-R_P 的关系曲线，并在曲线上求出 R_{OFF} 和 R_{ON}（输出电压标准值的 0.707倍所对应的 R_P 值），理解器件工作过程中下拉电阻（上拉电阻）阻值的制约条件，并就其对输入电平的影响展开讨论。

在以上参数测试完成后，从手册中查出 74LS00 的参考值，并与实验值进行比较，判断器件性能的好坏。

（五）实验报告要求

（1）报告要按标准格式规范编写。

（2）示波器传输曲线只需定性描述，万用表所测传输曲线精确描出。

（3）测量实验参数时应注明各多余引脚的处理方案，并描述各参数测量原理。

电子实验 10　中规模集成组合逻辑功能件的应用

（一）实验目的

（1）理解中规模组合逻辑功能块的功能及应用原理。

（2）了解输入逻辑电平产生电路的原理及方法。

（3）理解数字功能电路的构成原理，学会组成逻辑电路的设计方法。

（二）实验原理

中规模集成(MSI)电路是一种具有专门功能的集成元件，常用的组合功能件有译码器、编码器、数据选择器、数据比较器和全加器等。与小规模集成电路不同，在使用 MSI 电路时，器件的各控制输入端必须按逻辑要求接入电路，不允许悬空。

实验原理参见数字电子技术理论课教材中相关章节的内容。

（三）实验设备

数字逻辑实验台（提供开关输入和 LED 显示电路）、74LS283 芯片 2 片、或非门 1 片、与非门 1 片。

（四）实验内容与步骤

本实验要求设计一个电路，实现 1 位十进制 BCD 码加法电路，当 $A_3A_2A_1A_0$ 与 $B_3B_2B_1B_0$ 相加结果 $S_3S_2S_1S_0$ 小于 1010（1001 及以下数字）时，相加结果直接输出；当 $S_3S_2S_1S_0$ 大于或等于 1010 或有进位信号 C_{n+4} 时，再将此时的本位信号加上 6，即 0110（BCD 码），从而得到本位信号。其可能的电路结构如图 12-20 所示。

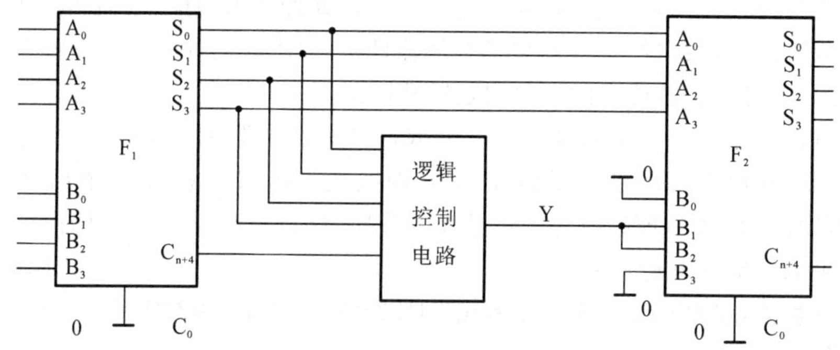

图 12-20　1 位十进制 BCD 码加法电路

将输入 F_1 的两数相加结果与 1001 比较，当相加结果大于 1001 时，逻辑控制电路输出有效，从而使第二个加法器 F_2 的 B 端输入为 0110，输出为本位的十进制数 BCD 码，同时，当前一个加法器 F_1 进位信号 $C_{n+4}=1$ 时，即使 F_1 的输出小于 1001，但两数之和大于 1001，也应使逻辑控制输出 Y 为高电平，F_2 的 B 端输入为 0110。当 2 片的 C_{n+4} 中有一个有进位时，则应产生向高位进位的信号。

47LS283 是 4 位二进制超前进位全加器，其顶视图如图 12-21 所示。

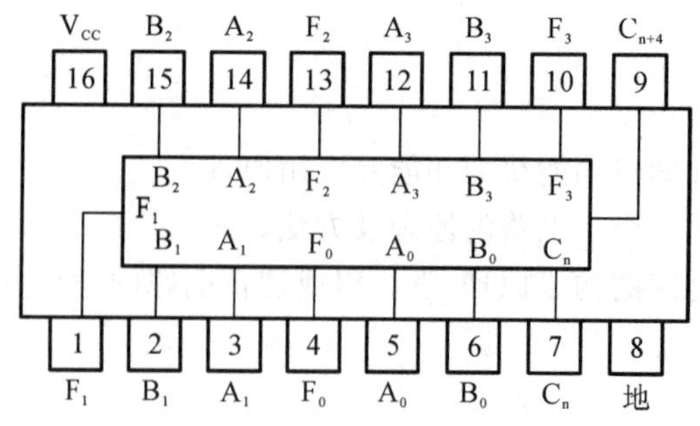

图 12-21　47LS283 顶视图

图 12-21 中 C_n 为最低位进位信号输入，C_{n+4} 为最高位向上进位信号输出，$A_3A_2A_1A_0$、

$B_3B_2B_1B_0$ 分别为二进制数输入端，$F_3F_2F_1F_0$ 为二进制相加结果的本位信号，当 $F_3F_2F_1F_0=1111$ 时，再加 1，则变为 0000，并产生向上的进位输出。

具体要求：

(1) 查阅对应器件(74LS283)的功能表，得到详细电路图(特别要注意控制端的处理)。

(2) 设计电路结构图中的逻辑控制电路，要求用或非门和非门实现前述中的逻辑控制关系。

(3) 用开关输入一组 BCD 码范围内的 $A_3A_2A_1A_0$、$B_3B_2B_1B_0$ 值，用发光二极管显示 $S_3S_2S_1S_0$，检查电路是否工作正常。

(4) 当输入 $A_3A_2A_1A_0$ 大于 1001(非 BCD 码)时，检验输出结果。

(五) 实验报告要求

(1) 要求介绍设计过程，画出详细电路图。

(2) 将实验现象进行详细记录，并写出心得体会。

电子实验 11　组合逻辑电路综合实验

(一) 实验目的

(1) 加深理解组合逻辑电路的设计方法。

(2) 验证半加器电路的逻辑功能。

(二) 实验原理

实验原理参见数字电子技术理论课教材中相关章节的内容。

(三) 实验设备

数字逻辑实验台(提供开关输入和 LED 显示电路)、74LS00 芯片 2 片。

(四) 实验内容与步骤

实验电路如图 12-22 所示，具体实验内容如下：

(1) 首先验证与非门的好坏，然后按半加器电路进行连线。

(2) 完成半加器的真值表(见表 12-17)，并写出 S_n、C_n 的表达式。

表 12-17　半加器的真值表

B_n	A_n	S_n	C_n
0	0		
1	0		
0	1		
1	1		

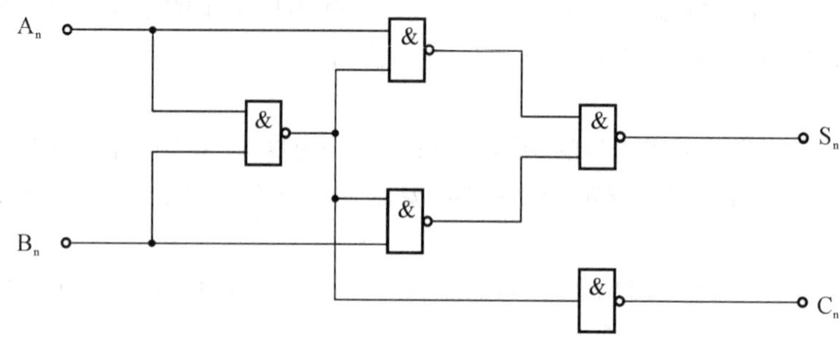

图 12-22　组合逻辑实验电路

（五）实验报告

（1）整理实验结果，并对实验结果进行分析讨论。

（2）总结组合逻辑电路的设计方法。

电子实验 12　JK 触发器的测试

（一）实验目的

（1）掌握 JK 触发器逻辑功能的测试方法。

（2）熟悉用示波器观察脉冲波形的方法。

（3）了解触发器的动态工作特性。

（二）实验原理

实验所用 74LS76 芯片是带清除和预置的双 JK 触发器，其内部逻辑框图和集成块顶视图分别如图 12-23(a)、(b)所示，表 12-18 则列出了其全部的逻辑功能对应关系。

表 12-18　74LS76 功能表

输　入					输　出	
L	H	×	×	×	H	L
H	L	×	×	×	L	H
L	L	×	×	×	H^*	H^*
H	H	↓	L	L	Q_n	$\overline{Q_n}$
H	H	↓	H	L	H	L
H	H	↓	L	H	L	H
H	H	↓	H	H	触发	

注：H＝高电平，L＝低电平，×＝不定，＊＝不稳定，↓＝下降沿触发。

实验原理参见数字电子技术理论课教材中相关章节的内容。

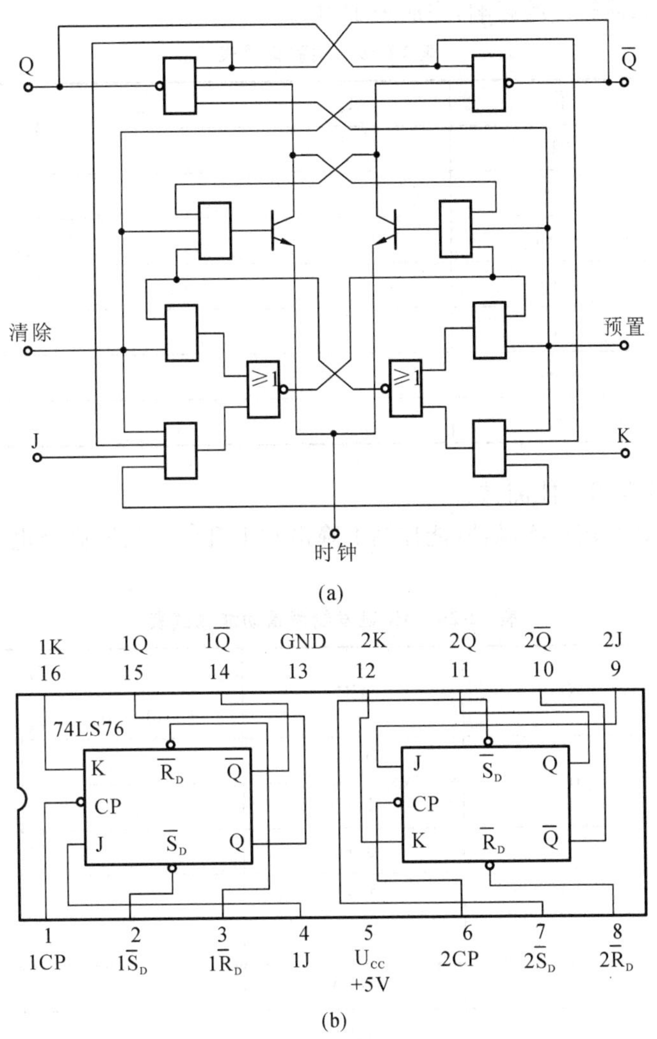

图 12-23 74LS76 JK 触发器

(a)逻辑框图;(b)顶视图

(三) 实验器件与设备

74LS76 芯片 2 片、数字逻辑实验台(提供单脉冲输入,高低电平输入和二极管显示元件及电路)、脉冲信号源 1 台、双踪示波器 1 台。

(四) 实验内容与步骤

1) 静态测试

(1) $\overline{S_D}$、$\overline{R_D}$功能测试。

高电平输入端可以悬空,低电平输入端则应严格接地。用发光二极管显示输出电平,用逻辑开关(非机械开关)输入手动单步脉冲,J、K 端悬空,输入不同的$\overline{S_D}$、$\overline{R_D}$电平后,记录输出电平，并验证时钟脉冲触发的影响，完成表 12-19。

表 12-19　实验记录表

$\overline{S_D}$	$\overline{R_D}$	Q	$\overline{Q}$	CP 有关影响
1	1			
1	1→0			
1	0→1			
1→0	1			
0→1	1			
1→0	1→0			
0→1	0→1			

（2）JK 触发器逻辑功能测试。

令$\overline{S_D}$、$\overline{R_D}$悬空，CP 用单次脉冲（能控制下降沿和上升沿），J、K 高低电平产生方法同上，完成表 12-20。

表 12-20　JK 触发器逻辑功能测试表

J	K	CP	Q^{n+1}	
			$Q^n=0$	$Q^n=1$
0	0	0→1		
		1→0		
0	1	0→1		
		1→0		
1	0	0→1		
		1→0		
1	1	0→1		
		1→0		

注：0→1 表示一个上升沿，1→0 表示一个下降沿，$Q^n=0$、$Q^n=1$ 可以由$\overline{S_D}$、$\overline{R_D}$进行预设，之后再经 CP 触发，Q^{n+1}为触发后状态。

2）动态测试

（1）分频功能测试。

使 JK 触发器处于计数状态（J＝K＝1，悬空），将 74LS76 接成如图 12-24 所示电路，在引脚 1 加入一个 $f=1$ kHz 的方波信号，将引脚 15 与引脚 6 相连，其他引脚悬空，用示波器分别观察 CP、Q_1 和 Q_2 的波形，并回答下列问题：

①Q_1 状态在什么时候更新？Q_2 状态在什么时候更新？

②Q_1、Q_2、CP 三信号的周期有何关系？

③Q_1 和$\overline{Q_1}$的关系如何？

（2）单步脉冲产生电路测试（开关防抖电路）。

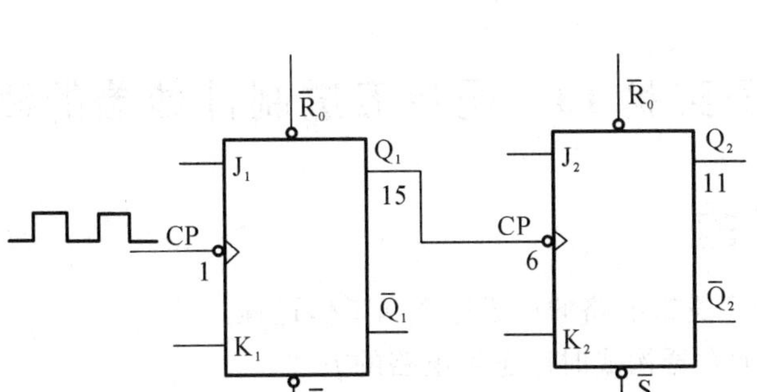

图 12-24 分频功能测试电路

将分频电路改成如图 12-25(a)所示电路，这里 S 为机械开关(也可用接线与 U_{CC} 手动搭接产生)，按动手动开关，用示波器分别观测 CP、Q_1 和 Q_2 的波形，记录下对应的波形，并比较。

其对波形应如图 12-25(b)所示，试分析其工作原理。

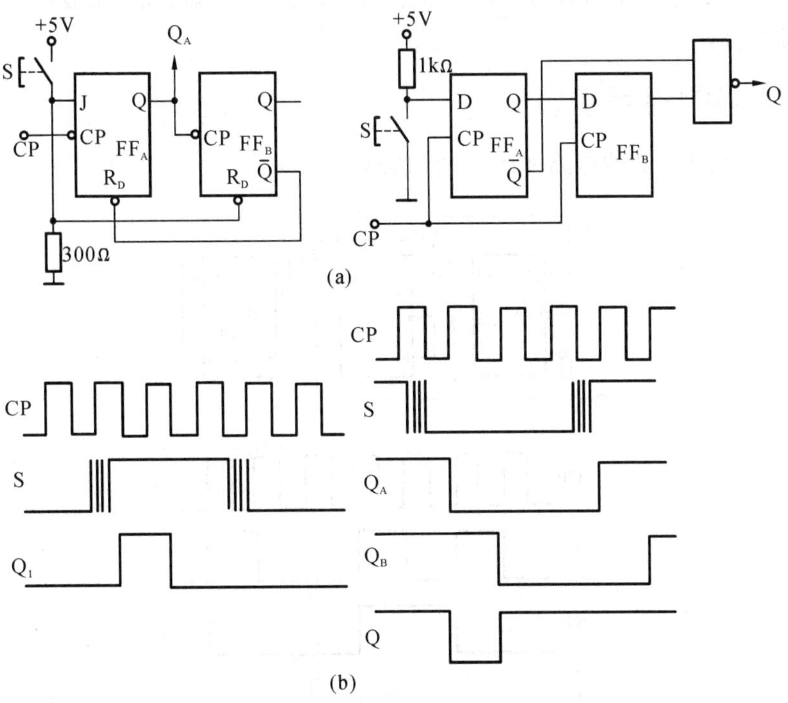

图 12-25 单步脉冲产生电路

(a)电路；(b)波形

(五) 实验报告要求

(1) 实验报告要求详细记录每一实验现象，并作出分析。

(2) 写出心得体会。

电子实验 13　同步五进制计数器的测试

（一）实验目的

（1）理解同步时序逻辑电路的构成原理和工作过程。

（2）了解由 JK 触发器构成时序逻辑电路的方法。

（3）熟悉用示波器观察脉冲波形的方法。

（4）了解复位信号产生电路。

（二）实验原理

实验原理参见数字电子技术理论课教材中相关章节的内容。

（三）实验器件与设备

74LS76 芯片 2 片、74LS10(与门)1 片、数字逻辑实验台 1 台、双踪示波器 1 台、万用表 1 块、直流电源 1 台。

（四）实验内容与步骤

同步五进制加法计数器电路如图 12-25 所示。

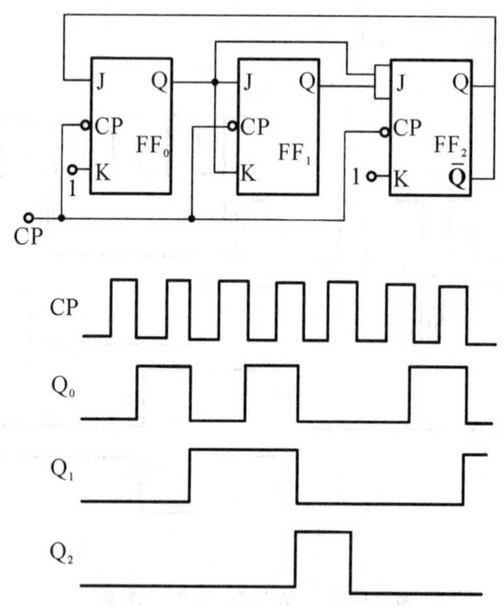

图 12-25　同步五进制加法计数器

（1）电路制作：用 2 片 74LS76 和 1 个与门电路制作同步五进制加法计数器。

（2）（选作）给同步五进制加法计数器加上复位产生电路，能够进行上电自动复位和手动开关复位（初态为“000”），并通过通断电实验，检查触发器输出状态是否能正常复位。

（3）功能测试：用 LED 显示 $Q_2Q_1Q_0$ 的状态，用手动开关加入 CP 脉冲，必要时通过$\overline{S_D}$、

$\overline{R_D}$端进行初态测试，完成表 12-21。

(4) 动态观测：在 CP 端加入频率 $f=1$ kHz 的脉冲波形，观察 CP、Q_2、Q_1、Q_0 的波形，比较各触发器发生状态反转的时序关系及边沿同步性，理解同步电路的输出同步特性。

表 12-21 实验记录表

CP	Q_2^n	Q_1^n	Q_0^n	Q_2^{n+1}	Q_1^{n+1}	Q_0^{n+1}
1	0	0	0			
1	0	0	1			
1	0	1	0			
1	0	1	1			
1	1	0	0			
1	1	0	1			
1	1	1	0			
1	1	1	1			

(五) 实验报告要求

(1) 写出完整的设计步骤。

(2) 写出电路制作过程中所出现的现象和心得体会。

电子实验 14 计数/译码显示电路综合实验

(一) 实验目的

(1) 掌握 74LS90 二-五进制计数器的功能。

(2) 掌握 74LS47 BCD 译码器和共阳极七段显示器的使用方法。

(3) 了解计数器间的级联方法。

(二) 实验原理

实验原理参见数字电子技术理论课教材中相关章节的内容。

(三) 实验器件与设备

74LS90 芯片 2 片、74LS47 芯片 2 片、RS-212 共阳极显示器 2 个、74LS10 与非门 1 块、数字逻辑实验台 1 台、双踪示波器 1 台、万用表 1 块、直流电源 1 台。

(四) 实验内容与步骤

实验电路如图 12-26 所示，实验内容如下。

(1) 将 74LS90 设为十进制计数器，利用 74LS47 的辅助控制端测试 74LS47 和显示器

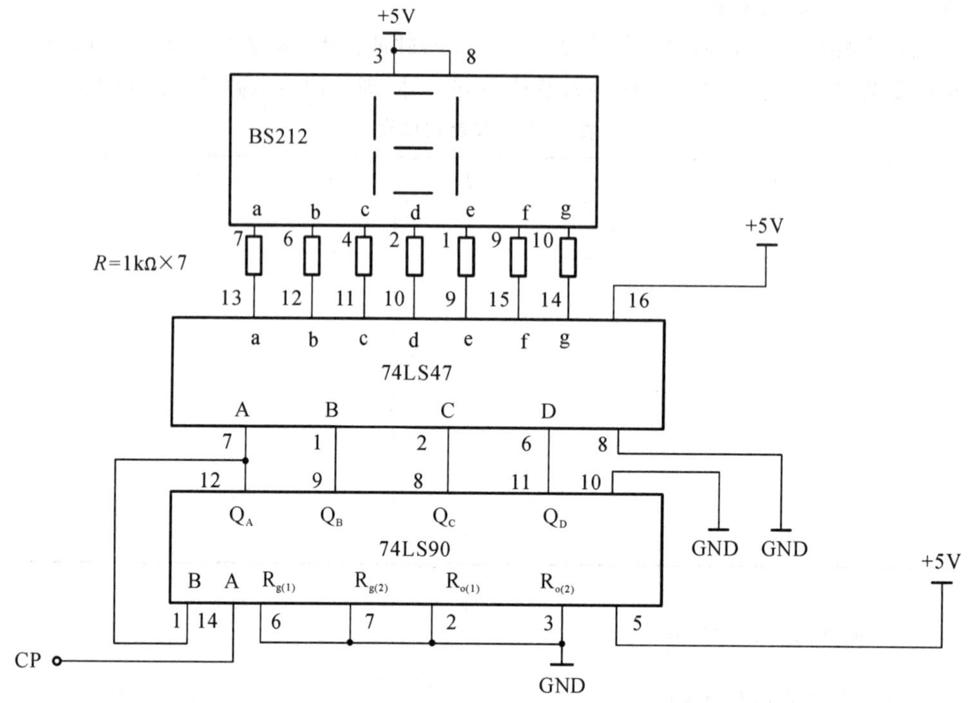

图 12-26　电子实验 14 电路 1

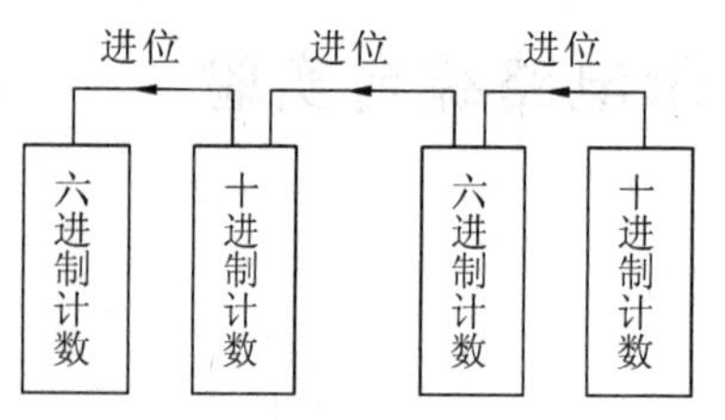

图 12-27　电子实验 14 电路 2

的好坏。

(2) 用单次脉冲输入,通过显示器检测电路计数功能。

(3) 将另一片 74LS90 设置为六进制计数器,用另一个译码显示器进行显示,检测其工作是否正常。

(4) 将两级计数器级联,构成 1 个六十进制计数器,可分别显示出个位和十位。将 2 个六十进制计数器连接起来,用 1 Hz 脉冲作为输入,构成 1 个分钟和秒钟的时钟电路,检测电路工作是否正常,电路结构如图 12-27 所示。

(五) 实验报告要求

(1) 详细记录制作过程所出现的全部现象,并作出分析。

(2) 写出心得体会。

电子实验 15　脉冲产生电路

(一) 实验目的

(1) 掌握使用集成逻辑门、集成功能块设计脉冲产生电路的方法。

（2）熟悉脉冲宽度、信号周期的测试方法。

（3）熟悉脉冲宽度与定时元件参数之间的关系。

（二）实验原理

实验原理参见数字电子技术理论课教材中相关章节的内容。

（三）实验器件与设备

（1）组：74LS00 芯片 1 片、100 Ω 电阻 1 个、0.5～2 kΩ 可变电阻箱 1 台、200 pF 电容器 1 个。

（2）组：74LS121 芯片 1 片、2 kΩ 电阻一个、500 pF 电容一个。

（3）组：100 kΩ 电阻 1 个、330 Ω 电阻 1 个、10 μF 电容 1 个、0.01 μF 电容 1 个、555 集成定时器 1 片、发光二极管 VD 1 个、金属片（丝）1 段；双踪示波器 1 台、信号发生器 1 台。

（四）实验内容与步骤

1）与非门环形振荡器参数测试

实验电路如图 12-28 所示。改变可变电阻，用通用频率计测出输出信号频率，用示波器观察输出波形，寻找电路正常工作的条件，作出频率 f 与 RC 的关系曲线。

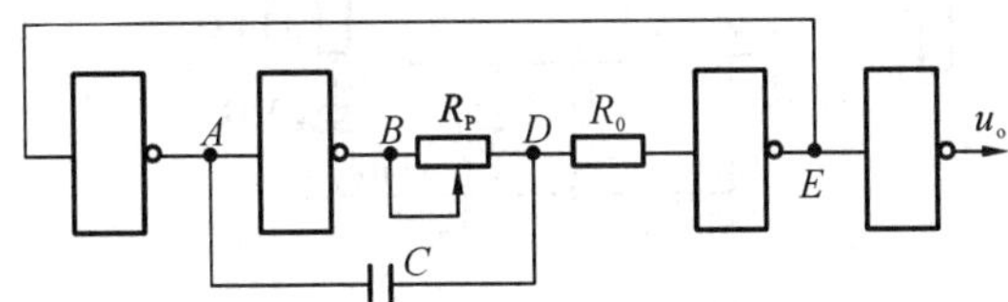

图 12-28　与非门环形振荡器电路

2）集成单稳态触发器触发条件研究

实验电路如图 12-29 所示。将方波信号分别加入 B、A_1 和 A_2 触发输入端，同时将另两个未加信号端分别设定在下列情况下：①悬空；②0　0；③0　1；④1　0；⑤1　1。观察输出/输入波形的关系，并回答下列问题：

（1）A_1、A_2 在什么条件下才能被触发？其触发时间在输入脉冲的什么边沿？

（2）B 在什么条件下才能被触发？它在什么边沿触发？

（3）在这里悬空与接逻辑高电平是否完全相同（在小规模电路中，悬空＝1）？在中规模电路中，为什么不能用悬空作为逻辑“1”输入？

（4）计算输出频率，并与实测结果比较，分析误差原因。

3）555 定时器应用研究——触摸开关电路制作及实验

实验电路如图 12-30 所示，实际是一单稳态触发器。将输入脚 2 接金属片，用手摸一次，相当于加入一个逻辑负脉冲，从而触发电路。VD 为发光二极管，电路的功能是手摸一次金属片，VD 将亮一段时间，然后自行熄灭。由于此电路对电源和参考电位稳定程度要求高，故分别接入了电容 C_1、C_2，以满足要求。

（1）制作并调试电路，检测电路功能，计算脉冲宽度 t_p，并用示波器进行测试。

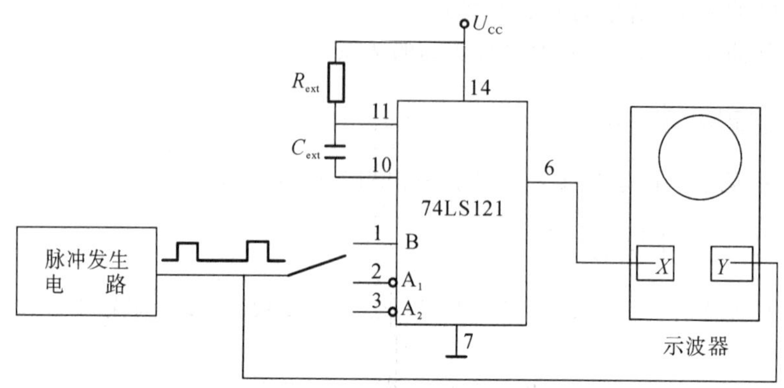

图 12-29　集成单稳态触发器触发条件实验

(2) 去掉电容 C_1、C_2，比较两电路工作可靠性。

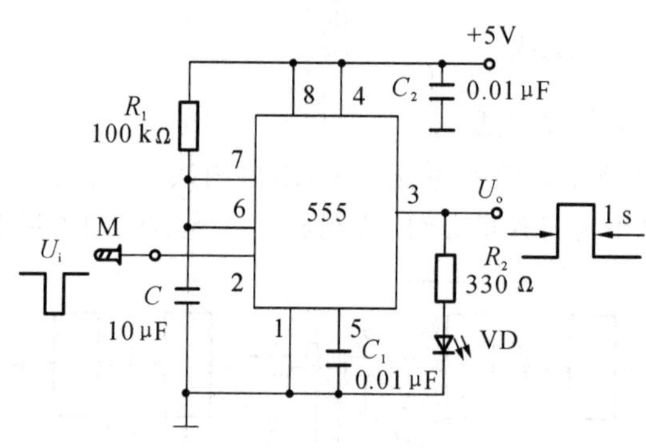

图 12-30　触摸开关电路

(五) 实验报告要求

(1) 报告按规范格式写。

(2) 报告要求对每一实验现象电路的工作原理有详细说明。

(3) 对采用三种方法构成脉冲产生与整形电路的特点进行比较。

电子实验 16　小信号共发射极电压放大电路的仿真

(一) 共发射极电压放大器电路的建立

在 Multisim 平台上搭建共发射极电压放大器电路，如图 12-31 所示。

将三极管拖入工作界面的方法是：单击电子器件栏上的三极管按钮，并单击如图 12-31 所示对话框中的“TRANSISTOR”按钮，然后再单击“BJT_NPN_VIRTUAL”按钮，单击“ok”按钮，即可将虚拟三极管拖入工作界面，该三极管的电流放大倍数 $\beta=100$。

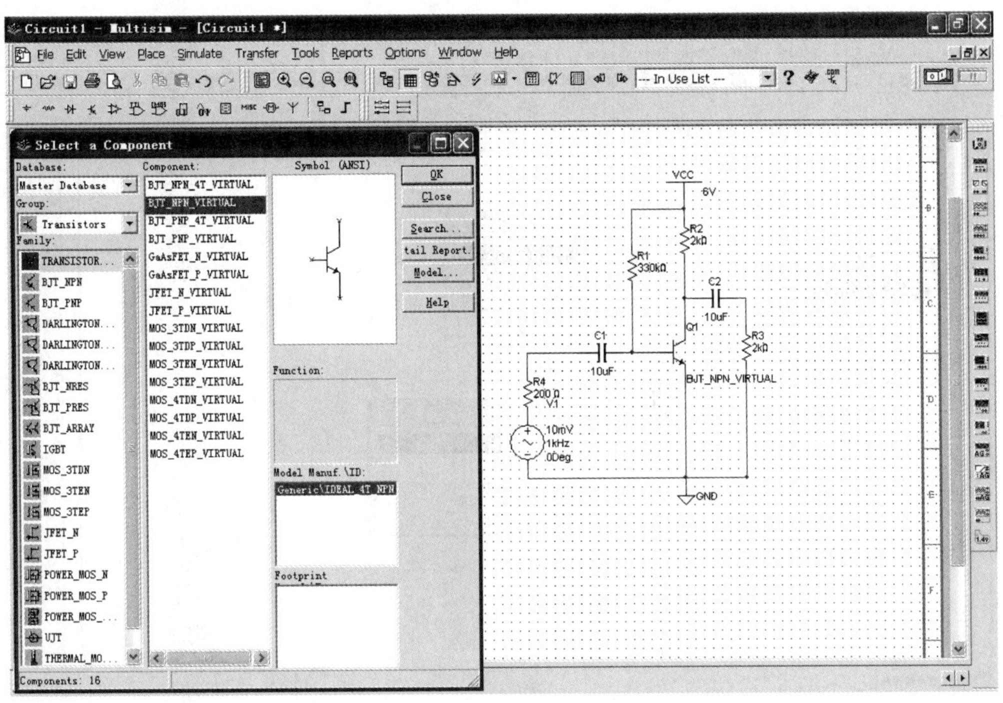

图 12-31 共发射极电压放大器电路

(二) 静态工作点的测量

电路的静态工作点由 I_{BQ}、I_{CQ} 和 U_{CEQ} 三个量确定，在工作界面上拖入 3 个数字万用表，并按如图 12-32 所示的电路连接电路。

双击万用表图标，打开万用表面板。将 XMM1 和 XMM2 的面板设置为测量直流电流 A 的模式，将 XMM3 的面板设置成测量直流电压 V 的模式。启动仿真实验开关，即可得到如图 12-32 所示的测量结果。

由图 12-32 可知，该电路的静态工作点为 $I_{BQ}=15.876\ \mu A$，$I_{CQ}=1.584\ mA$，$U_{CEQ}=2.832\ V$，与理论计算的结果相同。

(三) 动态参数的测量

先按图 12-33 所示将电路接好，然后再按图 12-33 所示将电路与各个测量仪器连接好。

图中的 XSC1 是双踪示波器，单击测量仪器栏的“Oscilloscope”按钮，即可将双踪示波器拖入工作界面。

打开万用表的工作面板，将万用表 XMM1 和 XMM3 设置成测量交流电流的模式，将万用表 XMM2 和 XMM4 设置成测量交流电压的模式。双击示波器，打开示波器的面板。启动仿真按钮，调节示波器参数设置按钮，使示波器的屏幕上显示出如图 12-33 所示的信号波形。

由图 12-33 可知，万用表 XMM4 显示输出信号电压的幅度为 383.971 mV，万用表

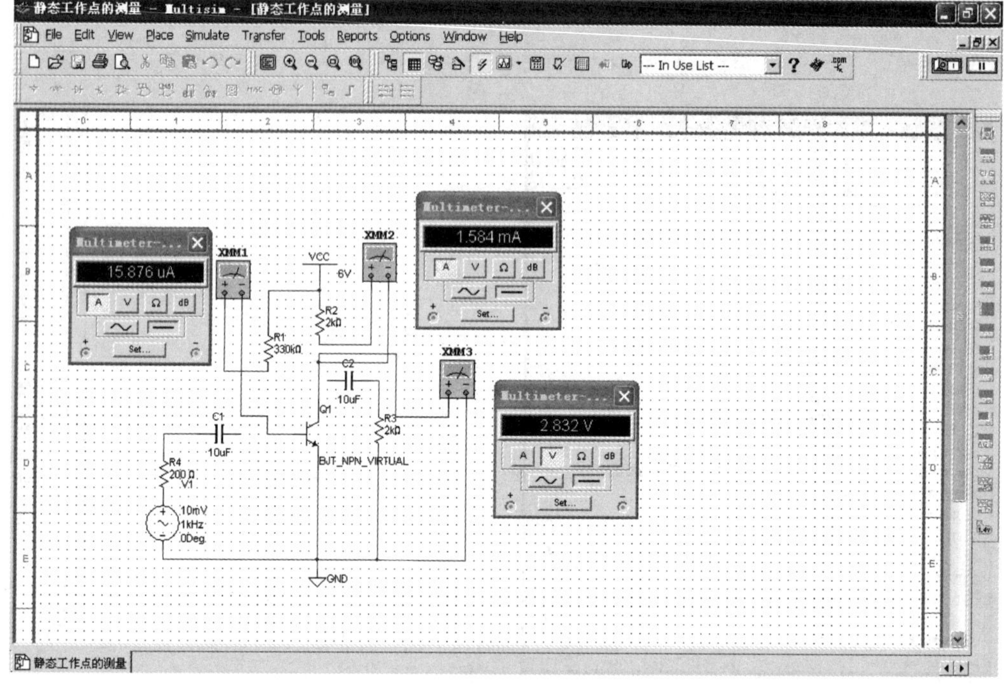

图 12-32 静态工作点测量的仿真实验

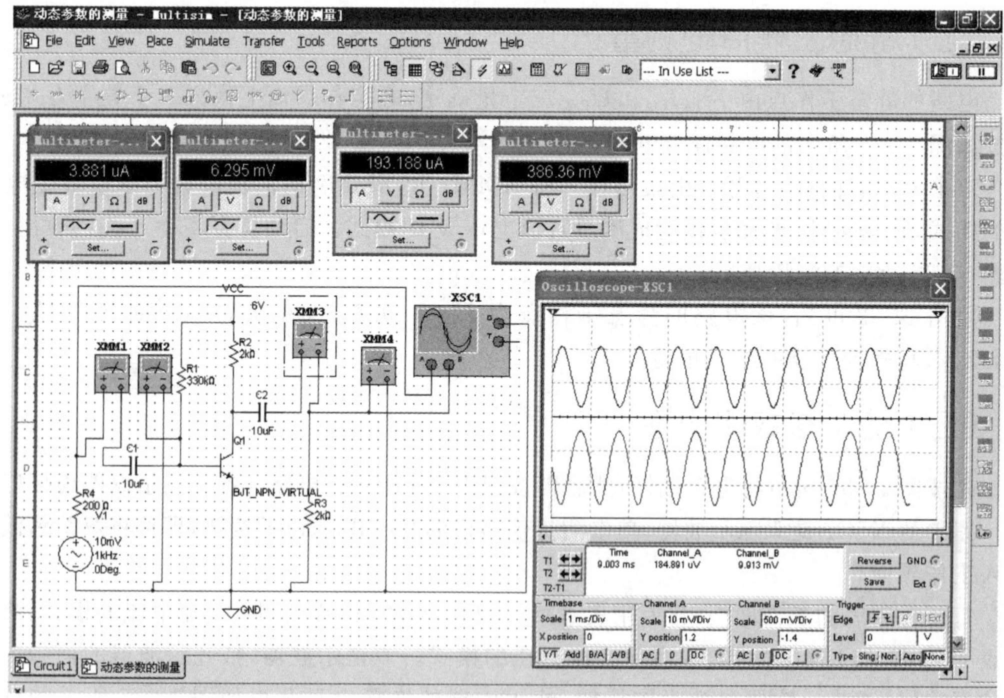

图 12-33 动态参数的测量

XMM2 显示输入信号电压的幅度为 6.309 mV，输出电压和输入电压的比为放大器的电压放大倍数，该电路的电压放大倍数约等于 61，与理论计算的结果相符合。

将万用表 XMM2 所显示的输入信号电压的值 6.309 mV 除以万用表 XMM1 所显示的输入电流值 3.857 μA，可得放大器的输入电阻 r_i 的值为 1.6 kΩ；将万用表 XMM4 所显示的值 383.971 mV 除以万用表 XMM3 所显示的值 191.991 μA，可得放大器的输出电阻 r_o 的值为 2 kΩ。示波器显示输出信号和输入信号反相的结论，与理论计算的结果相符。

电子实验 17 RC 正弦波信号发生器的仿真

在 Multisim 的工作界面上搭建 RC 正弦波信号发生器的电路，如图 12-34 所示。

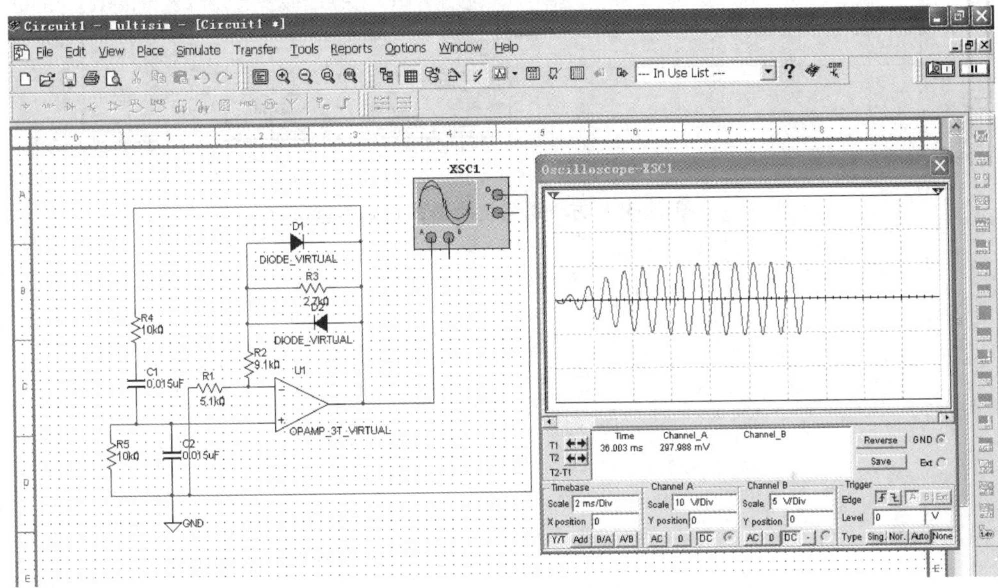

图 12-34 RC 正弦波振荡器的仿真实验

设置图中运算放大器的方法是：单击电子器件栏运算放大器的图标，在弹出的对话框中选择“ANALOG VTRTUAL”选项，接着选择“OPAMP 3T VTRTUAL”选项，单击“ok”按钮，即可将运算放大器拖入工作界面。

图 12-34 中的示波器清晰地显示出 RC 正弦波振荡器起振和稳幅的过程。

电子实验 18 方波信号发生器的仿真

在 Multisim 的工作界面上搭建方波信号发生器的电路，如图 12-35 所示。

图 12-35 中的示波器清晰地显示出积分电路输出的三角波信号，经滞回电压比较器整形变换后成为方波信号输出。

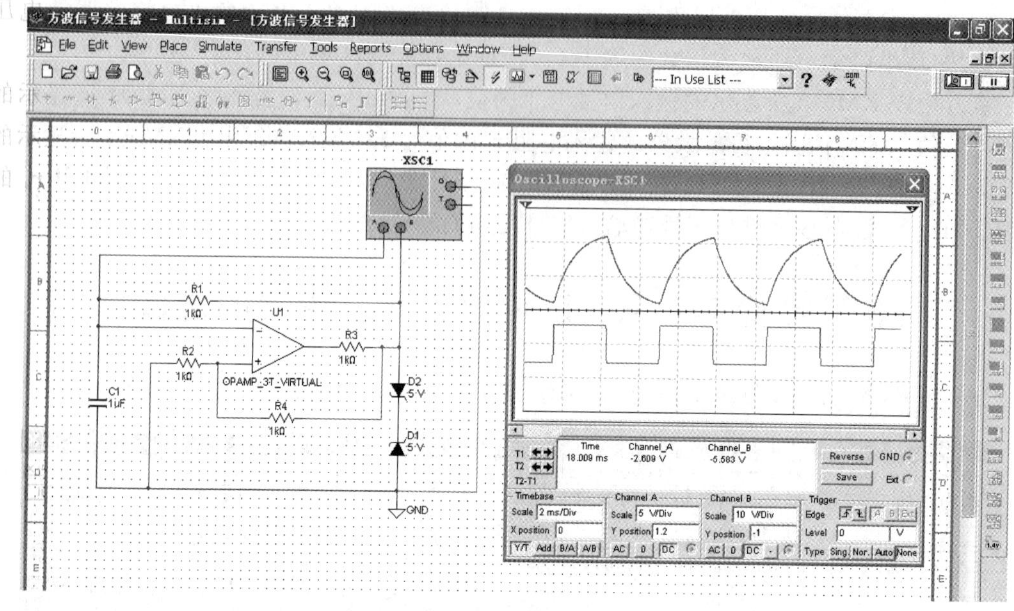

图 12-35　方波信号发生器的仿真实验

附录：Multisim 和 Matlab 在电路仿真分析中的应用

电子设计自动化（electronic design automation，EDA），是以计算机和软件为工具，完成各类电路从原理到实物的设计、仿真、电路综合的新型设计手段。EDA 工具软件种类较多，包括 Multisim、Matlab、Protel、Proteus、LabView 等。

这里对 Multisim、Matlab 在电路仿真分析中的应用做简要介绍。

1. Multisim 的应用

Multisim 用软件方法构建虚拟电子元器件及仪器仪表，将元器件和仪器仪表集合为一体，是电路原理图设计、电路测试的虚拟仿真软件。该软件中带有丰富的电路元件库，并提供 18 种电路分析方法，适用于板级的模拟/数字电路板的设计工作。它包含了电路原理图的图形输入、电路硬件描述语言输入方式，具有丰富的仿真分析能力，很适合用其开展电路电子课程的教学和仿真实验。

Multisim 有多个版本，较新的有 Multisim 14 等，较老的有 Multisim 8 等。无论何种版本，工作界面都包括菜单栏、电路工具栏、电路零件栏、电路设计窗口、电路描述窗口、虚拟仪表和测量工具栏等。用作电路仿真实验的主要是菜单栏、电子器件栏和测量仪器栏。

运行 Multisim 8，可打开如附图 1 所示的工作界面；运行 Multisim 14，可打开如附图 2 所示的工作界面。

下面，分别介绍串联电阻分压电路和 RLC 串联谐振电路特性的仿真。

1）串联电阻分压电路的仿真

用 Multisim 8 开展串联电阻分压电路的仿真，步骤如下。

（1）运行 Multisim 8，利用“file”→“new”命令打开一个新的电路工作窗口。

（2）单击零、组件工具栏中的电源按钮，在附图 3 所示的图标中，选择“DC-POWER”，然后单击“OK”按钮，即可将电池图标放到电路工作窗口中。

（3）在附图 3 所示的界面中选择“DGND”，可将接地点的符号拖入工作界面。

（4）单击电阻元件图标，在“BASIC_VTRTUAL”栏目下（该栏目下的器件是虚拟器件，修改参数很方便），选择“RESISTOR_VTRTUAL”，如附图 4 所示，单击“OK”按钮，将电阻拖放到电路工作窗口中。

（5）重复步骤(4)的操作或采用复制、粘贴的功能，再拖一个电阻元件到工作界面中。复制的方法是：单击要复制的器件，选中该器件，然后单击“复制”“粘贴”按钮即可。完成上述操作后，电路工作窗口中将有如附图 4 所示的几个器件。

（6）为了将电阻 R_2 旋转 90°，以便电路的连接，可以单击电阻元件并单击鼠标右键，在附图 5 所示的菜单中，选择“90 Clockwise”命令。

（7）修改元件的数值。在 Multisim 中，有两种类型的电子器件：一种是参数不能修改的

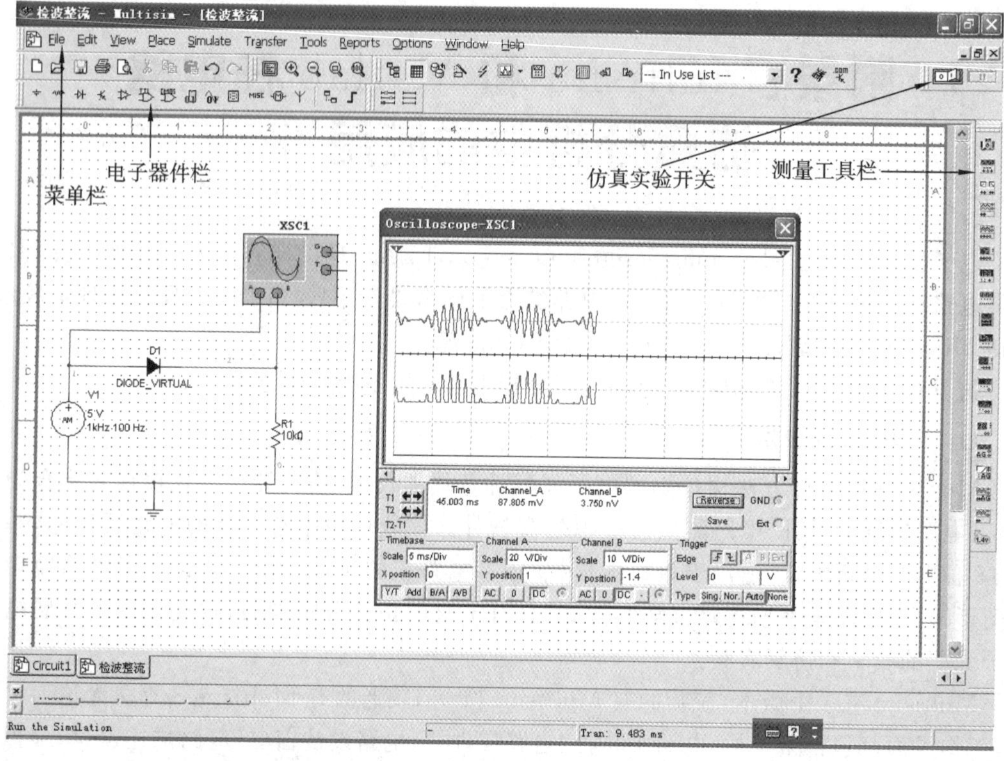

附图 1　Multisim 8 的工作界面

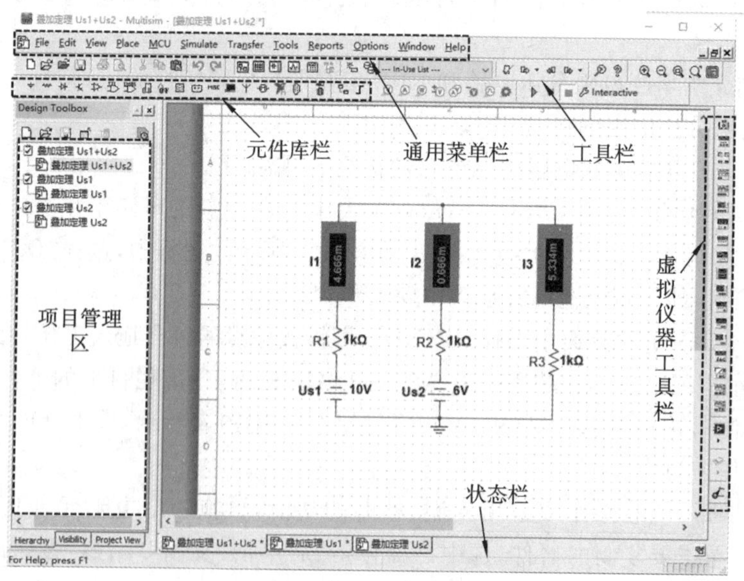

附图 2　Multisim 14 的工作界面

实际器件；另一种是参数可以修改的虚拟器件。在"BASIC_VTRTUAL"栏目下的器件都是虚拟器件，修改参数很方便。下面以电阻 R_2 为例来介绍参数修改的方法。

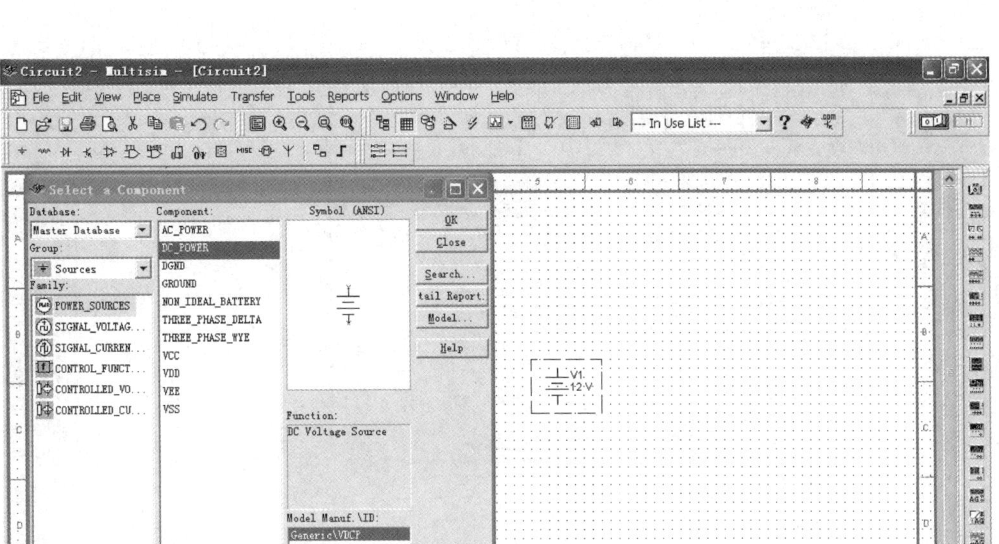

附图 3　选择直流电源的工作界面

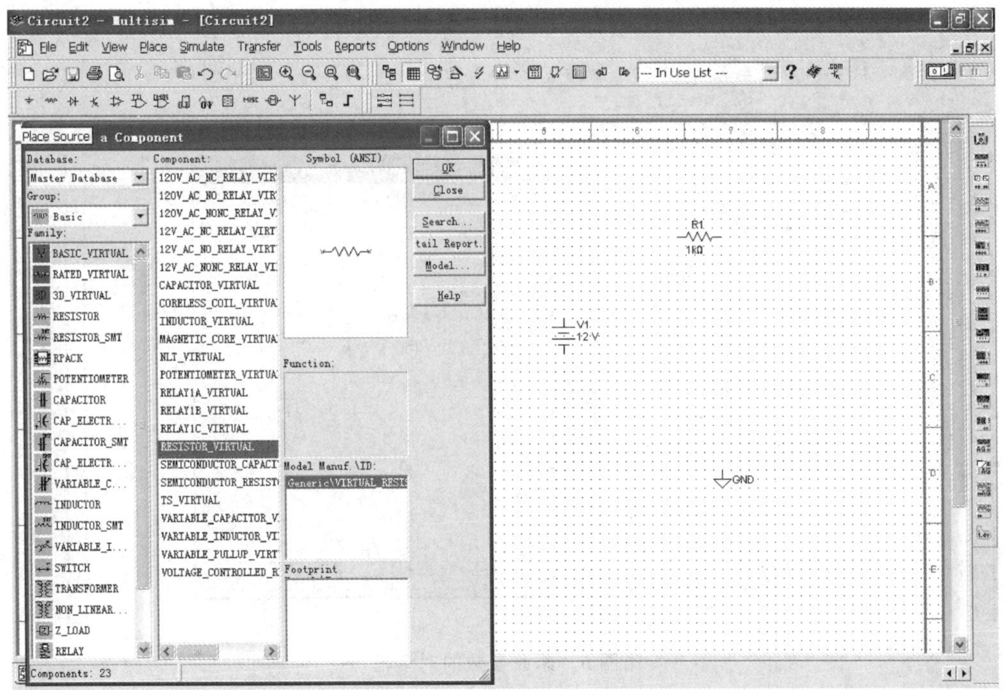

附图 4　选择电阻器件的工作界面

由附图 5 可知，电阻 R_2 的阻值为 1 kΩ，将该阻值改成 8 kΩ 的方法是：双击电阻 R_2 的符号，在附图 6 所示的元件属性对话框中，将该电阻的值改为 8 kΩ，单击“确定”按钮，即可将电阻 R_2 的阻值改成 8 kΩ。选择图标中的“Label”选项，可以进入修改器件序号的对话框。

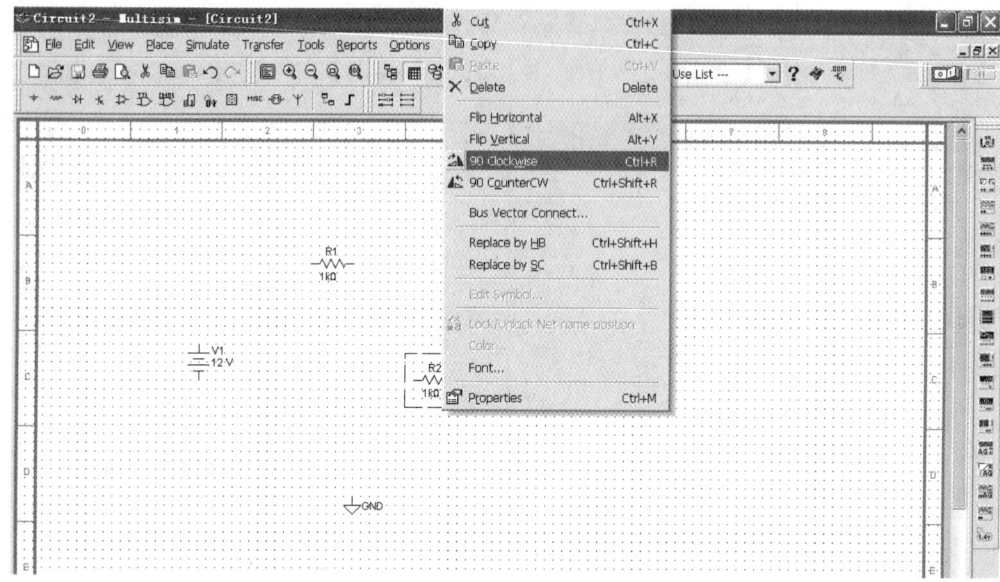

附图 5　旋转器件的工作界面

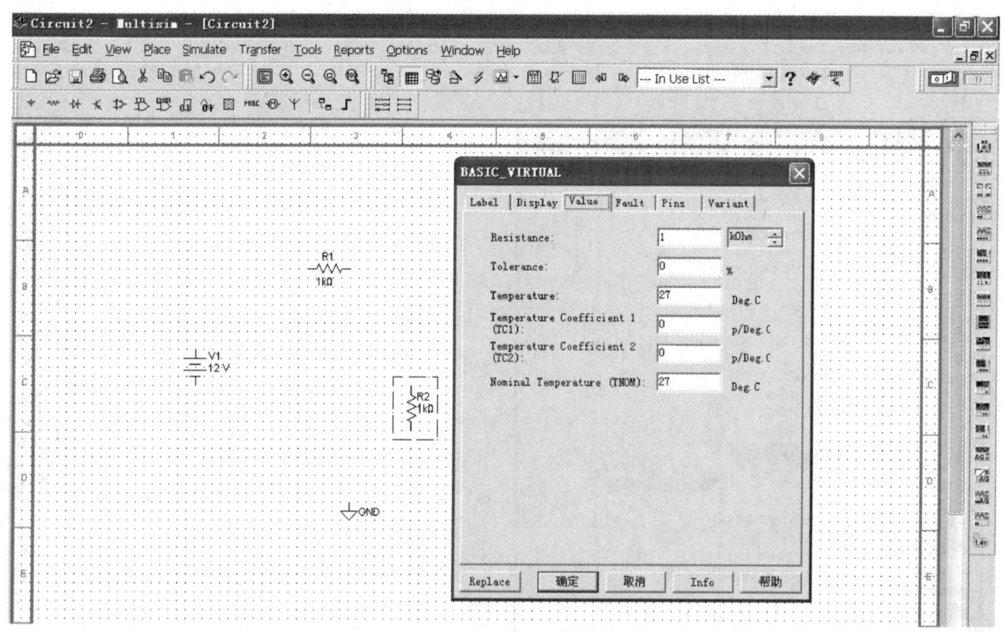

附图 6　修改参数的对话框

(8) 元件的连接。一个完整的电路是由电路元件和相关的连线组成的,将电路工作窗口中各个孤立的元件连接成电路的方法是:将鼠标光标放在元件的端点上,元件的端点处会出现一个小黑点,按住鼠标左键不放,将其拖至另一元件的端点,Multisim 可以自动在这两个元件之间建立一条连线。重复上述的过程,将电路连成如附图 7 所示的形式。

图中的 XMM1 器件是数字万用表,单击测量仪器栏中的"Multimuter"按钮,就可以将

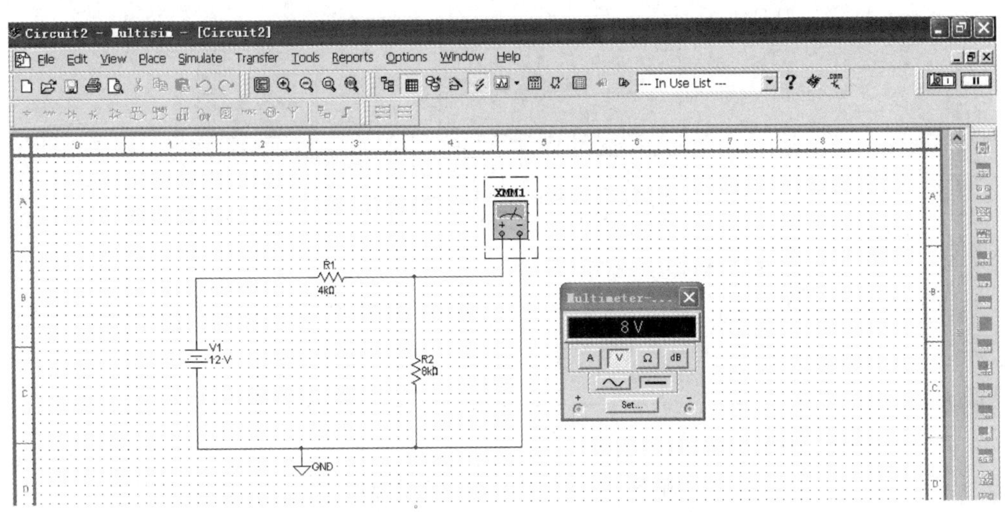

附图 7　连接好的电路图

数字万用表拖到工作界面中。

(9) 为了使电路设计得更加合理和美观，可适当移动电路中元件或连线的位置使线条对齐，移动的方法是：将鼠标光标放在要移动的元件上，按住左键，即可移动该元件，或者单击某一根导线，在箭头的引导下，即可移动该导线。将鼠标光标放在某导线上，先单击左键可选中该导线，再单击右键，可修改该导线的颜色，或者删除该导线。

(10) 仿真测试。

单元电路建立完成之后，可利用数字万用表进行电路参数的测量。测量的方法是：双击数字万用表的图标，打开附图 7 所示的数字万用表面板，选择直流电压测量选项。单击菜单栏上的仿真开关，即可进行电路的仿真实验，仿真实验的结果显示在万用表的面板上，仿真实验的结果如附图 7 所示。

再单击菜单栏上的仿真开关按钮，即可结束电路的仿真实验。如果要测量电路的电流，可将万用表串联在电路中，在万用表面板中选择标有“A”字样的按钮。单击菜单栏上的仿真开关按钮，即可进行电流测量的仿真实验。

要将原来与电路并联连接的万用表改成与电路串联连接的方法是：单击要改动的导线，选中该导线，用菜单栏上的剪刀按钮即可将导线删除，然后再连接成串联电路的形式。

2) RLC 串联电路谐振特性的仿真

用 Multisim 14 开展 RLC 串联电路谐振特性的仿真，主要过程如下。

(1) 运行 Multisim 14，构建 RLC 串联电路，如附图 8 所示。其中，XSC1 为双通道示波器，XBP1 为波特图测试仪，两者均从虚拟仪器栏中选择。

(2) 双击示波器，打开示波器的面板，面板上各参数设置如附图 9 所示，在示波器面板上显示 L 和 C 两端电压波形图。由图可知，L 和 C 两端电压波形幅值相等、相位相反，据此可以判断电路发生谐振。根据已知参数可得谐振频率 $f_0 \approx 1592$ Hz，此时 L 和 C 发生串联谐振，两端电压相等、方向相反。已知电路电压源频率为 1592 Hz，即为谐振频率，因此仿真结果与理论分析的一致。

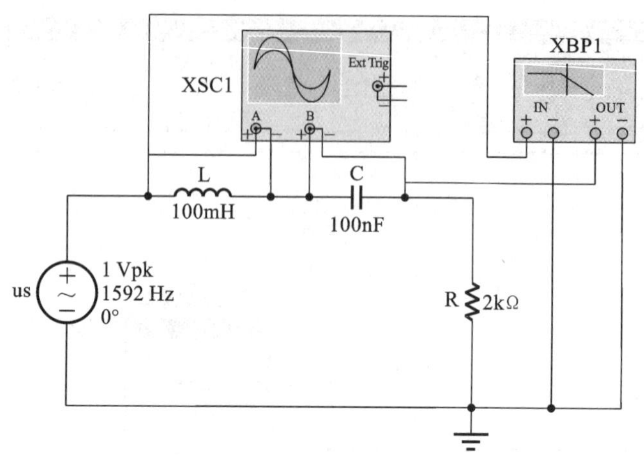

附图 8　连接好的 RLC 串联电路

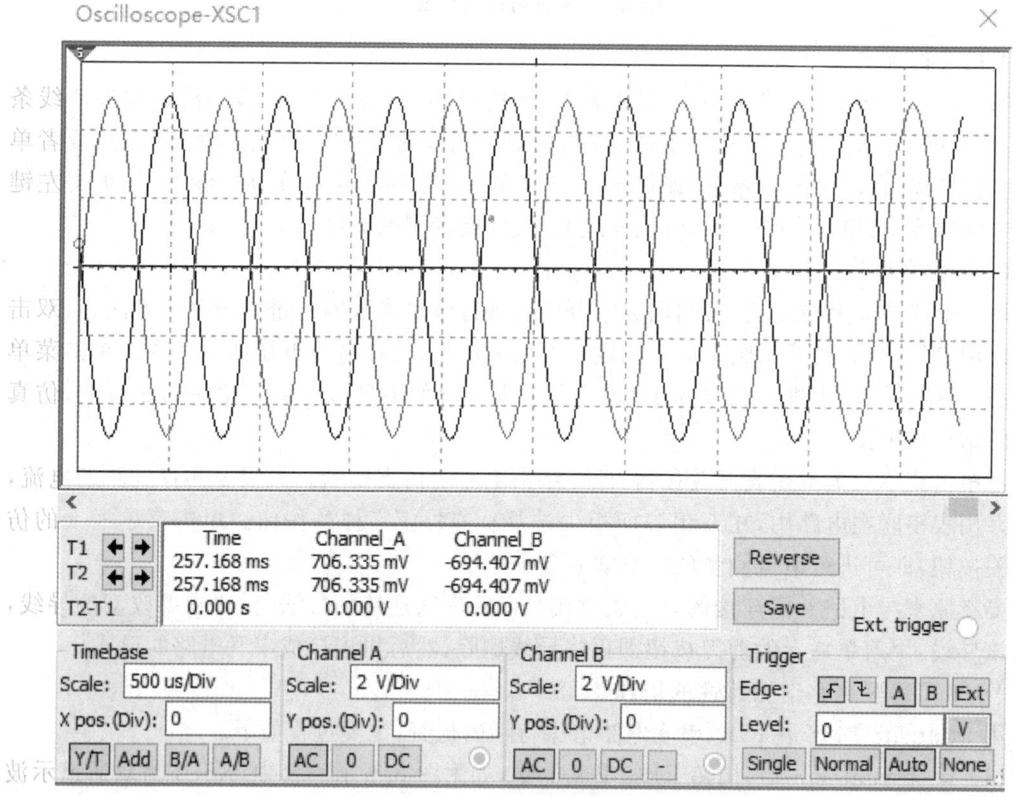

附图 9　RLC 串联电路 L 和 C 两端电压波形

(3) 双击波特图仪图表，打开波特图面板，面板上各项参数设置如附图 10 所示，在波特图仪面板上显示电阻 R 两端电压的幅频特性曲线。移动红色游标指针使之对应在幅值对高点 0 dB 处(图中显示为−0.008 dB)，此时在面板上显示出频率约为 1.585 kHz。忽略误差，此频率即为谐振频率。

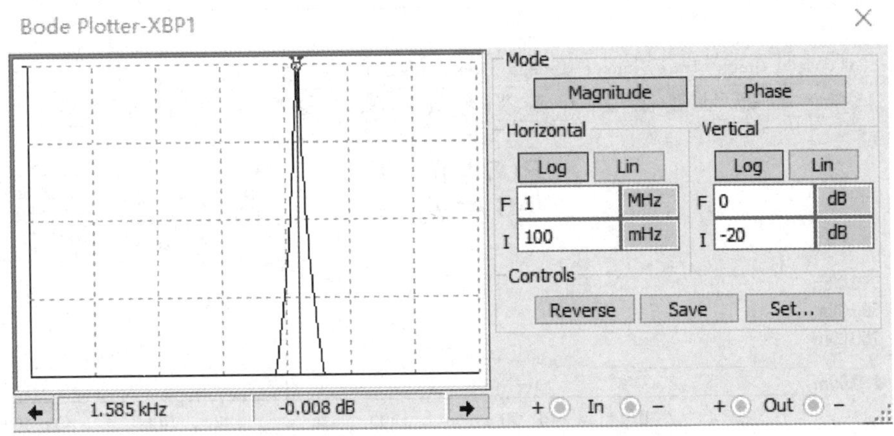

附图 10　电阻 *R* 两端电压的幅频特性曲线

(4) 通过 AC 交流分析功能进行频率特性仿真测试亦可方便地得出 RLC 串联电路的谐振频率。如附图 11 所示，启动 Simulate 菜单中的 Analyses 下的“AC Analysis”命令。

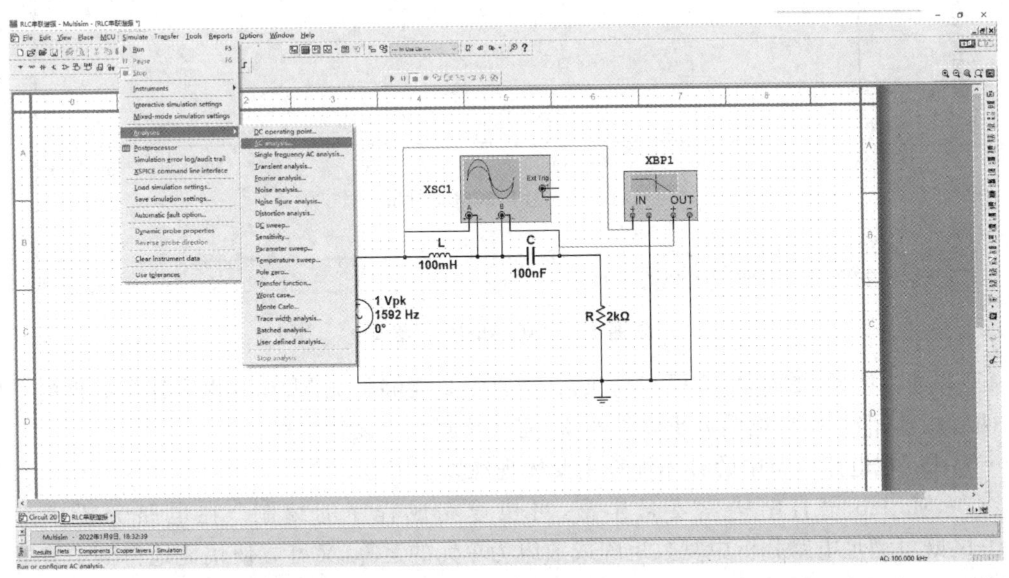

附图 11　启动 Simulate 菜单中的 Analyses 下的“AC Analysis”命令

(5) 在对话框中将 Vertical Scale 改为 Linear 之后，单击对话框下方的“Simulate”按钮，出现如附图 12 所示的“AC Analysis”窗口。通过游标指针可读出谐振频率，在忽略误差的情况下，其结果和波特图仪的结果基本一致，与理论计算值更接近。

2. Matlab 的应用

Matlab 是一种面向工程计算的可视化应用软件，简单实用且功能强大。该软件是以矩阵运算为基础的交互式程序语言，将数值分析、矩阵运算、信号处理和图形显示汇集于一身，尤其适合成批的处理复杂电路中的电流、电压、电功率等物理量。在 Matlab 的 Simulink 库里，提供了一个实体图形化仿真模型库，与数学模型库相对应。利用 Simulink 建立电路系

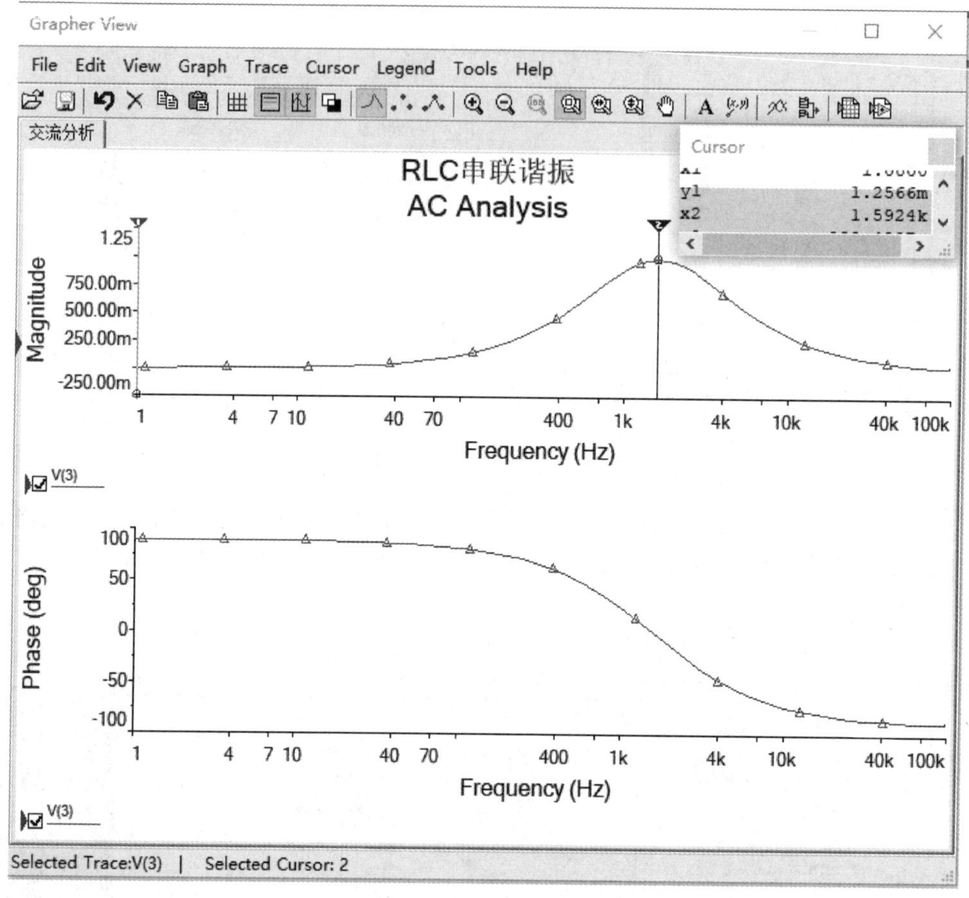

附图 12 "AC Analysis"窗口

统模型并进行仿真，更简单、方便和高效，其仿真结果能够验证 Matlab 程序计算数据的正确性，两者相辅相成，结合电路分析硬件实验，完成整套实验设计流程。

Matlab 在电路分析中的具体优势主要体现在以下三点。

(1) Matlab 语言结构紧凑且丰富，可快速完成程序的编制。在电路分析中运用 Matlab，既可满足电路分析中复数矩阵或数组为单元的运算，又可方便快捷地得到二维或三维图像，便于电路分析。

(2) 运用 Matlab 并利用其中的 Simulink 动态模拟工具和 toolbox 等功能，可以方便实现电路模型的计算、分析和仿真。在电路分析过程中，可以直接完成对相关程序的调用，不需另外编程就可完成对各类电路计算方程的求解，提高效率。

(3) 借助 Matlab，可完成对 C、FORTRAN 等语言资源的共享，有助于提升系统扩展。

采用 Matlab 进行电路实验仿真的具体流程如附图 13 所示。

这里以附图 14 所示电路为例，通过建模、编程、仿真三个阶段来简单介绍 Matlab 在电路分析中的应用。

1) 建模

根据附图 14(a)所示开关动作前电路，可得

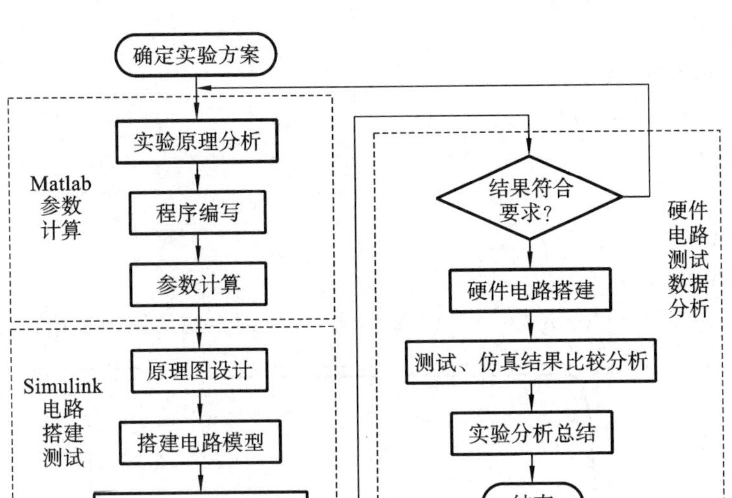

附图 13　电路实验仿真流程

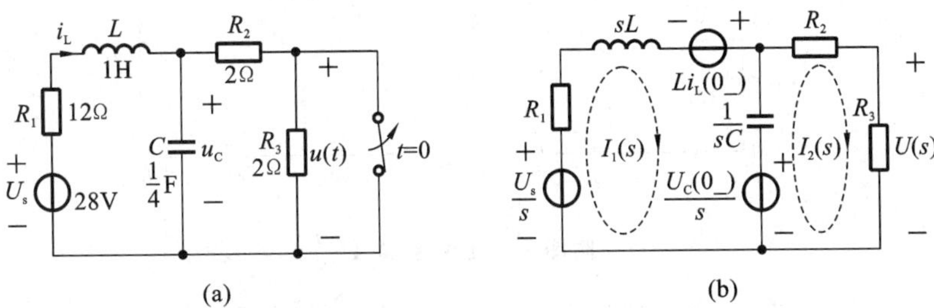

附图 14　电路及其复频域模型

$$u_C(0_-)=4\ \text{V},\quad i_L(0_-)=2\ \text{A}$$

根据附图 14(b)列写网孔电流方程，得

$$\begin{cases}\left(R_1+sL+\dfrac{1}{sC}\right)I_1(s)-\dfrac{1}{sC}I_2(s)=\dfrac{U_s}{s}+Li_L(0_-)-\dfrac{u_C(0_-)}{s}\\[2mm]-\dfrac{1}{sC}I_1(s)+\left(R_2+R_3+\dfrac{1}{sC}\right)I_2(s)=\dfrac{u_C(0_-)}{s}\end{cases}$$

2）Matlab 程序

```
R1=12;L=4;C=1/4;Us=28;R2=2;R3=2;Uc0=4;Il0=2;
syms s t;
A=[R1+s*L+1/s/C,-1/s/C;-1/s/C,R2+R3+1/s/C];
B=[Us/s+L*Il0-Uc0/s;Uc0/s];
I=A\B;
U=I(2)*R3;
u=ilaplace(U)
uu=zeros(1,1);tt=zeros(1,1);k=1;
```

```
for t=0:60
    tt(1,k)=t;
    uu(1,k)=eval(u);
    k=k+1;
end
plot(tt,uu,'black-');
```

3）运行结果及图形

运行结果：$u=7/2-t/\exp(2*t)-3/(2*\exp(2*t))$。结果图形如附图 15 所示。

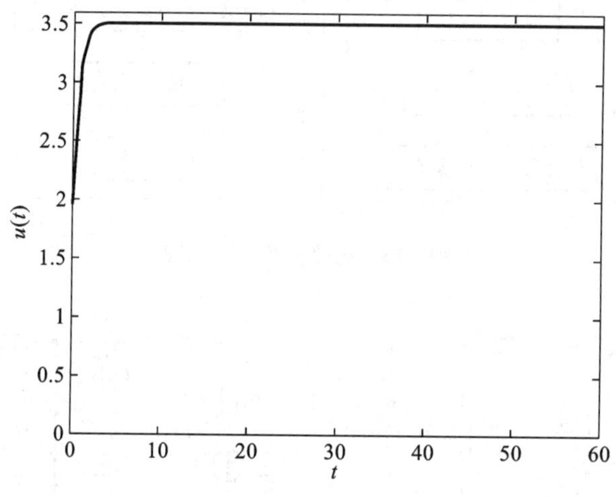

附图 15　运行结果 1

当遇到同样拓扑结构的电路，如当 $R_2=R_3=3\ \Omega, U_s=30\ \text{V}$ 时，则 $u_C(0_-)=6\ \text{V}, i_L(0_-)=2\ \text{A}$。但是从数学上来讲，网孔电流方程结构没有变，只是参数变化而已。而且响应的 Matlab 程序的主体不变，即算法不变，仅改变程序参数，如下所示：

```
R1=12;L=4;C=1/4;Us=30;R2=3;R3=3;Uc0=6;I10=2;
syms s t;
A=[R1+s*L+1/s/C,-1/s/C;-1/s/C,R2+R3+1/s/C];
B=[Us/s+L*I10-Uc0/s;Uc0/s];
I=A\B;
U=I(2)*R3;
u=ilaplace(U)
uu=zeros(1,1);tt=zeros(1,1);k=1;
for t=0:60
    tt(1,k)=t;
    uu(1,k)=eval(u);
    k=k+1;
end
plot(tt,uu,'black-');
```

运行结果为：

```
u=5-(2*(cosh((13^(1/2)*t)/6)+(5*13^(1/2)*sinh((13^(1/2)*t)/6))/13))/exp((11*t)/6)。
```

根据运行结果可知，如果参数变化且不能简单地进行部分分式分解时，应用 Matlab 使分析计算变得简单。以上变化参数后的结果图形如附图 16 所示。

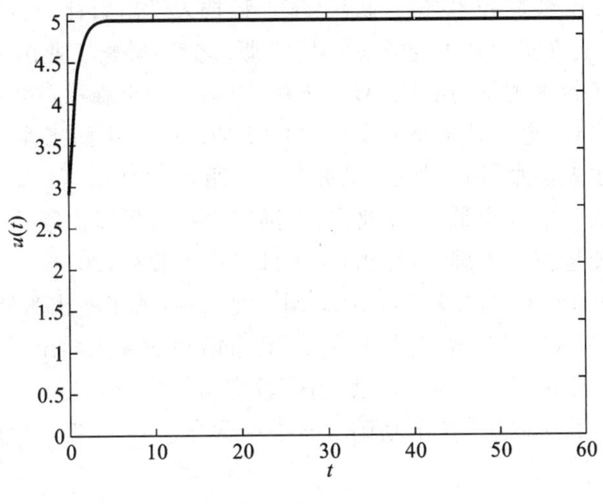

附图 16　运行结果 2

参 考 文 献

[1] 吉培荣.电工测量与实验技术[M].武汉:华中科技大学出版社,2012.

[2] 陈立周,陈岚岚.电气实验技术与测量[M].6版.北京:机械工业出版社,2015.

[3] 段渝龙.电工电子技术测量与实验[M].北京:中国电力出版社,2009.

[4] 于守谦,申文达.电工电子技术系列实验[M].3版.北京:国防工业出版社,2011.

[5] 周启龙.电工仪表及测量[M].北京:机械工业出版社,2013.

[6] 陈惠群.电工仪表与电气测量[M].北京:中国劳动社会保障出版社,2011.

[7] 周群.电工电子测量技术基础[M].北京:机械工业出版社,2014.

[8] 吕波,王敏.Multisim14电路设计与仿真[M].北京:机械工业出版社,2016.

[9] 张志涌,杨祖樱.MATLAB教程[M].北京:北京航空航天大学出版社,2015.

[10] 邱关源,罗先觉.电路[M].5版.北京:高等教育出版社,2006.

[11] 康华光,陈大钦,张林.电子技术基础——模拟部分[M].6版.北京:高等教育出版社,2013.

[12] 康华光,秦臻,张林.电子技术基础——数字部分[M].6版.北京:高等教育出版社,2014.

[13] 陈利永.电子电路基础[M].北京:中国铁道出版社,2006.

[14] 秦曾煌,姜三勇.电工学[M].7版.北京:高等教育出版社,2010.

[15] 吉培荣,佘小莉.电路原理[M].北京:中国电力出版社,2016.

[16] 吉培荣,陈江艳,郑业爽,等.电路原理学习与考研指导[M].北京:中国电力出版社,2021.

[17] 吉培荣,粟世玮,程杉,等.电工技术(电工学Ⅰ)[M].北京:科学出版社,2019.

[18] 吉培荣,李海军,魏业文.电子技术(电工学Ⅱ)[M].北京:科学出版社,2021.

[19] 吉培荣,李海军,邹红波.现代信号处理基础(信号与系统)[M].北京:科学出版社,2018.

[20] 吉培荣,粟世玮,邹红波.有源电路和无源电路术语的讨论[J].电气电子教学学报,2013,35(4):24-26.

[21] 吉培荣,陈成,邹红波,等.对《电路》(第五版)教材中几处问题的商榷[J].电气电子教学学报,2016,38(5):151-153.

[22] 吉培荣,陈成,吉博文,等.理想运算放大器"虚短虚断"描述问题分析[J].电气电子教学学报,2017,39(1):106-108.

[23] 吉培荣.评"也谈理想运放的虚短虚断概念"一文[J].电气电子教学学报,2020,42(2):81-83.

[24] 吉培荣.对电路理论教程及相关文献中问题的讨论[J].电气电子教学学报,2022,44(2).